인생에 쉼표가 필요하다면 산사로 가라

아름다운
사찰여행

글과 사진 유철상

상상출판

나를 찾아 떠나는 사색의 숲, 사찰여행

마음에도 무게가 있을까? 없다면 가슴 한편을 짓누르는 이것은 무엇인가. 생각에도 크기가 있을까? 없다면 머릿속을 꽉 채운 이것은 또 무엇일까.

크게 부족하지 않은 삶이지만 어느 날 갑자기 마음에 텅 빈 공허감이 몰려왔다. 문득 뒤를 돌아보니 친구도, 행복도, 즐거움도 간데없고 삭막한 도시의 도로를 위태위태하게 걷고 있는 내가 있었다. 걷기여행이 트렌드라는데, 사람들이 '걷기'에 이토록 맹렬히 호응하는 이유는 나와 마찬가지로 바쁜 일상에 지쳐 자신을 잃어가고 있기 때문이라는 생각이 들었다. 그래서 걸으면서 생각하고 자신을 돌아보는 시간을 찾으려는 것이다. 『걷기의 인문학』을 쓴 레베카 솔닛은 "걷기의 리듬은 사유의 리듬을 낳는다. 풍경 속을 지나는 움직임은 사유의 움직임을 자극한다. 마음은 일종의 풍경이며 실제로 걷는 것은 마음속을 거니는 한 가지 방법이다"라며 걷기 여행에 대해 언급했다. 비단 우리나라만 걷기여행에 열중하는 것이 아니라 외국도 비슷하다.

느리게 걸으며 나를 돌아보게 하는 산사

사람들은 왜 걷고 또 걸으려 할까? 정확한 대답은 직접 걸어본 사람만이 할 수 있다. 걷기는 느리게 여행하는 최적의 방식이다. 느리게 걸으며 자신을 돌아보는 여행은 곧 나를 찾아 떠나는 여행이라 해도 과언이 아닐 것이다. 나를 찾는 사색의 공간으로 사찰만큼 좋은 곳이 또 있을까?

사실 우리 땅 어디를 가든 절이 없는 곳이 없다. 우리 땅 곳곳에서 만날 수 있고 한민족의 삶을 함께해온 절 구석구석을 돌아보면 어느새 그 곳에 '나'의 삶이 녹아 있음을 느끼게 된다. 오죽하면 '절로 절을 찾게 된다'는 말이 있으랴. 쉼표처럼 절을 느끼고 자신을 되돌아보는 공간을 찾아가는 여행. 그것이 곧 절을 찾는 의미일 것이다. 산사에 담긴 의미를 이해하면 산사에 쉽게 다가설 수 있고 여행의 즐거움도 커진다.

절은 '가람'이라고도 부르는데, 가람은 불교의 수행 도량을 가리키는 '상가람마'를 줄인 말로 성스럽고 장엄한 수행 공간을 뜻한다. 가람 구조는 주요 전각과 도량의 장엄물로 구성된다. 가람에는 범종과 목어, 죽비 등의 법구에서 세 끼니 먹는 음식에 이르기까지 오랜 역사를 통해 이루어진 예술 문화의 생명이 숨 쉬고 있다.

최고의 웰빙, 참선과 예불을 만나다

산사는 스님의 수행 공간이자 사는 집이다. 일주문을 넘어서면 경내에 들어선 것이므로 몸과 마음을 가지런히 하고 사찰 예절을 지켜야 한다. 사찰은 대웅전이나 요사채처럼 스님과 신도가 함께 지낼 수 있는 공간과, 강원이나 선원 같은 스님만의 공간으로 나뉜다. 여기에 큰스님이 수행을 하며 사는 암자까지 경내에 포함한다.

어느 절에 가든 기본 전각이 있다. 일주문, 범종루, 대웅전, 산신각, 극락전 등이다. 스님이 사는 곳은 각기 역할과 수행의 의미를 갖고 있기 때문에 전각이 갖는 의미를 알면 사찰을 돌아보고 그 사찰의 특징을 이해하는 데 도움이 된다. 전각이 가람의 기본 구조를 이룬다면 불교의 상징과 불교 의식을 돕는 것은 장엄물이다. 전각이 부처님을 모신 기본 골격이라면 탑, 불전 사물, 등, 탱화, 부도 등은 불교문화를 찬란하게 꽃피우는 열매인 셈이다.

절에는 보이는 것만 의미가 있는 것이 아니다. 예불로 대표되는 수행과정 자체가 모두 의미를 지니고 있다. 불자가 아니더라도 사찰의 기본예절과 수행법을 알아두면 좋다. 절에서 지켜야 하는 기본예절은 차수(두 손을 모으는 것), 합장 등이다. 여기에 다도와 발우공양 등 일상생활도 수행의 과정이다. 스님의 수행법으로는 묵언이 일반적인 방법이다. 예불은 새벽, 점심, 저녁 때 대웅전에서 올리고 예불 외에도 참선과 좌선으로 화두를 잡고 정진한다.

사찰여행은 나를 위한 여행테라피

사찰여행이 잠시 혹은 오랫동안 자신을 치유해주는 것은 분명하다. 숲이나 오솔길에 몸을 맡기고 걸으며 오로지 나를 위한 여행을 경험할 수 있는 것이다. 걷는다는 것은 내면에 집중하기 위해 자연과 사찰이라는 매개로 에둘러 가는 방식이다. 사찰을 걸으며 숨을 가다듬고, 몸의 감각을 예리하게 갈고 호기심을 새로이 하는 기회를 얻게 되는 것이다.

오로지 나를 찾아 떠나는 사찰여행은 번거롭거나 경비를 걱정하거나 하지 않아도 된다. 마음만 충분히 다잡고 그냥 훌쩍 떠나면 된다. 이 책에 실린 절집들은 10년에 걸쳐 구석구석 걸으며 만난 사찰들이다. 사찰을 찾아가기 위해 필요한 기본 정보를 넣었고, 템플스테이 프로그램을 운영하는 경우 프로그램의 특징적인 내용 설명도 덧붙였다. 더불어 절과 관련된 이야기나 역사적인 사건도 자세히 소개했다. 아는 만큼 보인다는 것은 역시 사찰에서도 필요한 말이다. 이 책에 소개된 절집들이 최고의 사찰이라고 수식할 생각은 없다. 그저 자신과 궁합이 맞는 여행지를 발견하고 여행을 나서는 계기가 된다면 그것만으로 감사할 일이다.

세상에서 가장 아름답고 사랑하는 아내 이현정 씨와 사랑하는 유서하, 유승하, 유정하 그리고 힘들 때마다 격려와 용기를 준 가족들과 상상출판 직원들에게 이 책을 바칩니다.

2020년 8월 유철상

차
례

유네스코
세계문화유산

휴식

유네스코
세계문화유산

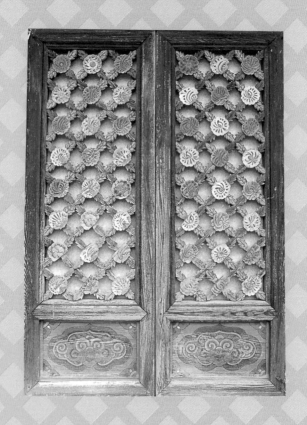

산사,
한국의 산지 승원

산사, 한국의 산지 승원을 구성하는 7개 사찰인 통도사, 부석사, 봉정사, 법주사, 마곡사, 선암사, 대흥사는 종합적인 불교 승원으로서의 특징을 잘 보존하고 있는 대표적인 사찰로 한국 불교의 개방성을 대표하면서 승가공동체의 신앙·수행·일상생활의 중심지이자 승원으로서 기능을 유지하여왔다. 더불어 이곳은 종합적인 불교 승원으로서의 특징을 잘 보존하고 있는 대표적인 사찰이다. 또한 산지에 입지함으로써 곡저형, 경사형, 계류형의 3가지 형태로 유형화할 수 있는 대표적인 불교 승원이다.

유네스코 세계문화유산

산사, 한국의 산지 승원
Sansa, Buddhist Mountain Monasteries in Korea

등재연도

2018년

등재기준

(iii) 현존하거나 이미 사라진 문화적 전통이나 문명의 독보적 또는 적어도 특출한 증거일 것

(iv) 인류 역사에 있어 중요 단계를 예증하는 건물, 건축이나 기술의 총체, 경관 유형의 대표적 사례일 것

등재장소

경상남도 양산시(통도사)

경상북도 영주시(부석사)

경상북도 안동시(봉정사)

충청북도 보은군(법주사)

충청남도 공주시(마곡사)

전라남도 순천시(선암사)

전라남도 해남군(대흥사)

산사는 한국의 산지형 불교 사찰의 유형을 대표하는 7개의 사찰로 구성된 연속 유산이다. 이들 7개 사찰로 구성된 신청유산은 공간 조성에서 한국 불교의 개방성을 대표하면서 승가공동체의 신앙·수행·일상생활의 중심지이자 승원으로서 기능을 유지하여왔다. 통도사, 부석사, 봉정사, 법주사, 마곡사, 선암사, 대흥사로 대한민국 전국에 걸쳐 분포하고 있다.

한국에는 7세기에서 9세기에 걸쳐 중국으로부터 대승불교의 다양한 종파를 수용하면서 역사적으로 수많은 사찰이 창건되었다.

산사는 오늘날에 이르기까지 유형과 무형의 문화적 전통을 지속하고 있는 살아있는 불교 유산이다. 모든 유산 구성 요소들은 불교 신앙을 바탕으로 하여 종교 활동, 의례, 강학, 수행을 지속적으로 이어왔으며 다양한 토착 신앙을 포용하고 있다. 산사의 승가공동체는 선수행의 전통을 신앙적으로 계승하여 동안거와 하안거를 수행하고 승가공동체를 지속하기 위한 울력을 수행의 한 부분으로 여겨 오늘날까지도 차밭과 채소밭을 경영하고 있다.

한반도의 불교 사찰은 도시에 세워진 사찰들과 산지에 세워진 사찰들로 나누어진다. 이후 조선왕조(1392~1910년)의 숭유억불 정책으로 인해 도시 사찰의 대부분은 강제로 폐사되었지만, 신청유산을 포함한 산지사찰들은 현재까지 승려들의 신앙과 정신 수행, 일상생활을 위한 승원으로서의 본래의 기능과 특징을 지속하여 왔다. 즉, 도시 사찰은 거의 사라진 반면 산지사찰인 산사들은 오히려 신자들의 신앙처로서의 기능을 확대하고 수행에 필요한 공간과 시설을 갖추기 시작하였던 것이다.

완전성

산사, 한국의 산지 승원은 오늘날까지 불교 출가자와 신자의 신앙공동체가 수행과 신앙과 생활을 유지하고 있는 살아 있는 승원으로서 안거수행 등 철저한 수행이 이루어지는 7개 사찰로 이루어진 연속 유산이다.

산사, 한국의 산지 승원은 경사가 완만한 산기슭에 입지하여 주변 자연으로 사찰의 경계를 구성하는 자연 친화적이며 개방형 구조를 보인다. 또한, 창건부터 지금까지 주불전 영역의 원지형을 유지하고 시대별 사회상을 중창과 중건을 통해 사찰구조에 반영함과 동시에 곡저형, 경사형, 계류형으로 영역을 확장하며 신앙의 중심지로서 역할을 해왔다.

신청유산은 17세기에 마당 중심으로 주불전과 부속 건축물이 신앙과 공간구성 측면에서 긴밀한 연관성을 갖는 유기적 가람구조 양식을 확립하였다. 산사는 종합 승원으로서 신앙수행 생활이 지속되어 오면서 입지와 공간 조성에서 자연과의 조화를 이룬 독특한 특징을 보인다.

산사, 한국의 산지 승원의 탁월한 보편적 가치를 보여주는 모든 필수요소들은 신청유산의 경계 내에 포함되어 있으며 훼손 없이 현재까지 이어지고 있다. 산사를 구성하는 각 사찰의 중심영역과 자연적 요소를 포함한 진입구역은 모두 법률에 의해 보호되고 있다. 따라서 신청유산의 탁월한 보편적 가치를 전하는데 필수적인 요소들의 보존 상태는 양호하다.

현재까지 산사, 한국의 산지 승원을 위협하는 개발압력이나 환경압력 등 심각한 요인은 없었다. 다만 목조건축물의 취약점인 화재에 대비하여 소화설비 등 소방시설 및 상시 감시체계가 구축되어 재해와 재난에 대비하고 있으며, 신청유산에 대한 국제적인 보존 관리 우선 사항과 절차에 따른 통합 보존관리계획이 수립되어 있다.

유산 내의 모든 요소들은 정기적으로 모니터링되고 있으며 철저하고 효과적인 보호 조치들이 신청유산의 지속적인 보존과 보호를 위해 준비되어 있다. 유산의 연속적인 구성요소들의 경계들은 산사, 한국의 산지 승원의 탁월한 보편적 가치를 전달하는 특징과 과정을 완벽하게 표현할 수 있도록 구획되었으며, 완충구역은 유산의 탁월한 보편적 가치를 보호하기에 적절한 규모로 설정되었다. 그러므로 각각의 구성요소뿐만 아니라 신청하는 연속유산 전체의 완전성은 온전하게 보장된다.

진정성

산사, 한국의 산지 승원은 용도와 기능, 입지와 환경, 전통 기술 관리체계 측면에서 높은 진정성을 확보하고 있다.

용도와 기능면에서 산사는 복합적인 가람구조 속에서 승려와 일반인들의 신앙, 수행, 생활이 단절 없이 지속되어 왔고 살아있는 종합 승원으로서의 기능을 현재까지 변함없이 유지하고 있어 높은 진정성을 유지하고 있다.

입지와 환경면에서 신청유산은 산과 계류 등의 자연을 경계로 삼고 주불전의 원지형을 창건 이래 훼손 없이 온전하게 진정성을 보존하여 왔으며, 사찰의 확장 과정에서 자연지형에 순응한 결과 경사형과 곡저형, 계류형의 형태로 나타난다.

전통 기술 관리체계 측면에서 신청유산의 주요 구성요소인 석조시설물과 목조 건축물은 진정성을 증거한다. 석탑, 석등, 승탑 등의 석조유산은 초창 시기 경내 공간을 확인해준다. 목조건축물들은 내구성의 한계로 인해 중건과 중수, 보수 등이 있었으나 원형의 모습을 유지하려는 중수원칙에 따라 동일한 장소에서 보존 관리되어 왔다.

한국에서 가장 오래되거나 우수한 목조건축물들이 산사에 보존되고 있다. 전체적으로 산사는 용도와 기능, 입지와 환경, 전통, 기술과 관리체계 측면에서 세계유산 협약의 실행을 위한 운영지침과 진정성에 관한 나라 문서에서 규정한 문화적 맥락에서 진정성의 조건을 만족한다.

더불어 정밀한 실측조사와 기록화 작업을 통해 재해 및 재난에 대비하고 진정성에 근거한 보수를 위한 자료로도 활용된다. 산사, 한국의 산지 승원은 각 사원마다 특유의 불교의례를 거행하여 높은 진정성을 갖는다. 날마다 거행하는 일일 예불과 연중 기념일에 거행하는 연중의례 외에 사찰별로 특징적인 특별의례를 거행한다.

안거의 마지막 기간에는 신도들도 참여하여 며칠 동안 밤새워 수행하는 용맹정진을 시행한다. 각 산사에서 대규모 신도들이 참여하는 야외 의식은 마당에서 이루어지며 마당에 있는 대규모 의식을 위해 걸었던 탱화를 받치는 괘불대의 존재에서 역사적 진정성을 확인할 수 있다.

보존과 관리

산사, 한국의 산지 승원은 일곱 개의 사찰로 구성된 연속유산으로, 극히 일부를 제외하고는 대부분 사찰과 정부가 소유권을 가지고 있다. 이 구성 요소들은 문화재보호법(1962년 제정)과 각 지방자치단체에서 제정한 문화재보호 조례에 의해 법률적으로 보호·관리되고 있다.

탁월한 보편적 가치는 문화재청의 지도 아래 문화재보호법과 조례들을 기반으로 종교기관과 주민, 중앙정부 및 지방자치단체의 관계자들의 다양한 노력에 의해 보존, 관리되어 오고 있다. 따라서 신청유산 주변의 개발은 엄격하게 관리되고 있으며 각 사찰이 산지에 입지해 있어 외부인에 의해 위협을 야기하거나 부정적인 환경에 노출된 잠재적 위험은 매우 적다.

신청유산은 현재까지 자연재해에 크게 영향을 받지 않았으나 중앙정부와 지방자치단체에서는 추후 발생할 수 있는 자연재해 및 화재에 대한 대응 매뉴얼을 마련하여 운영하고 있다. 목조건축물이 많은 산사의 특성상 산불 등에 의해 화재가 발생할 수 있으므로 산사에는 화재감지설비와 CCTV, 소화설비가 설치되어 있고 인근의 소방서와도 긴밀한 연락체계가 구축되어 있다.

또한 문화재관리원에 의해 24시간 상시 감시 및 모니터링을 통해 화재 위험에 대비하고 있다. 사찰을 방문하는 관광객으로 인한 관광압력은 현재까지는 문제가 되지 않고 있다.

세계유산 목록에 등재로 인해 예상되는 관광압력에 대해서는 7개 사찰 모두 충분한 수용 능력이 있으며 적절하게 통제하거나 관리가 가능하다. 이러한 관점에서 산사, 한국의 산지 승원은 보존 및 관리의 종합적인 요구를 충족한다.

대한민국

○ 부석사
○ 마곡사 ○ 봉정사
○ 법주사

○ 통도사

○ 선암사

○ 대흥사

산사, 한국의 산지 승원 유산 위치도 ©문화재청

상세 등재기준

(iii) 현존하거나 이미 사라진 문화적 전통이나 문명의 독보적 또는 적어도 특출한 증거일 것

산사, 한국의 산지 승원은 오늘날까지 불교 출가자와 신자의 수행과 신앙, 생활이 이루어지는 종합적인 승원이다. 불교의 종교적 가치가 구현된 공간구성의 진정성을 보존하며 지속적으로 승가공동체의 종교 활동이 이어져 온 성역으로서 특출한 증거이다. 7세기부터 9세기에 걸쳐 중국으로부터 대승불교의 전통을 수용하여 창건된 이후 지금까지 승원의 기능을 유지

하며 선수행의 전통과 다양한 불교 의례를 지속하고 있다. 신청유산은 석가신앙, 아미타신앙, 미륵신앙 등 다양한 불교 신앙이 공존하는 융합불교의 모습을 대표한다.

(iv) 인류 역사에 있어 중요 단계를 예증하는 건물, 건축이나 기술의 총체, 경관 유형의 대표적 사례일 것

산사, 한국의 산지 승원은 주변 자연을 경계로 삼아 산 안쪽에 위치한 입지 특성을 갖고 마당을 중심으로 예불, 수행, 생활 공간 등의 요소가 입지 특성에 따라 공간 구성의 유기적 연계를 이루는 복합 공간을 보여주는 유형을 대표한다. 마당은 종교 활동의 중심 공간이며 건축물이 배치되는 연결고리이다. 산사는 개방적인 공간 구성을 보여주며, 사찰의 경내는 신청유산을 둘러싼 자연 환경과 조화를 이루면서 확장되어 왔다. 그 결과 사찰의 경내는 세 가지 유형으로 확장되었다. 한국 불교의 개방적 특징은 불전과 수행 공간과 생활 시설들이 기능적으로 긴밀하게 연결되어 있는 마당에서 잘 드러난다.

불보종찰의

종의
보찰

양산
영축산
통도사

장엄함에
취하다

통도사에 머물며 자망자망 풍경 소리에 번뇌를 녹여본다.
아이들이 더 신기해하는 절집은 거대한 박물관 같다.
구석구석 절집 내력과 문화재를 온몸으로 느낄 수 있는
템플스테이가 안성맞춤이다.

통도사 초입부터 가지를 휘늘어뜨린 솔숲이 수도승처럼 자연스레 합장을 건넨다. 영취산문(靈鷲山門)에 들어서는 길은 소나무 정취가 가득한 오솔길로 통도사 일주문이 길손을 맞는다. 하루 동안 통도사에 머물며 자망자망 풍경 소리에 번뇌를 녹여본다. 아이들이 더 신기해하는 절집 구석구석을 온몸으로 느껴볼 수 있는 템플스테이 프로그램이 안성맞춤이다.

통도사는 일단 그 규모가 방대하다. 어느 절 못지않게 역사와 전통이 깊고 큰스님을 많이 배출한 곳이지만 통도사가 유명한 절이 된 것은 금강계단이 있기 때문이다. 『삼국유사』에 의하면 통도사는 신라 선덕여왕 15년(646년)에 자장율사가 창건했다고 전한다. 자장율사는 선덕여왕과 밀접한 관계를 맺어 당나라에 유학한 뒤 통도사를 창건했으며, 당시 승려들의 기강을 바로잡은 율사(律師)로 이름나 있다.

자장율사가 부처님의 진신사리와 금란가사를 당나라에서 가져와 이곳에 봉안해 불보종찰(佛寶宗刹)이라 일컬어지는 통도사는 해인사, 송광사와 함께 한국의 3보 사찰 중 하나이다. 불교에서 가장 귀하게 여기는 보물 세 가지가 있는데 그중 하나가 부처님, 다음은 부처님의 가르침인 불법, 이 불법을 배우고 따르는 스님을 일컬어 3보라 한다. 통도사는 부처님의 진신사리를 모신 금강계단이 설치되어 있어 불보사찰이라 하고, 해인사는 부처님의 법을 새긴 대장경 경판을 모시고 있으므로 법보사찰이라 하고, 송광사는 예부터 지눌국사 등 고승대덕을 배출했다 하여 승보사찰이라 부른다.

아름다운 사찰여행

3보 사찰의 세 가지 보물과 이를 모신 전각들은 모두 국보로 지정되어 있을 만큼 문화재로서의 의미도 크다.

통도사 금강계단은 부처님의 진신사리를 모신 적멸보궁이다. 그래서 금강계단 전각 내부에는 불상이 없고 수미단만 놓여 있다. 우리나라에는 신라의 자장율사가 당나라에서 가져온 부처의 사리를 나누어 봉안한 5대 적멸보궁이 있다. 통도사 외에 강원도 오대산 상원사, 설악산 봉정암, 태백산 정암사, 영월 사자산 법흥사에 적멸보궁이 마련되어 있는데, 이 중에서도 통도사의 적멸보궁이 가장 웅장하다.

천년 고찰의 독특한 가람 배치와 내력

통도사의 내력을 알았다면 가람 배치를 눈여겨보자. 신라 이래 전통 방식에서 벗어나 독특한 구조로 구성되어 있다. 냇물을 따라 동서로 길게 늘어선 건물들은 서쪽에서부터 금강계단을 모신 상로전(上爐殿), 비로자나불을 모신 대광명전이 중심이 되는 중로전(中爐殿), 영산전을 중심으로 하는 하로전(下爐殿)으로 구분된다.

통도사의 근본 정신이 집결된 금강계단을 비롯해 대웅전, 명부전, 응진전과 구룡신지(九龍神池)가 ㅁ자형으로 놓여 있는 상로전은 통도사에서 가장 중요한 곳이다.

통도사는 금강계단이 전체 가람 배치의 중심을 이루고 있다. 금강계단에서 번뇌와 욕망을 씻고 수행에 나서라는 의미로, 이곳에서 계를 받고 실천해야 비로소 불자가 된다. 더불어 불자는 모든 사람에게 이익이 되는 보살계를 실천해야 대승불교를 이룰 수 있다는 통도(通度)의 전제를 상기시키는 것이다.

새벽 3시. 절마당을 가로질러 탑 주위를 도는 도량석이 시작된다. 새벽 목탁은 시작할 때 작은 소리에서 큰 소리로, 끝날 때는 큰 소리에서 작은 소리로 나직이 내려앉는다. 통도사의 하루는 목탁과 염불 소리로 시작된다.

목탁 소리는 도량을 한 바퀴 돌아 금강계단 앞에서 멎는다. 번뇌를 끊고 지혜를 얻는 것이 수행자이기에 모든 생명을 위해 조용히 소리를 맞는다.

범종각의 운판은 하늘을 나는 날짐승을 제도하고, 목어는 물고기처럼 자지 말고 열심히 정진하라는 뜻과 물속의 생명을 제도하고, 법고는 모든 중생들에게 부처님의 법음(法音)을 전한다. 법고를 칠 때는 마음 심(心)자를 북채로 그리듯 두드린다. 범종은 서른세 번 몸통을 울려 도솔천의 세계를 전하는데, 갈지(之) 자로 종메를 구르는 스님의 몸짓이 힘차다. 이렇게 사물이 새벽의 중생을 깨우면 대웅전에서는 쉼표를 찍듯 작은 종으로 큰스님이 새벽 예불의 시작을 알린다.

예불문은 사찰 특유의 박자를 살려 장엄하고 장중하게 봉독된다. 예불 독송이 끝나면 발원문을 봉독한다. 발원문(發願文)은 수행의 원력을 성취하려는 의지부터 개인적인 욕구가 아닌 이웃을 사랑하는 서원, 죽은 자를 위한 기도, 사회 질서의 안녕을 기원한다. 이어 『반야심경』 봉독으로 법당 안에서의 예불은 마무리된다. "있는 것은 없는 것과 다르지 않고, 없는 것은 있는 것과 다르지 않다(色卽是空 空卽是色)"는 『반야심경』을 합송하면서 수행의 길을 다짐하는 것이다. 새벽 예불이 끝나면 처소로 돌아간다. 이때부터는 조용하면서도 바쁜 시간인 아침공양 준비가 시작된다.

6시 정각. 강원에서는 죽비 소리와 함께 글 읽는 소리가 멈추고 아침공양을 준비한다. 다시 죽비가 세 번 울리면 대중은 네 짝의 발우를 편다. 밥과 국이 발우에 나누어지면 공양이 시작된다.

공양할 때는 소리내어 씹거나 다른 소리를 내선 안 된다. 발우에 음식을 남겨서도 안 된다. 공양도 수행의 한 방법이다. 음식을 다 먹으면 숭늉이 나누어진다. 반찬 하나를 남겨 물로 씻고 반찬그릇과 밥그릇을 씻은 다음 숭늉을 마신다. 죽비가 한 번 울리면 젓가락, 숟가락을 닦고 발우를 다시 닦

1

2 **3**

1 통도사 가람배치는 금강계단을 중심으로 상
부구조와 하부구조로 나뉘어진다. 그래서 일
주문을 들어서면 하부구조가 먼저 나오고 불
이문을 들어서면 상부구조로 들어가게 된다.

2 통도사 성보박물관에 모셔진 괘불탱화. 그
림 기법이 화려하고 고려시대 탱화의 전형
적인 모습을 갖추고 있다.

3 부처님의 진신사리를 모신 적멸보궁 건물.
팔작지붕의 기와가 장엄하게 느껴진다.

는다. 언뜻 보면 비위가 상할 것 같지만 발우공양은 매우 위생적이다.

아침공양이 끝나면 청소 울력이 실시된다. 절 구석구석을 깨끗이 치운다는 의미도 있지만, 마음을 청정하게 하는 수행의 한 방법이다.

사시(巳時) 예불과 다향(茶香)의 시간

오전 정진이 끝난 후 10시 30분. 부처님께 공양을 올리는 마지(摩旨)가 불단에 올려진다. 마지를 옮길 때 입김이 닿으면 안 된다. 마지가 불단에 올려지면 쉼표처럼 여섯 번의 마지 종이 울린다. 각 전에서는 일제히 마지 올리는 목탁 소리와 염불 소리가 들린다.

사시(11시) 예불을 올리고 점심공양을 마치면 스님들과 정오의 햇살을 받으며 한담을 나누는 '다도의 시간'을 갖는다. 차는 절에서 즐기는 멋의 하나로 '무심의 차' '반야의 차'라고도 부른다. 선방에서 수행하는 스님들은 피로를 풀어주는 오가피, 마가목, 엄나무차를 즐긴다. 수행을 쌓은 스님들의 다도는 군더더기 없이 단정하다. 툇마루에 반사되는 정오의 햇살이 청아하다.

1천 3백 년의 문화가 보존된 통도사 '성보박물관'

스님과 담소를 나누며 다도를 배웠다면 일주문 옆의 성보박물관을 찾아보자. 성보박물관은 불교 문화재를 중심으로 지정 문화재 34점을 포함해 3만여 점을 보유하고 있다. 불교 회화는 6백여 점에 달하며 18, 19세기에 제작된 것들이 대부분이다. 특히 〈영산회상도〉는 부처님을 모신 법당에 그려지는 불화로 화려하지는 않지만 밝고 단아한 것이 특징. 그림의 구도는 대칭적이며 기형광대에 맞게 부처님이 크게 표현되어 있다. 또한 본존불의 손에 흰색 선으로 윤곽만 처리한 투명한 연꽃이 들려 있어 신비스럽다. 성보박물관에는 불화 외에도 은입사동제향로(보물 제334호)를 비롯해 석가여래 친착 가사, 구룡병풍, 달마도, 감로병 등이 전시되어 있다.

성보박물관을 둘러보고 나니 통도사에 어둠이 내리기 시작한다. 저녁 예불을 알리는 종이 울리고, 이어 사물이 차례대로 울린다. 각 전에서는 부전스님들이 예불을 드린다. 새벽 예불은 대웅전에서 각 전으로 예불을 드리지만, 저녁에는 각 전에서 예불을 드리고 대웅전으로 모인다. 사물이 다 울릴 때쯤이면 각 전각의 예불도 끝나 대웅전에서 예불이 시작된다. 다시 작은 종이 울린다. 죽비 소리를 끝으로 통도사의 하루가 저문다. 지금도 통도사에는 부처님의 향기가 도량을 흐르고 있는 것만 같다.

Travel Information

주소 경남 양산시 하북면 통도사로 108
전화번호 055-382-7182
홈페이지 www.tongdosa.or.kr
템플스테이 1박 2일 5만 원

찾아가는 길 경부고속도로 통도사 IC를 빠져나와 통도사 삼거리에서 좌회전한 후 2km 정도 가면 상가를 지나 영축산문이 나오면서 통도사 경내에 들어선다. 서울에서 4시간 30분 정도 소요.

템플스테이 프로그램과 설법전 통도사의 템플스테이는 설법전에서 행해진다. 건물 지하에 공양간이 있고, 건물 위쪽에 법당이 있어 참선, 예불, 강의 등 대부분의 프로그램이 설법전에서 이루어진다. 통도사는 외국인 템플스테이와 여름 수련회 경험을 살려 템플스테이 프로그램이 꾸며져 있다. 예불, 참선 등의 기본 일정에 자신이 원하는 프로그램을 선택할 수 있는 것도 특징. 8월은 자체적으로 진행하는 여름 수련회 때문에 템플스테이 접수를 받지 않지만 그 외 기간에는 주말마다 상시적으로 운영한다. 30명 정도 단체로 신청할 경우에는 템플스테이 프로그램 외에 괘불 그리기, 성보박물관 관람, 천연 염색, 연등 만들기 등 문화 체험도 가능하다.

적멸보궁이란? 적멸보궁은 석가모니 부처의 진신사리를 모신 전각을 말한다. 보궁은 석가모니가 깨달음을 얻은 후 최초의 적멸도량회를 열었던 중인도 마가다국 가야성의 남쪽 보리수 아래 금강좌(金剛座)에서 비롯된다. 적멸보궁은 본래 두두룩한 언덕 모양의 계단을 쌓고 불사리를 봉안함으로써 부처가 항상 그곳에서 적멸의 법을 법계에 설하고 있음을 상징하던 곳이었다. 진신사리는 곧 부처와 동일체로, 부처 열반 후 불상이 조성될 때까지 가장 진지하고 경건한 숭배 대상이 되었으며 불상이 만들어진 후에도 소홀하게 취급되지 않았다. 오늘날 한국에서 적멸보궁의 편액을 붙인 전각은 본래 진신사리의 예배 장소로 마련된 절집이었다. 처음에는 사리를 모신 계단을 향해 마당에서 예배하던 것이 편의에 따라 전각을 짓게 되었으며, 그 전각은 법당이 아니라 예배 장소로 건립되었기 때문에 불상을 따로 안치하지 않았다. 진신사리가 봉안된 쪽으로 예배 행위를 위한 불단을 마련했다. 통도사는 금강계단에 진신사리를 봉안해 계율 근본 도량 불보종찰(佛寶宗刹)이 되었는데, 부처가 안치되어야 할 대웅전에는 불상이 없고 불당 내부에 동서로 길게 불단만 놓여 있다. 또 불상이 안치되어 있어야 할 자리는 창으로 훤히 뚫려 있는 것이 특징이다.

느긋한
마음으로
붉은
노을
세상

영주
소백산
부석사

능금보다

붉은
노을
세상

안양루에 서서 소백산 자락을 굽어보면 일망무제의 전경이 아련하게 펼쳐진다. 부석사는 우리나라 어느 절에서도 느낄 수 없는 장엄한 풍광을 거느리고 있다. 층층이 내려앉은 절집의 가람배치도 아름답다.

'일망무제'의 장엄한 풍광이 펼쳐진다. 소백산의 웅장하고 거대한 덩치에 지레 겁먹을 필요는 없다. 소백산은 웅장하면서도 부드러운 산세를 지녀 어린아이도 쉽게 오를 수 있기 때문. 특히 가을에 단풍과 만추의 풍경이 둥둥 떠다니는 부석사에 오랜 시간 머물다 보면, 노을이 펼쳐지는 낭만에 흠뻑 취할 수 있다.

능금빛보다 붉은 노을 세상, 부석사

구름도 쉬어 넘는다는 아흔아홉구비 죽령고개를 넘어 영주땅을 밟고 부석사를 찾아가는 길은 험하다. 여기에 가파른 길을 한참 오르는 수고를 더하니 비로소 부석사 일주문 앞이다. 부석사는 소백산 국립공원에 속하지만 여행객을 마중나와 반기는 일주문은 '태백산 부석사'라는 현판을 머리에 이고 있다. 부석사가 위치한 봉황산은 선달산에서 다시 서남쪽으로 뻗은 태백산 줄기에 위치한다.

기억을 더듬어 보면, 대학시절 부석사를 답사하고 나서 몇 년 뒤에 다시 찾아간 적이 있다. 일주문까지 오르는 길에 몇 번이고 뒤돌아보면서 '바다가 보인다'는 착각을 했었다. 무량수전이 있는 안양루에 서서 소백산 자락을 굽어보니 일망무제의 전경이 아련하게 펼쳐지던 기억이 먼저 떠오른다. 5월이면 꽃향기와 함께 손에 잡힐 듯한 사과꽃이 인상적인 곳이다. 그렇다. 부석사는 우리나라 어느 절에서도 느낄 수 없는 장엄한 풍광을 거느리

아름다운 사찰여행

1 안양루 옆 절 마당에서 내려다본 부석사 경
  내. 층층이 포개지는 기와지붕이 아름답다.
2 무량수전의 불상. 후덕하고 인심이 좋은 아저
  씨 같은 표정이 마음을 편안하게 한다.
3 부석사의 이름을 얻게 한 부석바위 앞에 핀
  구절.

고 기억 속에서 깨어난다. 부석사는 산중턱에 높이 올라서 수려한 경치를 거느리고 있다.

한국 전통 건축의 미를 가장 잘 간직한 사찰

한국 전통 건축의 특성을 가장 잘 간직한 사찰을 말하면 대개 영주 부석사를 첫손가락에 꼽는다. 지금도 부석사는 전통 건축에서 느낄 수 있는 맛과 멋을 모두 가지고 있다.

부석사의 기품을 보려면 먼저 건물들이 놓인 터와 그 주변의 산세를 살펴보는 게 순서. 놓일 자리에 따라 건물의 조형도 달라지기 때문이다. 조상들은 넓은 땅에서는 건물을 비교적 넓게 배치하되 높은 건물을 정점으로 조화를 이루도록 하였으며, 공간이 좁고 가파른 땅에서는 높은 석축과 건물을 잘 이용하여 계단식으로 배치해 조화를 이루는 지혜를 터득해 왔다.

신라시대 의상대사가 창건한 이후 고려와 조선시대를 거치면서도 그 역사를 받치고 있는 독특한 가람배치와 장엄한 석축단, 당당하면서도 우아함이 배어나오는 세련된 건물들. 이 모든 정취는 부석사가 우리나라 사찰 중으뜸을 차지하게 하는 멋들이다. 부석사는 좁고 가파른 지형에 가람을 앉혔다.

화엄종의 본찰인 부석사는 신라 하대에는 대석단 위에 세워진 거대한 가람으로 융성해졌고, 승려가 되기 위해 처음 출가해 초발심을 밝히는 곳이었다. 신라 왕의 상을 그려서 벽화로 걸어 놓을 정도로 국가적 지원이 확고했던 화엄종찰의 위상이 부석사 가람 곳곳에 묻어난다. 후삼국 시기에 궁예가 이곳에 이르러 벽화에 그려진 신라 왕의 상을 보고 칼을 뽑아 내리쳤는데 그 흔적이 고려 때까지 남아 있었다는 전설이 아직도 전한다.

아름다운 사찰여행

무량수전 배흘림기둥에 기대어

안양루 밑을 지나 계단 사이로 고개를 들어 쳐다보면 네모난 액자 속에 들어오는 석등과 무량수전. 얼핏 봐도 완벽한 구도를 갖춘 무량수전은 현재 부석사의 주요 불전으로 아미타여래를 모시고 있다. 서방 극락세계를 주재하는 아미타여래는 끝없는 지혜를 지닌 분이라 다른 말로 '무량수불'이라고도 한다. '무량수전'은 여기서 유래한 말일 것이다. 석등을 지나 무량수전을 마주하니 전각의 외모가 의젓하면서도 육중하거나 둔하지 않다. 최순우 선생의 말을 빌리면 "무량수전은 고려 중기의 건축이지만 우리 민족이 보존해온 목조건축 중에서 가장 아름답고 가장 오래된 건물임에 틀림없다. 간결하면서도 역학적이며 기능에 충실한 주심포의 아름다움, 문창살 하나, 문지방, 배흘림기둥의 비례는 상쾌함이 이를 데가 없다"고 극찬을 받을 정도의 예술품으로 명명되고 있다. 무량수전 배흘림기둥에 기대어 본 후 안양루의 누각에 걸터앉으니 김삿갓의 시가 담긴 액자가 눈에 들어온다.

"그림 같은 강산은/동남으로 뻗어 있고/(중략)/사는 동안 몇번이나/이런 경치 구경할까" 김삿갓이 남긴 시 구절이 눈 속에 머무는 것만 같다. 이곳이 극락이구나!

유교문화와 사립교육의 뿌리, 소수서원

꼬불꼬불 죽령을 넘어 닿는 곳에 풍기읍이 있다. 여기서 봉화 방향 931번 지방도로로 접어들면 세월의 두께가 느껴지는 유적들을 만날 수 있다. 영주 일대 유교문화의 바탕에는 소수서원이 놓여 있다.

세월을 거슬러 1542년 풍기군수로 부임한 주세붕이 고려 말의 대학자 안향의 영정을 모셔 백운동서원으로 출발했다. 이후 퇴계 이황이 풍기군수로 재임하면서 왕에게 진언을 올려 명종 5년(1550년) 직접 친필로 소수서원(紹修書院)이란 사액(賜額)을 내려 오늘에 이르고 있다. 교과서에서 흔히 말

하는 최초의 사액서원이 등장하게 된 것이다. 조선시대의 사립대학이라 할
수 있는 서원은 그렇게 탄생되었고 조선 중·후기에 많은 인재를 배출하면
서 학문과 정치의 요람이 되었다.

소수서원 매표소를 막 지나면 수백 년 굵은 소나무들이 허리를 굽히고
있다. 굽은 듯하면서도 가지를 위로 벌린 소나무가 소수서원의 위세를 떠
받치고 있는 것만 같다. 소나무숲을 산책 삼아 통과하면 솔숲을 그림자처럼
담고 있는 죽계천이 흐른다. 죽계천 건너에 퇴계 이황이 공부하는 유생들의
휴식처로 지은 취한대가 다소곳이 앉아 있다.

소수서원 정문을 들어서면 명륜당을 만난다. 명륜당은 유생들이 모여서
강의를 듣던 강당이다. '백운동(白雲洞)'이란 현판과 대청 북쪽면에 명종이
내린 '소수서원' 현판이 걸려 있어 서원의 중심 건물임을 알 수 있다. 소수서
원은 그리 큰 규모는 아니지만 일신재와 직방재, 학구재와 지락재를 비롯한
작은 건물들이 오목조목 앉아 있다. 또한 제법 운치 있게 배치되어 천천히
걸으며 사색을 즐길 수 있다.

요즘 소수서원 일대는 영주시에서 '선비촌'이라는 문화마을로 새롭게 조
성되고 있어 유교문화의 전통을 한눈에 확인할 수 있다. 더구나 퇴계 이황
의 자취가 서려 있는 소수서원은 그냥 지나치지 못할 명승지로 가족여행이
나 문화답사를 나서는 여행객들에게 필수 코스다.

낙엽송들의 자태와 가벼운 산행, 희방사 입구

희방사 입구에서 시작하는 등산로는 소백산의 가을을 느끼기에 가장 좋

은 코스. 희방폭포를 왼쪽으로 끼고 오솔길을 잠시 걸으면 고요한 정적 속에 희방사에 닿는다. 다소 왜소해 보이는 희방사지만 자연의 균형을 거스르지 않고 소백산 자락에 숨은 듯 절제된 모습이다. 희방사는 신라 선덕여왕(643년) 때 두운조사(杜雲大師)가 창건한 사찰로, 한국전쟁 때 대웅전과 훈민정음의 원판, 월인석보 등 귀중한 문화재가 소실되었다. 1953년에 중건되어 산속의 절답지 않게 말끔하다. 희방사 경내를 가르는 냇물에 귀를 씻고 발걸음을 재촉해보자.

희방사 입구에서 오르는 코스는 희방사-소백산 천문대-비로봉-비로사(10.4km, 6시간 소요)와 희방사-소백산 천문대-희방사(4.8km, 4시간 소요)로 나뉜다. 등산로가 짧은 거리는 아니지만 경사가 완만해 능선을 따라 쉬엄쉬엄 오를 수 있다. 더불어 이곳의 명물로 매년 5월 말에서 6월 초까지 이어지는 철쭉의 향연을 보려면 영주 쪽 희방사에서 오르는 것이 좋다. 소백산은 봄이 되면 흐드러지게 피는 연화봉의 철쭉지대가 장관이고 쉬엄쉬엄 능선길을 오르며 허리를 곧추 세우는 주변 경관에 반할 정도.

■
Travel Information

주소 경북 영주시 부석면 부석사로 345
전화번호 054-633-3464
홈페이지 www.pusoksa.org

찾아가는 길 중앙고속도로 풍기 IC-풍기읍-931번 지방도로 소수서원-부석사

맛집 종점식당 | 부석사 앞에서 20년 동안 음식점을 운영하고 있는 주인 아주머니의 호방한 성격처럼 음식이 푸짐하고 정갈하다. 더덕무침과 뚝배기에 구수하게 끓여 나오는 된장찌개가 일품. 부석사 진입로에 명성민박이라는 민박집도 운영한다. **맛나식당** | 주인 할머니의 손맛으로 50년 인기를 누리고 있는 집. 돼지 위를 각종 야채와 섞어 전골식으로 요리한 오소리감투전골이 얼큰하고 쫄깃하다. 이 집에서 내놓는 올갱이국도 맛있다.

잠자리 2010모텔 | 희방사에서 등산을 계획할 때 이용하면 좋은 모텔. 객실이 32실로, 규모가 크다. 단양에서 죽령을 넘어서면 훤칠한 덩치의 건물이 눈에 띈다. **단양관광호텔** | 단양읍의 유일한 관광호텔. 5번 국도에서 단양읍으로 진입하는 초입에 위치해 눈에 띈다. 강을 앞을 두고 세워진 호텔로 전망이 좋고 외관이 깔끔하다.

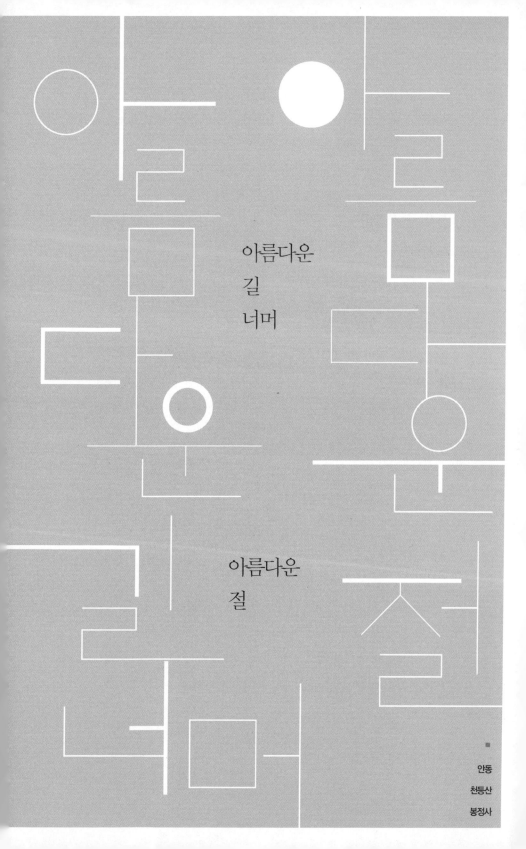

아름다운
길
너머

아름다운
절

안동
천등산
봉정사

봉정사는 천등산 기슭에 자리 잡은 아담한 절이다.
전혀 화려하거나 거대함이 없어 마음이 편안해지는 절이다.
주차장에서 소나무 숲길을 따라 절까지 오르는 길이 아름답고 낡고 투명한
절집의 매력을 간직해 한번 오르면 쉬이 내려오지 못하게 한다.

여행에는 두 가지 종류가 있는 것 같다. 펼쳐진 자연을 단순히 느끼고 즐기기만 하는 여행과 여행지에 대한 배경 지식을 알고 봐야 제대로 느끼는 여행. '아는 만큼 보인다'는 말이 절실한 곳이 바로 안동일 것이다. 스쳐가며 보는 사람에게는 단순한 '절'과 교과서에서나 나오는 선비의 고장일 뿐이지만 절과 마을의 내력을 알고 보는 사람에게는 역사책이나 소설에서보다 중요한 의미를 찾아낼 수 있는 곳이기 때문이다.

나는 인연이라는 말을 즐겨 쓴다. 세상을 살아가며 다양한 인연을 맺고 그 인연으로 해서 여러 갈래 인생길이 펼쳐진다는 것을 알고 있다. 구불구불 포장도로를 따라 절집을 향하다 보면 어김없이 식당가가 먼저 마중을 나온다. 사하촌(寺下村)은 다 왔구나 하는 안도감과 함께 절에 들어서는 시작점이 되곤 한다.

봉정사는 천등산 기슭에 자리 잡은 아담한 고찰로, 전혀 화려하거나 거대함이 없어 편안한 사찰이다. 주차장에서 산길을 따라 절까지 오르는 길이 아름답고, 절 자체도 포근한 느낌을 준다. 봉정사까지 오르는 길은 그리 힘들지 않고 또 계곡을 따라 길이 이어져 아주 운치 있다.

봉정사는 최근까지 우리나라에서 가장 오래된 목조 건물로 알려진 극락전 외에는 이렇다 할 유명한 것도 없고 절도 크지 않아 별로 알려지지 않은 절집이었다. 촘촘히 늘어선 소나무 숲을 등지고 위치한 봉정사는 웅장하기보다는 소담하고 고요하다.

아름다운 사찰여행

봉정사를 찾아가면서 길 이야기를 빠뜨릴 수 없다. 절의 분위기를 좌우하는 것 중 하나가 절에 들어가는 길일 것이다. 봉정사로 들어가는 길은 솔숲과 굴참나무, 작은 폭포, 넓지도 좁지도 않은 길이 한데 어우러져 아름답다. 새벽 무렵 어둠이 채 가시기 전에 조용히 이 길을 걸어가면 좋겠다는 생각이 절로 든다. 솔밭길을 조금 오르면 봉정사 일주문이 먼저 마중한다. 봉정사에 오를 때는 반드시 주차장에 차를 두고 걸어가기를 권한다. 호젓한 산길을 걷는 재미, 가끔씩 무리지어 피어 있는 들꽃, 아름다운 숲을 보며 걷는 맛이 차를 타고 가는 편안함을 충분히 보상하고도 남는다. 그래서 어느 시인은 내리 숲과 들판과 길을 걸으며 인생의 굴레를 떨쳐버릴 수 있는 시간을 가진다고 했던가. 봉정사로 오르는 숲길은 느림의 미학을 느끼게 해주는 곳이다.

봉정사는 신라 문무왕 12년(672년) 의상대사의 제자였던 능인스님이 창건했다고 전해진다. 봉정사 창건에 얽힌 설화가 있는데, 의상대사가 부석사에서 종이로 봉황을 접어 날리자 그 종이 봉황이 이곳에 내려앉아 그 자리에 절을 짓고 봉정사라 이름 지었다는 이야기이다.

봉정사는 역사적으로 커다란 의미를 지닌 사찰이다. 소나무와 낮은 돌담이 둘러쳐진 돌계단을 따라 오르면 단아하고 정갈한 아름다움이 깃든 봉정사 경내가 나온다. 화강암이나 인조석으로 고치지 않고 자연석에 손질만 곁들인 이 돌계단을 오르면 여염집 대문처럼 생긴 둥근 문턱을 통과하게 된다. 만세루 아래를 통과하면 석축 위에 마당이 펼쳐진다.

봉정사 출입문에 해당하는 문루(門樓)인 만세루는 정면 다섯 칸, 측면 세 칸의 제법 큰 건물이지만 위압감은 없다. 밑에서 보면 2층 문루인데 정겹게 굽은 문설주를 지나고 계단을 올라 대웅전 마당에 서면 단층으로 변해 있다. 만세루에 앉아 주위를 둘러보면 확 트인 경관은 아니어도 봉황이 머물 만큼 편안한 공간이다. 그래서일까, 만세루를 지날 땐 꼭 큰집 대문을 드나드는 편안한 느낌이 든다.

만세루를 지나 대웅전 앞마당 석축을 오르지 않고 왼쪽으로 가면 또 하나의 네모꼴 마당이 있다. 정면으로 극락전(국보 제15호), 왼쪽으로 고금당(古今堂, 보물 제449호), 오른쪽으로 화엄강당이 만들어내는 공간이다. 화엄강당은 두 곳을 연결하며 각각의 영역에 독립성을 부여한다.

우리나라에서 가장 오래된 목조 건축 극락전

봉정사는 1992년 4월 엘리자베스 영국 여왕이 방문하면서 세인의 관심을 모았다. 엘리자베스 여왕은 봉정사 극락전을 두고 거대한 나무 조각에 비유하며 극찬을 아끼지 않았다고 한다. 우리 고유의 아름다움은 자연과 조화를 이루는 가운데 단순소박하면서도 우아함과 섬세함을 간직하고 있다는 얘기다.

대웅전 옆에는 우리나라에서 가장 오래된 목조 건물인 극락전이 자리 잡고 있다. 얼핏 보기에는 대웅전과 비슷한 것 같지만 극락전과 대웅전은 대조적인 건물이다. 대웅전이 날렵한 팔작지붕이라면, 극락전은 간결한 맞배지붕이다. 맞배지붕은 측면에서 볼 때 건물 구조를 한눈에 알아볼 수 있다. 봉정사 극락전을 옆에서 보면 정면과 또 다른 모습이다. 네 칸 일곱 량의 기둥은 단순한 옆모습을 기하학적으로 아름답게 분할하고 치장했다. 그리고 대웅전이 다포 양식이라면 극락전은 배흘림기둥에 간결한 주심포 양식이다. 맞배지붕은 거의 공통적으로 주심포 형태를 보이고 있다. 봉정사 극락전은 부석사 무량수전처럼 아름답고 균형 잡힌 몸매는 아니지만 배흘림기둥의 고려 건축 양식이 그대로 남아 있는 건축물이다.

해체 보수 전의 극락전을 보면 대웅전처럼 앞이 문과 마루로 돼 있으나 지금은 전혀 다르게 중간 문 이외에는 살창으로 마무리되어 있다. 그리고

1 만세루에서 내려다보는 풍경은 마음까지 트이게 한다. 만세루에 앉아 있으면 잡념을 뿌리치고 온전한 휴식을 누릴 수 있다.

2 영산암 입구에 걸려 있는 시래기 다발. 이곳은 영화 〈달마가 동쪽으로 간 까닭은〉을 촬영한 장소로 유명하다.

3 천등산 봉정사 현판.

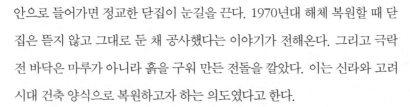

**이것
만은
꼭!** 봉정사는 우리나라에서 가장 오래된 목조 건물인 극락전이 자리 잡고 있다. 얼핏 보기에는 대
웅전과 비슷한 것 같지만 극락전과 대웅전은 대조적인 건물이다. 대웅전이 날렵한 팔작지붕이
라면 극락전은 간결한 맞배지붕이다. 맞배지붕은 측면에서 볼 때 건물 구조를 한눈에 알아볼
수 있다. 봉정사 극락전을 옆에서 보면 정면과 또 다른 모습이다. 네 칸 일곱 량의 기둥은 단순
한 옆모습을 기하학적으로 아름답게 분할하고 치장했다. 봉정사 극락전은 부석사 무량수전처
럼 아름답고 균형 잡힌 몸매는 아니지만 배흘림기둥의 고려 건축 양식이 그대로 남아 있는 건
축물이다.

안으로 들어가면 정교한 닫집이 눈길을 끈다. 1970년대 해체 복원할 때 닫
집은 뜯지 않고 그대로 둔 채 공사했다는 이야기가 전해온다. 그리고 극락
전 바닥은 마루가 아니라 흙을 구워 만든 전돌을 깔았다. 이는 신라와 고려
시대 건축 양식으로 복원하고자 하는 의도였다고 한다.

극락전이 학문적 가치에 기품 있는 아름다움까지 갖춘 건물이라면 봉정
사의 대웅전은 고즈넉한 산사의 멋을 느낄 수 있는 건물로 툇마루가 인상
적이다. 대웅전과 극락전 계단 아래에는 고금당과 화엄강당이 동향으로 나
란히 서 있는데 최소한의 치장만을 한 검소한 맞배지붕의 건물로서, 특이
하게 처마가 길게 느껴진다. 근래에 지은 요사채와 우리나라에서 가장 오
래된 고려시대 건축물과 조선시대 대웅전이 조화롭게 어울려 있다.

흔히 요즘 볼 수 있는 돈으로 치장한 석조물이 없고 과거의 역사적 건물
과 현재의 건물이 서로 조화를 이룬 것을 보면 관계자들의 미적 감각이 나
름대로 느껴진다. 그리 넓지 않은 경내에 서로 다른 시대와 서로 다른 양식
의 건축물들이 서로를 흠집 내지 않고 오밀조밀 모여 있는 봉정사는 이 시
대의 보물이고 국보임에 틀림없다.

사대부 집을 닮은 암자 영산암

봉정사의 부속 암자로는 영산암, 지조암이 있다. 그중 영산암은 극락전
에서 약 200m 정도 떨어져 있는 오래된 암자로 영화 〈달마가 동쪽으로 간

48   아름다운 사찰여행

까닭은〉이 촬영된 곳으로 유명하다. 봉정사 오른쪽 계단 위를 보면 고목 나무와 어우러진 암자, 영산암이 있다. 너무 아름다워 영화나 TV 드라마 촬영 장소로 자주 나오는 영산암은 봉정사와 꼭 닮아 있다.

문루만 없다면 작은 마당을 중심으로 ㅁ자형 건물 배치를 이루고 있어 사대부 집이 아닐까 하는 착각이 든다. 그리고 각 건물마다 개성이 있어 보는 눈이 즐겁다. 문지방이 둥글게 마무리된 문루는 봉정사 문루와 꼭 닮아 있고 오른쪽에 있는 요사채는 시원한 대청마루가 깔려 있어 양반집을 보는 듯하다. 그리고 건물마다 쪽마루가 달려 있어, 마루가 달린 봉정사 대웅전과 같은 양식을 띤다. 그 마루에 걸터앉아 마당 한가운데 바위 위에 자라는 잘생긴 소나무를 보거나 가끔씩 울리는 새소리, 바람 소리를 들으며 시간을 보내도 간섭하는 사람이 없어 봉정사를 찾으면 꼭 영산암을 들른다.

■
Travel Information

주소 경북 안동시 서후면 봉정사길 222
전화번호 054-853-4181
홈페이지 www.bongjeongsa.org
템플스테이 1박 2일 5만 원

찾아가는 길 중앙고속도로 서안동 IC로 빠져나와 첫 번째 삼거리에서 우회전 후 5분 정도 달리면 우측에 류사랑병원이 나온다. 병원을 지나쳐 사거리에서 서후와 봉정사 이정표를 따라 좌회전한다. 계속 직진하다 삼거리에서 봉정사 이정표를 따라 좌회전 후 4km를 더 직진하면 봉정사 입구가 나온다.

전통 연등 만들기 체험 〈달마가 동쪽으로 간 까닭은〉과 〈동승〉을 비롯해 여러 편의 영화를 촬영한 봉정사는 영화의 배경이 될 정도로 아름다운 건물과 천등산의 후덕한 산세를 거느리고 있다. 또한 템플스테이 프로그램을 통해 참가자들과 일반인들에게 절집의 산문을 활짝 열어 놓고 있다. 봉정사에서만 경험할 수 있는 프로그램으로 전통 연등 만들기가 있다. 템플스테이 과정에서 만들어진 연등은 개인이 가져갈 수 있고 우수 작품은 부처님 오신 날이나 10월 전통등 축제 때 전시되는 행운도 주어진다.

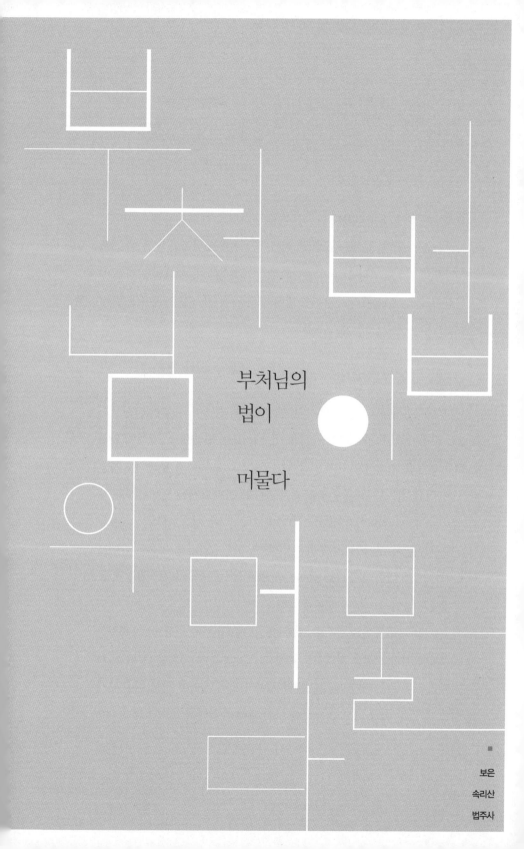

부처님의
법이

머물다

보은

속리산

법주사

속리산은 가벼운 옷차림으로 찾아와 산행을 즐길 수 있다.
숲터널이 이어진 오솔길을 따라 걷다보면 속세와 분리된 곳 같은
청정함을 온몸으로 느낄 수 있다. 속리산의 정상 문장대를
세 번 오르면 극락에 갈 수 있다는 속설이 있다.

속리산은 산세가 수려하여 한국 8경 중의 하나로 예로부터 많은 사람들의 사랑을 받아왔다. 봄에는 산벚꽃, 여름에는 푸른 소나무가 숲을 이룬다. 특히 가을엔 만산홍엽의 단풍이 기암괴석과 어우러진다. 겨울의 설경은 마치 묵향이 그윽한 한 폭의 동양화를 방불케 하는 등 사계절 경관이 모두 수려하다.

속세를 떠나 산으로 가는 길

속리산은 천황봉을 중심으로 비로봉, 입석대, 문장대 등 기암고봉들이 톱날같이 솟아 있어 자연미의 극치를 이루고 있는 명산으로, 90개에 달하는 많은 연봉을 거느리고 있어 옛날에는 구봉산(九峯山)이라 불리기도 하였다. 속리산을 가려면 보은에서 상주로 가다가 말티고개를 넘어야 하는데 이곳의 저수지를 지나 굽이굽이 산을 돌아가는 길은 처음 이곳을 찾은 사람들의 마음을 사로잡기에 충분하다. 고개 정상에 올라서면 아래로 굽어보는 운치나 재를 넘어 법주사로 들어가는 길은 보는 이의 마음을 즐겁게 하고 속세에서 멀어진 기분마저 들게 한다.

법주사 입구에는 천연기념물 제103호인 정이품송이 길을 막고 속리산과 법주사에 얽힌 전설을 설파하듯 서 있다. 수령이 600여 년이나 된 이 나무는 세조가 이곳을 지날 때 나뭇가지가 번쩍 들어 올려져 왕의 연이 무사히 지날 수 있게 되자 이를 신기하게 여긴 왕이 즉석에서 정이품의 벼슬을

아름다운 사찰여행

1

2 3

1 속리산은 천황봉을 중심으로 비로봉, 입석대, 문장대 등 기암고봉들이 솟아 부처님의 법이 머문다는 법주사를 연꽃모양으로 감싸고 있다.

2 법주사 가는 길에 있는 정이품송. 수령이 많아 소나무 가지를 지지대로 받치고 있는 모습이다.

3 속리산은 버섯 요리와 산채 요리가 유명하다. 산채정식은 정말 상다리가 휘도록 푸짐하다.

내렸다고 한다.

정이품송 건너편에는 기인 도깨비박사 조자룡 씨에 의해 설립된 에밀레박물관과 민족문화의 학습장으로 삼신사캠프장이 있다. 박물관에는 민화를 비롯한 선인들의 포근한 마음을 접할 수 있는 전시품들이 800여 점 정도 소장되어 있고 전통적인 정원이 꾸며져 있다. 캠프장에서는 선인들의 습관을 직접 체험해 볼 수 있다.

은은한 단풍의 미색이 번지는 산행

속리산은 산행하기가 그리 어렵지 않은 산이다. 가벼운 옷차림으로 찾아와 가벼운 마음으로 떠날 수 있는 곳이어서인지 관광객들이 수시로 찾아든다. 법주사는 학생들의 수학여행지로도 인기 있다. 속리산 단풍은 설악이나 내장산과 같이 화려하지 않고 은은하다.

법주사에서 1시간 여를 오르면 속세를 떠난 듯 조용한 돌계단 길로 접어든다. 길을 따라 1시간쯤 더 가면 경업대, 왼쪽으로 신선대가 보이고 멀리 보은 시가지가 놓여 있다. 문장대에 오르면 속리산의 절경을 한눈에 내려다볼 수 있다. 신선대 휴게소에서 주변 풍광을 감상하다 보면 칠성봉과 청법대 바위의 웅장함에 감탄하게 된다.

문장대는 해발 1,033m 높이로 속리산의 한 봉우리이며, 문장대에 오르면 속리산의 절경을 한눈에 내려다볼 수 있다. 문장대는 바위가 하늘 높이 치솟아 흰 구름과 맞닿은 듯한 절경을 이루고 있어 일명 운장대라고도 한다. 문장대를 세 번 오르면 극락에 갈 수 있다는 속설이 있다.

문화재가 가득한 보물창고, 법주사

보은읍에서 37번 국도를 따라서 통일삼거리를 지나 말티고개를 넘으면 속리 초등학교 방면에서 나온 505번 지방도로와 만나는 갈목삼거리에 이

른다. 속리산 법주사에 들어가려면 유명한 오리숲을 지나야 한다. 주차장
에서 절까지 이어지는 2km의 길은 가을이면 단풍이 관광객의 마음을 사로
잡는 곳이다.

보은의 얼굴로 일컬어지는 법주사는 신라 법흥왕 14년(553년)에 의신조
사가 처음으로 창건하였다. 절의 이름은 '부처님의 법이 머문다'는 뜻을 가
지고 있으며, 창건 이래로 여러 차례 중건과 중수를 거쳤다. 성덕왕 19년
(720년), 혜공왕 12년(776년)에 중창하였는데 이때부터 대찰의 규모를 갖추
기 시작하였다.

고려에 들어서도 그 사세를 이어 홍건적의 침입 때는 공민왕이 안동으
로 피난을 왔다가 환궁하는 길에 들르기도 하였고 조선 태조는 즉위하기
전 백일기도를 올리기도 하였으며, 병에 걸렸던 세조는 딸린 암자인 복천
암에서 사흘기도를 올리기도 하였다고 전한다. 이후 정유재란 때 충청도
지방 승병의 본거지였다 하여 왜군들의 방화로 모조리 불에 타버렸다. 그
후 사명대사가 대대적인 중건을 시작하여 인조 4년(1626년)까지 중창이 마
무리되었으며 이후에도 여러 차례 중수를 거친 후 오늘에 이른다.

예전 법주사 가람배치는 대웅보전을 중심으로 평지에 넓은 가람을 형성
하고 있다. 경내 중앙에는 국보 제55호로 지정된 5층목조탑과 팔상전이 우
아한 자태를 자랑하고 있다. 국보 제5호인 쌍사자석등의 모습 또한 힘이
넘치는 듯 우뚝하게 서 있다.

또 국보 제64호인 통일신라 때의 유물인 석련지도 돌아볼 수 있다. 높이
100척의 세계 최대 청동미륵대불은 1990년에 완성되어 장엄한 모습으로

중생을 어루만지고 있다. 이 불상의 지하는 유물전시관으로 꾸며 법주사의 많은 유물을 전시해 놓고 관광객에게 공개하고 있다.

　이곳 법주사를 비롯한 속리산 일대에는 보은의 지정문화재 절반 이상이 몰려 있다. 그중 법주사에는 국보만도 3점이다. 국가지정문화재가 아니더라도 이곳에는 볼거리가 가득한데 우선 본 가람으로 들어가면서 만나는 천왕문과 사도세자의 어머니 영빈 이씨의 위패를 모셨던 선희궁 원당, 16나한을 모시고 있는 능인전, 자기 몸을 태워 부처님께 공양한 희견 보살상, 그리고 쌀 80가마는 너끈히 들어가는 석조와 쇠솥 등이 그것이다.

　경내 및 주변에는 쌍사자석등(국보 제5호), 팔상전(국보 제55호), 석련지(국보 제64호) 등 국보 3점, 보물 6점, 천연기념물 1점, 도지정문화재 13점의 지정문화재가 도처에 산재해 있다.

Travel Information

주소 충북 보은군 내속리산면 법주사로 405
전화번호 043-543-3615
홈페이지 www.beopjusa.or.kr
템플스테이 1박 2일 6만 원

찾아가는 길 경부고속도로―청주 IC에서 좌회전하여 청주시내로 들어간다. 이곳은 가로수로 유명한 플라타너스가 터널을 이루고 있다. 청주대교를 지나 우회전하여 무심천변 우회도로를 탄다. 19번 국도로 보은―이평을 지나 37번 국도로 9km를 달리면 말티재를 넘게 되고 속리산 주차장에 이른다.

맛집 경희식당 | 속리산에 갔다가 경희식당의 한정식을 먹어 보지 못했다면 억울할 정도로 소문난 맛집이다. 속리산에서 나는 산나물이 계절에 따라 7가지 정도 오르고, 해산물, 불고기 등 육류까지 한상 가득 차려진다. 비로산장 | 세심정 인근에 위치한 한적한 산장. 토산 산나물로 만드는 산채정식이 유명하다. 이 속리산 주변에는 산속에서 자란 야생머루로 술을 빚은 머루주와 송이버섯이 유명하다. 숙박도 가능하다. 신토불이약초식당 | 올갱이를 맑은 물에 하루 정도 거른 후 삶아서 올갱이 알을 빼낸 다음 된장에 갖은 양념으로 조리한다. 해장국으로 좋고 특히 간 기능과 위장에 좋은 이곳의 별미이다. 평양식당 | 더덕을 자근자근 눌러서 부드럽게 한 다음 약한 불에 굽는 더덕구이 전문점. 등산 후 동동주를 마실 때 술안주로도 아주 좋다.

잠자리 속리산은 크게 법주사, 화양구곡, 오송폭포 지구 세 군데로 나눌 수 있다. 호텔과 유스호스텔, 모텔 등 숙소는 법주사 상가 단지 내에 밀집되어 있다. 숙박시설의 수준은 비슷비슷하니 상가를 둘러본 후 신축된 곳이나 깨끗한 곳을 선택하면 된다. 호텔급 잠자리로는 레이크힐스 관광호텔(043-542-5281), 속리산그린파크호텔(043-543-3650), 연송호텔(043-542-1500) 등이 추천할 만하다.

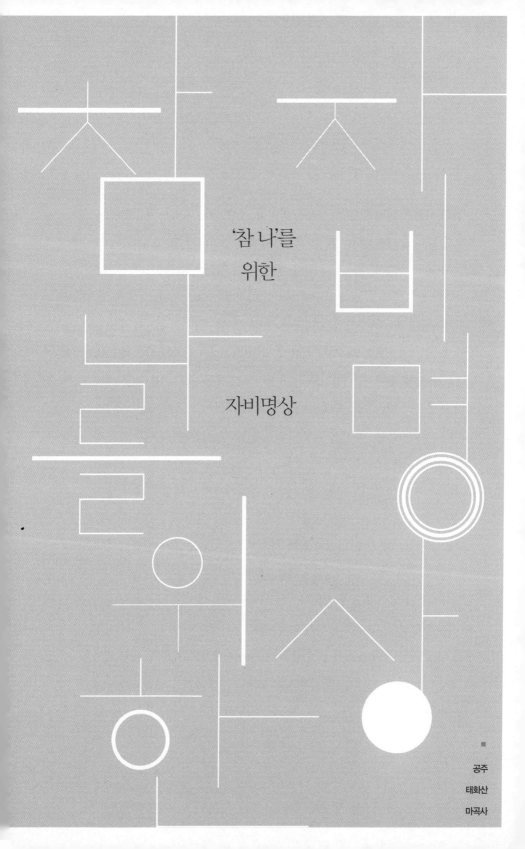

'참 나'를
위한

자비명상

공주
태화산
마곡사

자신과 주변을 돌아보며 비우는 것이 궁극적인 자비 명상의 완성이다.
그렇다고 반드시 그래야 한다는 목적을 가지라고 강요하진 않는다.
'자신을 비우겠다'는 목적을 정하면 그것은 이미 명상이 아닌
집착이 되기 때문이다.

길이 사람의 마음을 열고 생각을 바꾼다고 했던가. 이제는 청정도량 마곡사도 꼭꼭 숨겨진 절집이라는 고정관념에서 벗어나야 할 것 같다. 충청도엔 '춘마곡 추갑사'라는 말이 있다. 하지만 타 지역 사람들은, 갑사는 유명 여행지로 알면서도 정작 갑사의 본사인 마곡사는 잘 모른다.

천안-논산 간 고속도로가 뚫리면서 마곡사 가는 길이 한결 가까워졌다. 천안-논산 고속도로를 타고 정안나들목으로 빠져나오면 마곡사를 알리는 이정표가 눈에 띈다. 고속도로에서 마곡사까지 자동차로 20분 남짓 거리지만 이정표를 따라가도 도대체 이런 시골에 대찰이 있을까 싶은 생각만 꼬리에 꼬리를 문다. 하지만 막상 마곡사를 알리는 사하촌이 시작되고 매표소를 통과하면 우문은 한꺼번에 풀린다. 매표소를 통과하면 키가 제법 큰 아름드리 나무들이 숲 터널을 이루며 청정지역의 속내를 조금씩 열어 보인다. 여러 갈래로 나뉘는 숲길이 다소 긴장감을 갖게 하지만 드문드문 이정표를 따라가면 넓은 마당과 함께 기와지붕을 맞대고 있는 절집이 나타난다.

마곡사는 신라의 자장율사가 창건한 이래 충청도의 가장 대표적인 사찰로 이름을 떨쳤다. 고려의 문장가 이규보는 저서『동국이상국집』에서 마곡사를 당시 가장 부유한 사찰로 언급했다. 조선시대에도 세조가 직접 행차해 '영산전'의 친필 편액을 내릴 정도로 충청도 전체 사찰을 관장하는 중심 사찰이었다.

아름다운 사찰여행

천하 명당에 터를 잡은 마곡사

　마곡사는 무수한 절집 이야기를 품고 있지만 그보다 먼저 명당 이야기를 해야 할 것 같다. 『택리지』나 『정감록』에 언급된 십승지 가운데 한 곳이 바로 마곡사다. 전쟁의 참화가 비껴간다는 십승지 중 한 곳으로 마곡사가 거론되는 것은 마곡사가 품고 있는 계곡과 산이 절집을 감싸고 있기 때문이다. 『정감록』에서 말한 십승지는 인적이 드문 오지로 피난지를 가리키는데, 경북 풍기의 금계촌, 봉화군, 충북 보은의 속리산, 전북 운봉의 두류산, 경북 예천의 금당동, 충남 공주의 유구와 마곡, 강원도 영월의 정동, 전북 무주의 무풍, 부안의 변산, 경북 성주의 만수동 등이 여기에 속한다.

　『정감록』을 떠올리지 않더라도 마곡사는 예나 지금이나 '오지'임에는 틀림없다. 마곡사는 한때 김구 선생이 은신했던 곳이라고 한다. 김구 선생은 명성황후 시해 사건 후 일본군 특무장교를 처단하고 마곡사 백련암에서 3년 동안 스님생활을 했다. 백련암은 마곡사에서 2km 남짓 소나무 숲길을 따라가면 태화산 중턱에 자리 잡고 있다. 이곳은 마곡사를 품고 있는 산세

가 한눈에 들어오고 요사채 옆엔 사시사철 끊이지 않고 나오는 약수가 유명하다. 지금도 백련암에 가면 여기저기서 김구 선생의 흔적을 만날 수 있다. 해방이 되자 김구 선생은 마곡사를 다시 찾아 은신했던 때를 생각하며 마당에 향나무 한 그루를 심었다. 그 향나무가 탑 앞에 윤기를 품고 자라고 있다.

태극 문양의 태화천을 따라 형성된 가람 배치

한쪽은 기도와 수행의 공간으로 소담하고, 한쪽은 기도의 도장으로 웅장하다. 일반 절과 다른 점이 바로 이것이다. 매표소를 지나면 바로 옆에 절을 두고서도 한참 계곡을 올라가야 해탈문과 천왕문에 닿는다. 이곳의 해탈문은 계곡 옆 주차장에 홀로 서 있다. 멀리 대웅전이 보이고 그 앞으로 작은 부도밭과 주변에 단풍나무가 서 있을 뿐 꾸밈없이 소박하다.

해탈교 왼쪽엔 소담스런 담장 너머로 여러 채의 건물이 있는데, 영산전과 홍성루, 매화당, 수선사 등의 선방이 있다. 그중에서 꼭 보아야 할 것이 영산전. 마곡사에서 가장 오래된 배흘림의 주심포(柱心包) 건물로 고색창연한 나뭇결과 낡은 단청이 인상적인 단아한 전각이다. 영산전을 둘러보고 천왕문을 통과하면 계곡 위에 극락교가 나오고, 다리를 건너면 비로자나불을 모신 대광보전이 나온다. 대광보전의 외관은 단순하면서도 화려한 것이 특징이다. 위에 대웅보전이 있는데, 대웅보전 툇마루에서 바라보는 절집 풍경이 은은하면서도 편안하게 느껴진다. '자비 명상 템플스테이'로 대표되는 생활 공간도 대광보전 옆에 있다. 마곡사 템플스테이는 세간에 알려질 정도로

1 마곡사 영산전의 단풍. 맞배지붕을 가린 단풍이
  애처롭게 불타고 있다.
2 마곡사 대웅보전의 법당 내부. 템플스테이 참가자
  들도 법당에서 새벽예불에 참석한다.
3 마곡사는 발우공양을 하루에 한 번 이상 진행한
  다. 엄격한 규율과 규칙을 배우고 쌀 한 톨을 남기
  지 않고 먹는 법을 배운다.

프로그램도 알차고 수련시설도 잘 갖추어져 있다.

자신을 비우는 명상 체험

마곡사 템플스테이는 단체나 참가자에 따라 운영 프로그램이 조금씩 다른데 그중 대표적인 것은 '자비 명상'이다. 자비 명상은 '마음 바로 보기' '감사 명상' '편지 쓰기' 등의 독특한 프로그램으로 진행된다.

자비 명상에 임할 때는 '내가 무엇을 얻겠다'는 욕심을 버리라고 한다. 자신과 주변을 돌아보며 비우는 것이 궁극적인 자비 명상의 완성인 것이다. 그렇다고 반드시 그래야 한다는 목적을 가지라고 강요하진 않는다. '자신을 비우겠다'는 목적을 정하면 그것은 이미 명상이 아닌 집착이 되기 때문이다.

더불어 마곡사 템플스테이에 참가하면 반드시 하는 것이 하나 더 있다. 바로 맨발 산행. 두 시간 남짓 태화산 등산로를 걷는데 포행(걸으며 참선하는 것)의 한 과정이다. 하지만 대부분의 사람들은 그동안 나누지 못했던 마음

속의 말을 건네고 이야기하느라 마치 소풍 가는 아이들처럼 떠들고 웃으며 여유 있게 진행한다. 맨발로 걷는 산행길은 평탄한 길이 아닌 까닭에 자갈길도 넘으면서 자신의 호흡과 마음을 조절하며 자연을 즐기게 된다.

그 다음 빼놓을 수 없는 것이 발우공양. 절에서는 밥 먹는 것도 수행이다. 발우는 스님들의 밥그릇을 말한다. 스님의 죽비 소리에 맞춰 합장을 하고 네 개의 그릇을 편 뒤 밥그릇과 국그릇, 반찬그릇, 물그릇을 펴고 스님이 직접 발우공양을 시연하면서 진행한다.

마곡사 템플스테이의 장점은 특별히 준비할 것이 없다는 점이다. 열린 마음으로 무엇인가를 꼭 얻어가겠다는 기대를 버리기만 하면 된다. 그 다음 자신과 주변을 돌아보고 마음을 추스르면 그뿐이다.

■

Travel Information

주소 충남 공주시 사곡면 마곡사로 966
전화번호 041-841-6226
홈페이지 www.magoksa.or.kr
템플스테이 1박 2일 5만 원

찾아가는 길 경부고속도로를 달리다 천안-논산 간 고속도로 장안 IC로 빠져나와 604번 지방도로를 따라 15분쯤 달리면 왼쪽으로 마곡사 이정표가 나온다. 마곡사 시설지구에 주차하고 10분쯤 계곡길을 따라 걸어가면 마곡사가 나온다.

마곡사에서 정식으로 배우는 '발우공양' 공양 예절과 수행의 한 부분인 발우공양을 마곡사에서는 제대로 경험할 수 있다. 발우란 스님들의 밥그릇을 말한다. 절에서는 밥을 먹는 것도 수행이다. 스님의 죽비소리에 맞춰 합장하고, 크기에 따라 네 개로 포개진 발우를 자기 앞에 펼쳐 놓는다. 이때 묵언은 필수다. 가장 작은 발우에 설거지물을 받아 놓고 국과 밥, 김치를 포함한 몇 가지 반찬을 먹을 만큼 담는다. 그리고 적당한 크기의 김치 한 조각을 골라 국에 잘 씻은 다음 입에 넣어 양념을 다 없애고 밥그릇에 붙인다. 소리 없이 음식을 다 먹고 나면 밥그릇에 물을 받아 씻어 놓은 김치 조각으로 밥과 국, 반찬 그릇을 깨끗이 닦는다. 그리고 김치 조각을 먹고 그릇 닦은 물을 마신다. 그 다음 맨 처음 받아 놓았던 설거지물로 다시 그릇들을 손으로 깨끗이 닦는다. 마곡사 공양은 산나물과 맛있는 두부 등이 나오지만 공양 예절을 따라 하다 보면 그 맛을 느낄 겨를이 없을 정도로 엄격하다.

꽃 권 수
해 탐
순천
조계산
선암사

꽃대궐
에서

평온을
느끼다

선암사를 찾는 사람들은 자연 경관과 잘 가꿔진 정원에 반한다.
절집은 꽃들로 가득한 시골 기와집 같은 아늑함으로 다가온다.
일주문을 통해 들어선 경내는 크지도 작지도 않다.
그래서 예스러운 멋과 자연스런 아름다움이 묻어난다.

선암사와 송광사가 둥지를 튼 조계산은 진한 매력을 간직한 산이다. 고속도로를 벗어나 한적하게 뻗은 22번 국도를 따라가다 보면 길옆으로 병풍처럼 둘러싸인 산자락과 계단식 들판, 옹기종기 모여 있는 작은 마을의 평화로운 풍경이 수채화처럼 은은하게 들어온다. 조계산 산비탈에 자리 잡은 야생 차밭과 호수를 쓸고 가는 안개에 취해 한동안 넋을 잃을 정도다.

아름다운 절집은 고요해도 전혀 외롭지 않다. 한바탕 봄꽃 잔치를 끝낸 빈자리에 연둣빛 신록이 여행객을 반기기 때문이다. 신록의 여린 속살을 헤집고 다다른 꽃대궐은 나그네의 발길을 멈추게 할 만큼 빼어나다. 선암사 산문에 들어서면 수백 년 된 전나무와 참나무, 고로쇠나무 숲이 녹향을 짙게 뿜어낸다.

숲길을 지나면 승계와 선계를 잇는 상징처럼 승선교와 강선루가 길 끝에 있다. 예전에 아이처럼 계곡으로 내려가 승선교의 무지개 동그라미 사이로 강선루를 넣고 사진을 찍던 기억이 잠시 스쳐 지나간다.

호사가들은 선암사의 '승선교'를 한국에서 가장 아름다운 돌다리라 부르기도 하지만 2004년 봄에 찾았을 때 다리는 해체 보수 공사 중이었다. 아쉬운 마음에 자꾸 고개를 돌려봐도 아름다운 승선교에 대한 기억만 저 멀리 환영처럼 스멀거릴 뿐이다.

사찰의 옛 모습을 가장 잘 보존하고 있는 선암사는 국내에서 나무와 꽃이 가장 많은 절이기도 하다. 천년 가람을 감싸고 있는 돌담을 따라 꽃나무

　　　　　　　　　　　　　　　　　　　　　　아름다운 사찰여행

들이 지천인데 돌틈에 기댄 영산홍과 자산홍이 몽환적인 아름다움을 선사한다. 선암사는 마음을 열고 절집을 둘러볼수록 은은한 아름다움이 커진다. 그리고 작은 절을 모아 놓은 절마을 같은 절집을 돌아가면 원시림처럼 우거진 야생 차밭이 있다. 특히 비 오는 날 이곳을 찾으면 안개와 운무가 춤추는 풍경에 오랫동안 발길을 붙잡히고 만다.

붉은 꽃대궐을 느긋하게 거닐다

천년 고찰 선암사를 처음 찾는 사람들은 우선 주변의 자연 경관과 잘 가꿔진 정원에 반한다. 절집은 꽃들로 가득한 시골 기와집 같은 아늑함으로 다가온다. 일주문을 통해 들어선 경내는 크지도 작지도 않다.

선암사는 본래 백제시대 고찰이지만 고려시대와 조선시대 건축 양식을 완벽하게 보존하고 있는 절로서, 일주문에서 대웅전까지 20여 동의 건물이 맞배지붕 건축법을 따르고 있어 소박하면서도 유려한 자태를 뽐낸다. 특히 대웅전은 여느 절의 법당처럼 권위적이거나 장엄하지도 않다. 심검당, 무전, 달마전을 주축으로 팔상전, 권통전, 천불전, 불조전, 해천당, 장경각 등이 네 개의 문으로 연결되어 있어 미로를 헤치며 절집의 속살을 엿보는 것처럼 흥미롭다. 선암사 절집은 대부분 단청이 벗겨지거나 칠 바랜 낡은 건물들이다. 낡고 초라해 보이기보다는 예스러운 멋과 자연스런 아름다움이 묻어난다.

오뉴월에 찾아가면 절집은 붉은 꽃대궐이다. 비록 매화꽃은 생을 다해 생기를 땅에 떨어뜨리지만, 붉은 영산홍과 자색의 자산홍, 불두화(佛頭花), 싸리꽃이 차례로 꽃망울을 터뜨리고, 자잘한 꽃이 모여 주먹만한 덩이를 이룬 나무수국이 계절을 뽐낸다. 법당 앞엔 보라색 붓꽃이, 담장 틈엔 분홍 금낭화가 고개를 내밀었다. 그야말로 꽃무더기에 묻혀 있는 셈이다. 주위에는 키 낮은 차나무가 빽빽하게 숲을 이루고 있다. 길 양쪽의 숲에는 야생

1 선암사는 전통차의 맥을 유지하고 있는 곳이다. 툇
　마루에 앉아 차를 음미하는 지허스님.
2 선암사 가는 길에 만난 상사호의 물안개. 산수화 같
　은 몽환적인 풍경이 펼쳐진다.
3 선암사는 시골 기와집처럼 크지도 작지도 않은 천
　년고찰이다. 입구 숲길이 무척 아름답다.

■
**이것
만은
꼭!** **불두화** 꽃의 모양이 부처의 머리처럼 곱슬곱슬하고 부처님 오신 날을 전후해 꽃이 만발하므로
절에서 정원수로 많이 심는다. 하얀 밥풀이 주먹만하게 봉오리를 이룬다.

차밭이 넓게 자리하고 있는데 찻잎이 비를 맞아 윤기를 더한다. 이 절의 주지 지허스님은 전통 자생차와 선암 김치로 불사를 일궜다. 지금도 명성을 듣고 전국에서 찾아온다고 한다.

사찰을 둘러보는 동안 영화 속의 장면들이 오버랩된다. 동승이 약수를 떠먹던 댓돌 약수대, 장작을 팬 뒤 스님 셋이 목욕하던 곳들이 눈에 들어온다.

〈동승〉〈취화선〉등의 영화로 유명세를 탄 선암사는 아름답다. 고요한 절집에서는 물소리와 산새 소리, 나지막하게 울리는 염불 소리, 목탁 소리 하나하나에 귀가 열리고 마음이 열린다. 딱히 불자가 아니더라도 조용히 거닐며 사색하고 명상할 수 있다는 점이 선암사의 매력이다. 절 주변의 연못과 잘 가꿔진 정원을 소풍 삼아 데이트하기에도 적격이다. 절집을 한 바퀴 돌고 나오면서 유난히 깊고 넓은 뒷간까지 두루 둘러봐야 한다.

찻잔에 머무는 은은한 아늑함

선암사 절마을 구경을 마치고 선각당에 앉아 번민 따위 걷어버리고 선암사 야생차를 마시며 속세의 마음을 쓰다듬고 여행을 갈무리하면 선계와 속세를 함께 누릴 수 있는 행복을 얻을 수 있다. 야생차 시배지로는 화개차를 최상품으로 치지만 순 자연산 야생차는 선암사 차를 최고로 친다. 선암사 뒤편의 야생 차밭에 수령 800년이 넘은 자생차 군락지를 이루고 있기 때문이다. 삼나무와 참나무가 우거진 음지에서 자라기 때문에 찻잎이 연하고, 운무와 습한 기후는 깊은 맛을 만들어낸다. 특히 일주문 아래 작은 다원 '선각당'과 도선국사가 만들었다는 작은 연못을 지나면 비탈진 곳에 야생

차밭이 자리잡고 있다. 흔히 사진에서 만날 수 있는 보성 차밭을 생각했다면 원시림처럼 지나치기 쉽지만, '전통차 법제 인간문화재' 지허스님을 탄생시켰을 정도로 선암사의 차맛은 유명하다.

선암사 야생 차밭의 유래는 천년 전 고려시대까지 거슬러 올라간다. 현재 칠전선원과 선암사 입구를 합쳐 200년에서 800년까지 된 야생 차밭 1만여 평이 있다. 지허스님은 "선암사 차나무는 거름을 주지 않는 순수한 자생차입니다. 곡우(4월 20일) 전에 수확할 수 있는 양이 얼마 안 돼 귀한 대접을 받습니다"라며 자랑한다.

선암사 차는 찻잎을 따는 데서부터 포장에 이르기까지 일일이 사람의 손이 가야 하는, 이른바 덖음차다. 우선 따낸 찻잎을 가마솥에서 덖는다. 이때는 고열로 자칫 찻잎이 손상될 우려가 있기 때문에 쉴 새 없이 저어줘야 한다. 그래서 뜨거운 가마솥에 손을 데기도 한다.

덖은 찻잎은 원형이 손상되지 않도록 조심스럽게 손으로 비벼서 말아주는 작업을 거친다. 덖는 작업은 찻잎의 겉과 속이 똑같이 건조될 때까지 8~9회 반복해야 하며 이 중 3~4회는 비비면서 말아주는 작업을 병행해야 한다. 완전히 건조를 끝낸 찻잎은 20~30일 공기가 잘 통하는 곳에서 보관·숙성하는 과정을 거친다. 이처럼 꼼꼼한 처리 과정을 거친 찻잎은 공기가 통하지 않게 비닐 봉지에 밀봉한다. 이런 과정을 거쳐야 떫은 차맛을 없애 준다는 것.

1년에 2~5회 정도 수확하는 녹차 중에서 우전을 가장 상품으로 친다. 차는 원래 곡우 무렵에 본격적으로 딴다. 차를 즐기는 사람들은 요즘 생산하는 차를 '곡우' 전에 따는 우전차라 하여 특히 귀하게 여긴다. 어린 새순이기 때문에 생산량은 적지만 순하면서도 부드러운 맛이 일품이다. 우전은 작설차로 더 유명하다. 차는 곡우를 지나 한여름까지 계속 생산하며 잎의 크기에 따라 각각 세작, 중작, 입하, 대작 등으로 나누어진다.

곡우를 넘겨 선암사를 찾았다면 숲 속의 다원 선각당에서 차를 마셔보자. 참나무와 삼나무가 뿜어내는 연둣빛 신록에 흠뻑 취한 뒤 강선루를 지나면 길 끝에 다원 선각당이 있다. 이곳은 대학에서 다도와 차 제조법을 강의하는 장미향 씨가 직접 운영하는 찻집이다. 외형이야 여느 사찰의 찻집과 다르지 않지만 이곳의 녹차 맛은 특별하다. 차맛이 깊고 뒷맛은 단맛이 난다. 시간이 넉넉하다면 이곳에서 맛도 향도 풍경 소리처럼 은은한 아늑함의 여유를 누리기에 안성맞춤이다.

■

Travel Information

주소 전남 순천시 승주읍 선암사길 450
전화번호 061-754-5247
홈페이지 www.seonamsa.net
템플스테이 1박 2일 4만 원

찾아가는 길 호남고속도로 승주 IC로 빠져나간다. 승주 IC 삼거리에서 우회전해 쌍암을 지나 선암사 이정표를 따라 4km 정도 직진하면 선암사 앞 주차장. 주차장에서 숲길을 따라 2km 정도 걸으면 선암사. 선암사 종무소(061-754-5247).

맛집 선암사 앞에는 산채정식이나 산채비빔밥 전문 식당이 많다. 그중 장원식당(061-754-6362)은 2대에 걸쳐 손맛으로 대를 잇는 맛집이다. 산채비빔밥은 고들빼기, 참나물, 갓김치, 돌미나리무침, 곰취나물 등을 푸짐하게 넣고 비벼 먹으면 나물의 신선함이 입 안에서 고소하게 감긴다. 또 20여 가지 반찬이 나오는 산채정식도 맛있다.

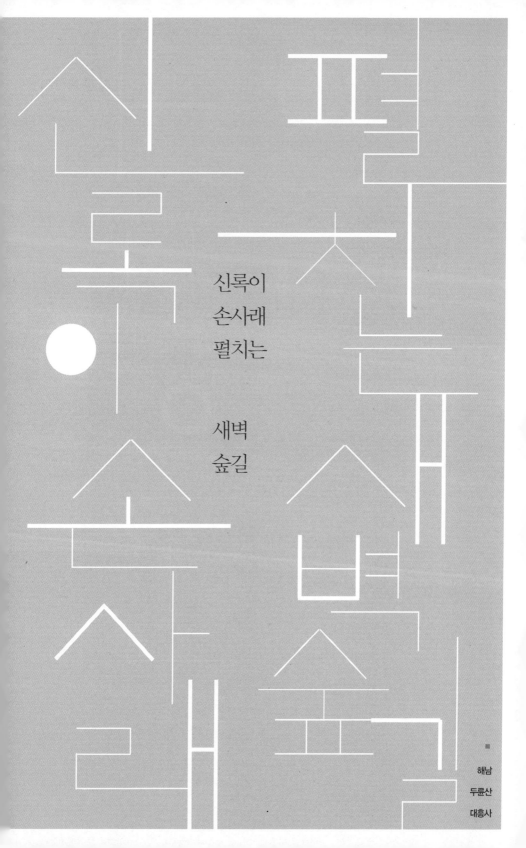

신록이
손사래
펼치는

새벽
숲길

해남
두륜산
대흥사

대흥사에 가면 한국에서 손꼽히는 아름다운 길을 볼 수 있다.
매표소에서 일주문에 이르는 구림리 장춘동. 아홉 숲에 봄이라니,
이름에서도 충분히 아름다움을 짐작할 수 있다.
도솔천에 이르는 길이 바로 이곳이구나!

한반도의 땅끝 해남. 해남읍에서도 12km가량 더 남쪽에 솟아 있는 두
륜산은 천 년 병화가 미치지 않고 만 년 동안 허물어지지 않을 땅이라고 서
산대사가 극찬한 진산이다. 굳이 옛말이 아니더라도 다도해를 조망할 수
있는 아름다운 풍광과 대흥사(대둔사)를 중심으로 문화유산이 많아 여행객
들의 발길이 끊이지 않는 곳이다.

대흥사 입구 산직동에서 다리를 건너 용태울 마을 왼편으로 가파른 산
을 오르는 길이 있다. 이 길 끝 계곡 사이의 비교적 평탄한 대지 위에 대흥
사가 자리 잡고 있다. 한국 불교사에서 조선 불교의 중심 도량으로 중요한
위치를 차지하고 있는 대흥사는 지금도 성불과 중생 구제의 서원을 간직한
스님들의 정진이 이루어지는 청정 수행 도량이다.

두륜산은 대둔산, 대흥산으로 부르기도 하는데, 두륜산에 오르면 광활
한 중국 대륙에서 백두산을 거쳐 한반도로 숨가쁘게 달려온 산맥의 웅장함
이 느껴지는 것만 같다. 대흥산이라 불리는 것은 산자락에 거찰 대흥사가
있기 때문이다.

두륜산은 가련봉, 고계봉, 노승봉, 도솔봉, 두륜봉, 혈망봉, 향로봉 등 여
덟 봉우리가 연꽃형의 산세를 이루고 있으며, 그 일대는 늦겨울에서 이른
봄 사이 수백 년 된 동백나무가 꽃을 피운다. 꽃도 꽃이지만 마른 겨울 햇살
에 푸른 윤기가 흐르는 동백 잎은 손사래를 펼치는 것처럼 생동감이 있다.

또한 두륜산은 난대성 상록 활엽수와 온대성 낙엽 활엽수가 주종을 이

룬 자연 생태계의 보고이다. 일주문에서 우측으로 5분 정도 걸으면 왕벚나무 자생지가 있고, 북암에서 동편으로 건너 보이는 고계봉 능선에는 소사나무 군락이 있다. 케이블카가 생기면서 50년 이상 굵은 소사나무가 잘려 나갔지만 두륜산은 여전히 내륙에서 소사나무가 군락을 이룬 유일한 곳이다. 진불암 바로 옆에는 국내에서 가장 오래된 거목으로 추정되는 북가시나무가 있다.

길이 한 폭의 풍경을 이루는 대흥사

대흥사 매표소를 지나면 우리나라에서 아름답기로 손꼽히는 길이 펼쳐진다. 매표소에서 일주문에 이르는 장춘동 길은 특히 여름과 가을이 좋다. 구림리 장춘동, 아홉 숲에 긴 봄이라는 이름에서도 충분히 그 아름다움을 짐작할 수 있다. 단풍나무, 벚나무, 소나무, 삼나무 등이 터널을 이루고 있어 대흥사까지 이르는 3km 거리가 도솔천으로 향하는 길처럼 여겨진다.

짙은 녹음과 단풍이 한 계절을 풍미하며 찾는 나그네의 눈과 마음을 즐겁게 한다. 하지만 대설이 지나고 한겨울 추위가 기습하는 시절에는 장춘동의 숲길도 깊은 동면에 든다. 잎을 떨군 나무들은 가벼운 몸으로 겨울을 난다. 하지만 어지간한 바람에도 좀처럼 흔들릴 줄 모른다. 계곡 물도 숲의 동면을 깨우지 않고 긴긴 겨울잠에 합류한다.

대흥사 일주문은 위풍당당하다. 서산대사 부도가 있는 부도밭을 지나 해탈문에 들어서면 대흥사의 넓은 마당이 나온다. 산사는 겨울잠도 피해간다. 이른 새벽부터 참선하는 수도자들에게는 겨울잠도 비켜간다. 동면을 물리치는 것도 수행의 한 방법이리라.

해탈문에서 왼쪽으로는 대웅전 가는 길이다. 오른쪽으로 가면 천불전, 서산대사 유물관이 나오고 여기서 다시 왼쪽으로 가면 대광명전 가는 길이다.

대흥사의 아침 법당에서는 스님의 불경 소리가 새어나온다. 신라 말에 창건된 대흥사는 처음엔 작은 절집이었다. 하지만 조선시대 최고의 가람으로 거듭나게 된 데에는 서산대사가 큰 역할을 했다. 묘향산 원적암에서 입적을 앞두고 마지막 설법을 한 서산대사는 제자인 사명당 유정과 뇌묵당 처영에게 자신의 가사와 발우를 해남 두륜산에 두라고 유언했다. 서산대사가 입적하자 제자들은 가사와 발우를 대흥사에 모셨고, 그 후 크게 번성해 13대 강사와 13대 종사를 배출했다.

현재 대흥사는 서산대사의 영정을 모신 표충사, 천불전이 있는 남원, 대웅보전이 있는 북원, 서산대사 유물관 등의 구역으로 나뉘어 있다. 특히 천불전의 천불상은 옥돌로 만든 천 개의 불상으로 각기 다른 표정을 하고 있다. 천불전 분합 문짝의 꽃창살도 아름답기로 으뜸에 놓인다. 또, 다른 문화재도 많지만 특히 법당 현판 자체가 서예 전시장을 방불케 할 정도로 명필가들의 글씨 천지다. 대웅보전 현판은 원교 이광사의 글씨이고, 무량수각 현판은 추사 김정희가 제주로 귀양 가면서 써준 글씨이다. 표충사 편액은 조선 정조가 써서 내려준 것이고, 가허루 현판은 병중에도 하루에 천 자씩 썼다는 호남의 명필창암 이삼만의 글씨이다.

오랜 세월이 흘렀지만 저마다 글쓴 이의 정신이 생생하게 살아 있어 대흥사를 더욱 빛나게 한다. 무엇보다 반도의 땅끝 해남의 산사에서 맞는 여정은 심연 깊은 곳까지 맑게 씻어주기에 전혀 부족함이 없다.

미륵불 조성을 간직한 천년수 전설

대흥사에서 한 시간 정도 오르면 시누대에 둘러싸인 자리에 5층 석탑이 외롭게 가련봉을 바라보고 있다. 이 탑이 있는 자리가 바로 만일암 터이다. 그곳에서 아래쪽으로 조금 내려가면 천년수라 불리는 느티나무가 우뚝 서 있다. 수령 1천 5백 년가량으로 추정되는데 어른 여덟 명 정도가 팔을 뻗어야 감을 수 있다고 한다.

1 대흥사는 한반도의 끝 해남 두륜산에 자리 잡고 있다. 서산대사의 가사를 모신 이후 조선시대에 걸출한 스님들을 배출했다.

2 대흥사 입구 사하촌에 자리 잡은 전주식당은 산채비빔밥이 특히 맛있다. 두륜산에서 직접 채취한 나물을 사용해 입맛을 돋운다.

3 대흥사 지척에 철새도래지로 유명한 고천암 갈대밭이 있다.

■

이것만은꼭! 대흥사와 다도해를 품고 있는 두륜산은 『정감록』의 십승지지(十勝之地) 중 하나이기도 한 해발 703m의 산으로 코스가 험하지 않다. 대흥사에서 일지암을 거쳐 만일재를 넘는 코스를 잡아도 2시간 정도면 정상에 오를 수 있다. 구름다리는 정상으로 가는 명소로서, 남쪽 억새밭 능선을 따라 남해의 그림같이 떠 있는 다도해를 감상할 수 있다.

이 천년수에는 풀지 못한 속세의 사랑이 나무가 되었다는 전설이 내려온다. 전설에 따르면 아주 옛날 옥황상제가 사는 천상에 천동과 천녀가 살았는데, 어느 날 천상의 계율을 어겨 하늘에서 쫓겨나는 벌을 받게 되었다. 이들이 다시 하늘로 올라갈 수 있는 방법은 한 가지밖에 없었다. 불상을 조각해야 하는 일이었다. 북미륵암의 조성 시기가 고려시대 전반기인 11세기경으로 미루어 천년수의 수령도 1천 5백 년 정도로 추정이 가능하다고 한다.

만일암 터에서 만일재까지는 200m 정도로 가깝다. 만일재에 올라서면 다도해가 시야에 들어온다. 오른쪽에는 두륜봉이, 왼쪽에는 가련봉이 솟아 있고, 아래로는 은빛 물결을 이루며 억새밭이 펼쳐져 있다. 억새는 쉽게 흔들리지만 그렇다고 부러지지 않는다. 그것이 모진 세상 풍파를 견디는 인간의 모습을 보여주는 것만 같다.

초의선사가 다성을 이룬 일지암

만일재에 올랐다가 다시 대흥사로 내려오는 길에 일지암이 있다. 일지암은 우리나라 다도를 중흥시킴으로써 다성(茶聖)으로 불리는 초의선사 정의순이 40여 년간 은거하며 차와 더불어 지관에 전념한 유서 깊은 암자이다.

짙푸른 차나무와 맑은 연못 사이에 초라하다 싶은 모습으로 자리한 일지암에서는 선사의 입적일에 맞춰 초의문화제가 열린다. 이엉 얹은 초가지붕의 아담한 정자, 그 옆의 조그마한 법당이 일지암의 전부지만 암자를 둘러싼 차나무의 깊은 향이 있어 성지의 위용이 더해지는 곳이다. 명실상부한 우리나라 차문화의 메카 일지암! 전통의 맛과 멋이 살아 있는 일지암에

서 발길을 멈추고 서성거려도 좋을 듯싶다.

"차를 즐겨 마시는 민족은 흥할 것이요, 술을 즐겨 마시는 민족은 망할 것이라". 평소 차를 즐겨 마시던 다산 정약용의 말이다.

신라와 고려시대에는 신분 여하를 막론하고 차를 즐겨 마시는 풍습이 있었다. 그러다가 조선시대에 이르러 불교를 배척하면서 차를 마시는 풍습도 점차 사라지게 되었다. 그 후 승려들에 의해 겨우 명맥만 이어오던 우리나라의 차문화는 조선 후기 해남에 일지암이 생기면서 다시 부흥하기 시작했다.

일지암은 해남 대흥사의 13대 종사 중 한 분인 초의선사가 만든 암자로 이곳에서 우리나라 차문화가 정립되었다. 일지암에는 다산 정약용, 추사 김정희 등 당대의 내로라하는 시인묵객들의 발길이 이어졌다. 그들은 일지암에서 차를 나누며 실학을 논하고 예술을 논하고 인생을 회고했다.

아름다운 사찰여행

초의선사가 저술한 『다신전』 『동다송』에는 물은 차의 몸이라 하여 물의 중요성을 말하고 있다. 부드럽고, 아름답고, 가볍고, 맑고, 차야 차맛이 잘 우러난다. 또한 고여 있지 않고 너무 급히 흐르지도 말아야 한다. 일지암 앞에는 이런 까다로운 조건에 딱 맞는 유천이 흐르고 있다. 산등성이에서 가느다란 나무 대롱을 타고 실오라기처럼 흘러내리는 유천은 초의선사가 말하는 물의 조건을 모두 갖추고 있다. 아마 유천이 없었더라면 일지암은 이곳에 생기지 않았을 것이다. 지금의 초가는 1980년 옛 주춧돌 위에 새로 지은 것이다. 일지암 앞 둔덕에는 여전히 야생 차나무가 푸르고, 뒤란의 돌 틈에서 나오는 샘물은 돌확을 거쳐 흐른다. 일지암 옆에는 다감(茶龕)이라 새겨진 면석이 끼여 있는 널찍한 돌이 놓여 있다. 초의선사가 앉아 다선 삼매에 들던 돌평상이라고 보는 이도 있다. 일지암 툇마루에 앉아 산행의 고단함을 물리치고 차와 함께 말년을 보내며 선(禪)을 일구던 초의선사가 찻잎을 따고 있는 듯한 몽환에 잠시 취해보는 것도 좋다.

■

Travel Information

주소 전남 해남군 삼산면 구림리 799
전화번호 061-535-5775
홈페이지 www.daeheungsa.co.kr
템플스테이 1박 2일 6만 원

찾아가는 길 서해안고속도로를 타고 목포를 거쳐 해남읍까지 간다. 해남읍에서 완도 방면 13번 국도를 따라 읍내를 벗어나면 길 왼쪽으로 대흥사 가는 827번 지방도로가 나온다. 827번 도로로 가다 보면 신기리에서 두 갈래 길인데 오른쪽 807번 지방도로로 계속 가면 숙박단지가 보인다. 숙박단지 끝 주차장에 주차하고 2km 정도 숲길을 따라가면 대흥사다.

대흥사 템플스테이의 백미, 새벽 숲길 정해진 삶의 틀 속에서 지친 몸과 마음을 쉬려는 목적의 주말 수련회는 일정과 내용이 여유롭고 자율적으로 진행된다. 도량에서 지켜야 할 최소한의 규칙과 일과만을 공통적으로 실천하고 나머지는 몇 가지 제시된 것들을 자유로이 실천하면 되는 것. 불교의 교리나 수행법을 가르치는 특정한 내용과 수련법을 포함하지 않아 일반인도 큰 부담 없이 참가할 수 있다. 사계절 내내 아름다운 왕벚나무, 동백나무, 단풍나무 등이 만들어내는 대흥사 숲길은 세속에서의 복잡한 생각을 가라앉히기에 좋다.

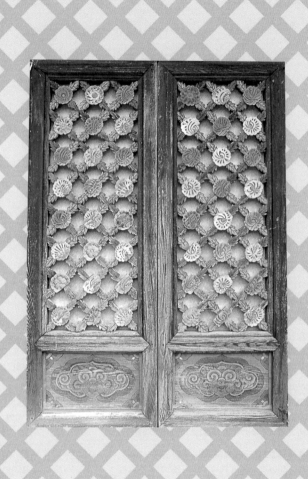

휴식

진흥색 옷을 갈아입은 듯한 백암산이 구절양장 단풍 융단을 펼친다. 흔히 호남의 단풍은 내장산 단풍을 으뜸으로 쳐서 가을 내장사라고 하지만 아는 사람은 번잡한 내장산을 피해 백양사로 발길을 돌린다. 붉은 단풍과 푸른 비자림이 어우러진 백암산은 온 산이 불타는 듯 황홀경을 선사한다. 아기 손바닥만 하다 하여 일명 '애기단풍'으로 유명한 백암산 주변은 가을 단풍을 감상하는 여행지로 좋다. 특히 매표소에서 백양사까지 이어지는 약 1.5km 구간의 도로 양옆과 백양사 주위의 단풍이 아름답다.

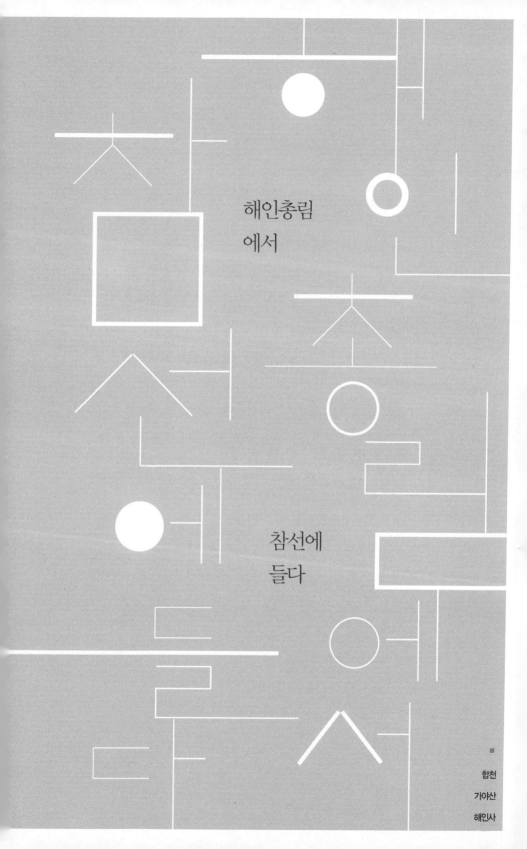

해인총림
에서

참선에
들다

합천
가야산
해인사

조계종 종단에 가야산 호랑이의 울음소리에 따라
한국 불교가 달라진다는 말이 있다.
조계종단을 비롯해 한국 불교를 대표하는 주역이 바로 해인총림이기 때문이다.

해인사는 경상남도와 경상북도가 서로 잇대어 있는 가야산에 위치해 있다. 해인사를 품고 있는 가야산은 북으로는 성주와 고령, 남으로는 거창과 합천의 네 군 사이에 우뚝 솟아 경상도를 남북으로 가르고, 충청·경상·전라도의 경계를 이루는 대덕산을 서쪽에 두고 있다. 가야는 우리말로 가람(江)에서 비롯되었다고도 하고, 또 석가모니 부처님께서 수행하신 인도의 붓다가야의 가야산에서 그 이름을 따온 것이라고도 한다.

해인사의 가람 배치는 가야산에 똬리를 틀어 큰 바다에 배가 가고 있는 모양(行舟形局)으로, 탑이 돛에 해당하는 부분이다. 옛날에는 이곳에 바위가 있었으나 임진왜란 때 일본인들이 해인사의 기를 꺾기 위해 바위를 없애는 바람에 근대 들어 이 탑을 지었다고 한다.

신라인으로 중국에서 명성을 떨쳤던 최치원이 그 지형을 찬탄하며 명산 가운데 명당이라 일컬은 것은 그러한 이유에서이다. 최치원은 말년에 가야산으로 들어와 은거했는데 대적광전 서쪽에 있는 학사대(學師臺)에서 즐겨 시를 짓고 가야금을 탔다고 전한다. 이런 산림에 묻혀 신선의 삶을 이루려한 최치원의 풍취가 천 년이 지난 지금에도 이어지는 것만 같다.

첩첩한 돌 사이 미친 듯 내뿜어 겹겹 봉우리 울리니
사람 말소리는 지척에서도 분간하기 어렵네.
항상 시비하는 소리 귀에 들림을 두려워해서

아름다운 사찰여행

짐짓 흐르는 물을 시켜 온 산을 둘러싸네.

—「제가야산독서당(題伽椰山讀書堂)」

해인삼매의 근본을 일깨우는 절 이야기

통도사, 송광사와 더불어 우리나라의 3대 사찰로 꼽히는 해인사는 한국 화엄종의 근본 도량이자 불교 정신의 총화인 팔만대장경을 보관한 사찰이다. 팔만대장경을 보관하고 있어 법보종찰이라고도 불린다. 해인사는 신라 시대에 그 도도한 화엄종의 정신적 기반을 선양한다는 취지로 화엄십찰(華嚴十刹)의 하나로 세워진 가람으로서 신라 애장왕 때 의상대사의 제자인 순응(順應)스님과 이정(利貞)스님에 의해 창건되었다고 전해진다. 화엄종의 근본 경전이자 동양 문화의 정수로 일컬어지는 『화엄경』은 4세기 무렵 중앙아시아에서 성립된 대승 경전의 최고봉으로 본래 이름은 '대방광불화엄경(大方廣佛華嚴經)'이다.

해인사라는 이름은 이 경전의 '해인삼매(海印三昧)'라는 구절에서 비롯되었다고 한다. 해인삼매는 있는 그대로의 세계를 한없이 깊고 넓은 큰 바다에 비유하여, 거친 파도 곧 중생의 번뇌 망상이 멈출 때 비로소 참된 모습이 그대로 물속에 비치는 경지를 말한 것이다.

주차장에 차를 두고 해인사까지 올라가는 길은 '해인삼매'에 젖어 느긋하게 산책할 수 있는 길이다. 해인사 주차장 바로 옆 성보박물관에는 해인사와 해인사 말사의 유물이 전시되어 있다. 박물관에서 10분 정도 걸어가면 성철스님의 사리탑이 나타난다.

성철스님의 사리탑을 지나는데 문득 생각 하나가 떠오른다. 근래에 가야산 호랑이의 울음소리에 따라 한국 불교가 달라진다는 말이 있다. 조계종단을 비롯해 한국 불교를 대표하는 주역이 바로 해인총림이기 때문이다. 가야산 호랑이는 해인총림을 이끌고 있는 방장스님을 일컫는데, 티베트의

1 혜암 종정스님의 다비식 장면. 구름처럼 몰려든 사람들이 다비식을 지켜보고 있다. 장작을 연꽃 봉우리처럼 쌓고 거화를 한다.
2 해인사 대웅전의 탱화
3 해인사 장경각은 세계문화유산 팔만대장경을 보존하고 있다.

달라이 라마처럼 한국 불교의 정신적 지주인 종정이다. 성철스님도 혜암스님도 가야산 호랑이로 한국 불교를 대표하는 큰스님들이다. 성철스님 부도를 지나 다시 10분 정도 올라가면 경내의 시작을 알리는 일주문이 나온다. 경례를 하듯 일주문 양쪽에 도열해 있는 느티나무와 전나무 사이로 천 년의 수명을 다했다는 고사목이 해인사의 역사를 방증하고 있다.

법보종찰 팔만대장경을 만나러 가는 길

일주문에서 천왕문을 지나 돌계단을 오르면 해탈문을 지나게 되고, 해인사 한가운데에 구광루(九光樓)가 자리하고 있다. 옛날에는 노전스님을 비롯한 큰스님들만 법당에 출입할 수 있어 법당에 들어갈 수 없는 일반 대중은 이 누각에 모여 예불하고 설법을 들었다고 한다. 하지만 오늘날의 구광루는 해인사의 보물을 보관하는 곳으로 쓰이고 있다. 옥으로 만들어진 진기한 꽃이며 청동으로 된 코끼리 향로와 오백나한도, 청동요령 등이 소장되어 있다. 해인사에는 대부분의 절이 흔히 모시고 있는 석가모니불 대신 비로자나불이 모셔져 있다. 그래서 법당의 이름도 대웅전이 아니라 대적광전(大寂光殿)이다.

전각을 차례대로 살피다 보니 어느덧 대적광전 위에 있는 장경각을 배회하고 있다. 장경각은 대장경을 모신 건물로, 그 모양은 대적광전의 비로자나불이 대장경을 머리에 이고 있는 형상이다. 해인사가 창건 이래 수많은 화재를 겪었음에도 장경각만은 온전히 보존할 수 있었던 것은 다행스러우면서도 신비스러운 일이 아닐 수 없다.

고려대장경을 흔히 '팔만대장경'이라고 하는 것은 대장경의 장경 판수가 8만여 장에 이르는 데에서 비롯되었을 터지만, 불교에서 아주 많은 것을 가리킬 때 8만 4천이라는 숫자를 쓰는 용례대로 부처님의 가르침을 8만 4천 법문이라고 한 데에서 기인한 듯하다. 몽골군의 침입을 불력(佛力)으로 물

리치고자 하는 염원으로 한 자 한 자 판각한 대장경은 세계문화사에서 한
국 문화의 우수성을 과시하는 문화유산이다.

16년에 걸쳐 만들어진 팔만대장경은 그 제작 과정이 더욱 경이롭다. 제
주와 거제, 울릉도 등의 섬에서 생산되는 후박나무를 수년 동안 소금물에 쪄
서 그늘에 말린 후 판목으로 다듬은 정성은 그 신비감을 더한다. 여기에 외
국인들도 감탄하는 것은 보관 방법이다. 장경각 앞쪽에는 아래에, 뒤쪽에는
위에 창문을 내서 습기가 차지 않도록 했으며 통풍이 잘되도록 짠 판가에 보
존해 나무가 틀어지지 않도록 배려했다. 이렇게 세심하고 과학적인 보관법
덕분에 천 년이 다 되어 가는 지금도 그 모습 그대로 유지되고 있다.

수행자의 엄격함과 선정을 간직한 해인총림

해인사는 현재 우리나라 사찰 중에서 가장 많은 대중이 모여 사는 절로
비구, 비구니 스님 5백여 명이 사찰과 암자에 기거하고 있다. 여기에 선원,
율원, 강원마다 수행자들이 찾아와 해인사에 가면 수많은 스님들을 만날
수 있고, 스님들의 대중생활을 엿볼 수 있다.

마침 사시(점심)공양 때가 되어 후원 옆의 큰 방을 기웃거린다. 큰 방에
120여 명 스님들이 한데 모여 발우공양하는 모습은 신선한 충격이다. 그래
서인지 해인사의 발우공양은 식사 시간이라기보다는 엄격한 계율과 수행
의 한 부분으로 여겨진다.

일반 대중이 체험하는 발우공양과 행자스님들이 하는 발우공양은 예와 격식을 달리한다. 스님과 행자들이 수행 과정으로 격식을 갖추는 발우공양은 일반인이 따라 하기 힘들 정도로 엄격하다. 각자 손을 씻은 후 발우를 들고 자기 위치에 앉는다. 발우는 한 뼘 정도 앞 중앙에 놓은 후 허리를 펴고 자세를 바로 하고 조용히 기다린다. 각 조의 맨 끝에 앉은 사람들이 후원에 가서 청수 주전자, 밥통, 국통, 찬상을 가지고 와서 가장 웃어른 앞부터 순서대로 놓는다. 그러고 나서 죽비 3성에 반배를 하고, 화발게와 전발게를 독송한다.

다음 발우를 펴고 십념을 독송한다. 지정된 사람이 차례로 일어나 청수물, 밥, 국 순으로 배분하는데 밥을 푼 사람은 찬을 덜고, 돌아가며 식사량을 조절한다. 이때 각자는 음식량을 조절하는데, 적당하다는 표시는 합장으로 한다. 그 다음에는 찬상을 돌리는데, 찬을 덜 때는 자신이 좋아한다고 한 가지만 많이 덜면 안 된다. 모든 것이 전체에 배분되어야 하기 때문이다.

그 다음으로 죽비 1성에 발우를 들고 봉반게를 독송한다. 이때 상공에 발우를 들었다 내려놓고, 합장한 후 계속 오관게를 독송한다.

■

Travel Information

주소 경남 합천군 가야면 해인사길 122
전화번호 055-934-3000
홈페이지 www.haeinsa.or.kr
템플스테이 1박 2일 10만 원

찾아가는 길 경부고속도로를 달리다 대구에서 88고속도로로 갈아탄다. 88고속도로 해인사 IC로 빠져나와 가야 방향으로 직진하다 가야에서 해인사 방향으로 좌회전한다. 해인사 가는 길에 4km 정도 이어지는 홍류동 계곡은 아름다운 드라이브 길이다.

맛집 해인사 앞에는 비슷한 산채식당이 많다. 그래서 선뜻 선택하기 어렵다면 삼일식당(055-932-7443)을 추천한다. 해인사 지정 산채식당으로 명성을 얻고 있을 정도로 정갈한 음식을 내놓는다. 스무 가지가 넘게 차려지는 반찬도 푸짐하고 싱싱한 갈치구이를 곁들여 내는 것도 특징이다. 산채정식 1만 5천 원, 갈치찌개 1만 5천 원.

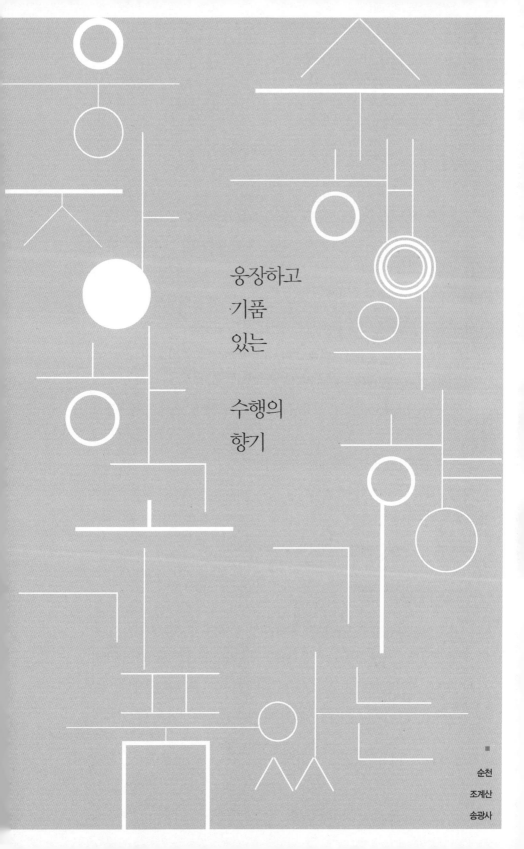

웅장하고
기품
있는

수행의
향기

순천
조계산
송광사

조계산 기슭에 자리 잡은 송광사는 승풍을 간직한 승보사찰로, 보조국사 지눌이 절 입구에 지팡이를 꽂은 1천 2백 년 동안 한 번도 그 위엄을 잃은 적이 없는 대찰이다. 신라 말엽 혜린선사가 작은 암자를 짓고 '길상사'라 부르던 것을 시작으로 보조국사 지눌이 당시 타락한 고려 불교를 바로잡아 한국 불교의 새로운 전통을 확립한 정혜결사를 이루고 수도, 참선의 도량으로 삼은 뒤부터 승보사찰이 되었다. 보조국사 지눌을 비롯해 16국사를 배출했으며 조선시대에는 부유스님이, 근래에는 효봉 구산스님이 한국 정신사상사의 전통을 이어받은 도량이다. 특히 선원, 강원, 율원, 염불원을 모두 갖춘 곳이다.

또한 송광사는 연꽃 지형으로 여느 사찰과 달리 탑은 없지만 전국 사찰 중에서 가장 많은 문화재를 보유하고 있다. 보고 느낄 수 있는 유물은 사람들에게 친근감을 안겨준다. 특히 사람과 자연의 조화를 배려해 지은 전각들을 거닐며 산사의 멋을 느끼기에 좋은 곳이다.

사람을 위한 절집의 가람 배치

목조 문화재가 많은 송광사는 경내에 약 80여 동의 건물이 있으며, 국내 단일 사찰 중에서 가장 많은 문화재를 보유하고 있는 사찰이다. 16국사의 진영을 봉안한 국사전 등의 국보 3점을 비롯하여 하사당, 약사전, 영산전 등 보물 13점, 천연기념물인 쌍향수 등 보물 17점과 지정국사 사리합 등

지방 문화재 10점을 포함해 모두 27점의 문화재가 보존되어 있다. 대웅전을 중심으로 좌우에는 승보전과 지장전이 자리 잡고 있다. 송광사의 매력은 각 전각마다 피어오르는 향과 은은한 목탁 소리, 낭랑한 독경을 들 수 있는데, 찬란한 고찰의 승풍과, 수행을 이어가고 있는 스님들의 모습에서 경건함을 느끼게 한다.

사찰로 들어가기 전에 눈여겨봐야 할 건물이 있다. 세월각(洗月閣, 달 씻는 집)과 척주각(滌珠閣, 구슬 씻는 집)은 죽은 자의 혼을 실은 가마가 사찰에 들어가기 전, 속세의 때를 씻는 곳으로 다른 사찰에서는 그 예를 찾아볼 수 없는 특이한 건물이다. 다른 전각에 비해 매우 작은 건축물로, 시골 마을의 산신각처럼 속세와의 단절을 상징이라도 하듯 스산한 분위기를 띠고 있다. 세월각에는 여자의 혼을 실은 가마가, 우측 척주각에는 남자의 혼을 실은 가마가 들어간다.

송광사 일주문의 공포(拱包)는 화려하면서도 권위가 느껴진다. 파란빛깔의 편액에는 '조계산 대승선종 송광사'라고 힘찬 필치로 쓰여 있다.

일주문을 지나 조금 올라가면 송광사 건축의 백미인 임경당과 우화각이 조화를 이룬 풍경을 볼 수 있다. 맑은 물에 비친 자태에 얼른 우화각부터 건너고 싶겠지만, 우측에 있는 세월각과 척주각부터 보고 가는 것이 순서다. 아름다움이야 우화각에 비할 수 없지만 독특함만은 이들을 따를 수 없다. 천왕문을 지나 종고루, 대웅보전을 둘러보는 것을 끝으로 송광사를 떠나는 사람들이 많은데 관음전과 관음전 뒤꼍에 있는 보조국사 사리탑을 보지 않으면 송광사를 제대로 보았다고 할 수 없다.

송광사의 수많은 전각을 둘러보아도 뭔가 허전함이 남는다. 그것은 송광사의 상징인 국사전이나 사자루, 설법전, 수선사 등 일반에게 공개되지 않은 곳에 대한 아쉬움 때문이다. 하지만 마음으로 느낄 수 있는 여백을 남겨두는 것이 송광사를 찾을 때 지켜야 할 작은 예의다.

1 대웅전에 그려진 벽화. 송광사는 승보종찰의 내력을 쉽게 볼 수 있도록 대웅전에 스님들이 참선 수행하는 모습을 벽화로 그려 놓았다.

2 조계산 송광사의 일주문. 다포 양식이 화려하고 일주문의 규모는 작지만 웅장하다.

3 송광사는 예불을 갈 때 스님들이 줄을 지어 움직이는 모습을 볼 수 있다.

송광사의 세 가지 명물

송광사의 첫 번째 명물로는 '비사리구시'를 들 수 있다. 비사리구시는 우선 크기부터 보는 이를 압도한다. 사리구시는 1742년 남원 세전골에서 태풍으로 쓰러진 싸리나무를 이용해 만든 그릇이다. 당시 대중의 밥을 담아 두는 데 사용했는데 쌀 일곱 가마분(4천 명분)의 밥을 담을 수 있다고 한다. 비사리구시는 천왕문 안에 있기 때문에 송광사를 찾는 사람이라면 어렵지 않게 볼 수 있다.

두 번째는 능견난사. 사찰의 음식을 담는 일종의 그릇인 능견난사는 크기와 형태가 일정한 수공예품으로 그 정교함이 돋보인다.

세 번째는 쌍향수. 곱향나무라 불리는 송광사의 명물로, 조계산 마루 천자암 뒤뜰에 있다. 두 그루의 향나무가 같은 모습을 하고 있어 쌍향수란 이름이 붙었는데, 나무 전체가 엿가락처럼 꼬인 데다, 가지가 모두 땅을 향하고 있다. 보조국사 지눌과 당나라 담당왕자(湛堂王子)가 송광사 천자암에 이르러, 짚고 있던 지팡이를 꽂았더니 가지가 나고 잎이 피었다고 전해진다. 높이 12m, 수령 8백 년으로 선암사와 이어지는 굴목재 중간에 위치해 사람들의 발길이 끊이지 않는다.

공교롭게도 송광사의 명물은 모두 사람과 관련되어 16국사를 배출할 수 있었던 저력이 보조국사의 선정과 송광사 대중의 수행 과정에서 얻은 것임을 짐작게 한다.

아름다운 숲길이 외롭지 않은 굴목재

조계산은 고색창연한 대사찰과 울창한 숲의 정취를 동시에 즐길 수 있는 산이다. 산 동·서쪽 자락에 천년 고찰 선암사와 송광사를 품고 있는데, 특히 절을 누비며 산으로 드는 숲길이 아름답다. 두 절을 이어주는 굴목재는 숲이 그윽하고 길이 험하지 않아 자연의 멋과 사색을 깊이 느낄 수 있다.

송광사에서 천자암으로 이어지는 길 역시 빼놓을 수 없는 볼거리다. 송광사 경내에서 대숲이 우거진 감로암을 지나면 귀를 씻어주던 물소리가 점점 멀어진다. 조금 더 걷다 보면 물소리는 어느새 숲으로 스며들고 숲은 대나무가 빽빽하게 우거진 길로 바뀌어 있다. 새소리와 사각사각 댓잎 소리만이 맑게 굴러 내려오는 적요한 산길은 간혹 새소리만 텅 빈 가슴을 울린다.

대숲으로 난 가파른 계단길을 한동안 오르면 쉼터가 나오고 천자암으로 가는 길이 열린다. 작은 암자지만 8백 년 묵은 두 그루의 곱향나무가 세월의 무게를 안고 묵직하게 다가온다. 1m쯤 간격을 둔 채 나란히 꽈배기처럼 몸을 비틀고 세월을 삼킨 줄기가 바로 참선이고 수행이다. 보조국사가 중국 왕자인 담당국사를 제자로 삼은 뒤 함께 돌아와, 짚고 있던 지팡이를 꽂은 것이라는 전설이 있다. 눈빛이 형형한 활안스님이 암자와 향나무를 지킨다. 곱향나무는 우리나라에서는 희귀한 품종이어서 전설에 힘을 더 실어주고 있다. 꼭 쌍향수 때문이 아니더라도 천자암은 전망이 좋아 올라보면 후회하지 않을 곳이다. 천자암 앞에 서면 탁 트인 산 아래 마을 풍경을 감상할 수 있다.

수행의 향기를 체험하는 템플스테이

송광사 산문을 들어 절 경내에 들어가면 삭막한 아스팔트 길이 아니라, 나무숲이 우거지고 포근함을 느낄 수 있는 흙길을 마음껏 걸을 수 있다. 흙길이 주는 따스함은 매표소를 넘어서면서부터 시작된다. 매표소에서 차가

다니는 비포장길까지 황톳길이 조성되어 있어 산책의 묘미를 더해준다. 템플스테이에 참가하면 방을 배정받고 경내에 어둠이 내릴 때까지 마음을 가라앉히고 자신을 돌이켜볼 수 있는 참선시간이 주어진다. 참선으로 고요해진 마음으로 잠자리에 들게 된다. 송광사의 하루도 여느 절집처럼 새벽 4시 도량석으로 시작된다. 몸가짐을 가다듬고 대웅전에 들어서면 150여 명의 스님과 함께하는 새벽 예불의 장엄하고 웅장한 모습을 볼 수 있다.

여명이 밝아오지 않은 어둠을 물리는 스님들의 움직임은 고요함을 가슴에 품고 동작은 흐트러짐이 없다. 미명을 알리는 종소리와 함께 넷도 하나이고, 열도 하나인 것처럼 흐트러짐 없는 독송은 졸음을 달아나게 할 정도로 맑은 울림을 일으킨다. 예불 속에 자기 자신을 던져보는 것도 산사 체험을 통해 얻는 소중한 경험이 될 것이다.

새벽 예불과 참선이 끝나면 맑은 공기와 시냇물 소리를 벗 삼아 상큼하고 깔끔한 채식으로 아침공양을 한다. 아침공양이 끝나고 자유시간을 가진 뒤 템플스테이 지도 법사의 생활 법문과 함께 시원스레 펼쳐지는 대숲을 걷다 보면 어느덧 잠이 덜 깬 몸이 먼저 가벼워지고 그 다음엔 정신이 맑아진다.

Travel Information

주소 전남 순천시 송광면 송광사안길 100
전화번호 061-755-0107
홈페이지 www.songgwangsa.org
템플스테이 1박 2일 6만 원

찾아가는 길 호남고속도로 주암(송광사) IC를 빠져나와 바로 송광사로 가는 27번 국도를 타고 주암호를 따라 달리다가 송광사 이정표를 보고 좌측으로 진입하면 된다.

맛집 송광사 앞 산채식당들은 전라도 한정식에 뒤지지 않을 정도로 푸짐한 상차림이 특징이다. 그중에서도 길상식당(061-755-2173)이 인기 좋은 맛집. 호박과 두부만 넣고 보글보글 끓여내는 구수한 된장부터 호박전, 더덕·도라지 무침 등 20여 가지의 반찬이 하나같이 맛깔스럽다. 특히 매실로 만든 장아찌는 새콤하고 아삭한 맛이 입맛을 당긴다. 산채정식 1만 5천 원, 도토리묵 1만 원.

흐트러짐 없이 웅장한 새벽 예불 체험 송광사 템플스테이 중에서도 살아 있는 승풍을 느끼고 체험할 수 있는 새벽 예불을 추천한다.

새색시
처럼

발그레한
절집

예산
덕숭산
수덕사

예산에서 서쪽으로 20km 정도 가면 '호서의 금강산'이라 불리는 덕숭산
을 만나게 된다. 울창한 수목과 기암괴석으로 절경을 이루는 덕숭산에 자
리한 수덕사는 '수도총림 덕숭산사'라 하여 예산 8경의 1경을 이루며, 고승
들의 법통을 이어받은 수도 도량으로 유명하다. 『사기』에 따르면 백제 말
숭제가 창건하고, 제30대 무왕 때 혜현이 『묘법연화경』을 강설하여 이름을
높였다. 고려 제31대 공민왕 때 나옹화상이 중수했다. 일설에는 신라 진평
왕 21년(599년)에 지명이 창건하고 원효가 중수했다고도 전해진다. 조선 제
26대 고종 2년에 만공이 중창한 이후 선종 유일의 근본 도량으로 오늘에
이르고 있다.

일주문에서 사천왕문을 지나 황하정루까지의 공간은 가람이 시작되는
부분으로 도입부에 해당된다. 황하정루 위로 오르면 종각, 법고각, 금강보
탑, 3층 석탑, 조인정사 등이 자리 잡은 넓은 마당이 나오는데, 이는 수덕사
의 전개부로서 시계의 갑작스러운 변화를 유도하여 시선을 잡아끈다. 결말
부는 대웅전을 중심으로 형성된 공간을 말한다. 가람 내 가장 높은 곳에 위
치한 대웅전은 화강석 기단 위에 세워져 있는데, 이는 핵심 공간으로서의
역할과 기능을 하는 대웅전의 위상을 나타낸 것이다. 국보 제49호인 수덕
사 대웅전은 부석사 무량수전과 함께 우리나라에 현존하는 최고의 목조 건
물이다.

수덕사의 응축된 아름다움

우리나라 고건축의 대표작으로 꼽히는 수덕사 대웅전은 천장과 벽의 장식이 세련미의 극치를 이루고 있으며, 특히 측면에서 보는 대웅전의 모습은 압권이다. 앞뒤로 부드럽게 흘러내리는 맞배지붕의 선, 그리고 측면 벽에 드러난 목재부의 안정된 구조는 그야말로 아름다움의 극치라고 할 수 있다. 그리고 특이하게 백제의 가람 양식을 간직하고 있다.

또한 대웅전은 7백 년이나 된 목조 건물로 안동의 봉정사, 영주의 부석사와 더불어 우리나라 목조 건물의 멋을 그대로 보여준다. 대웅전 이외의 건물들은 새롭게 단장해 고풍스런 맛보다는 깔끔한 세련미를 지니고 있다. 하지만 절 마당은 그대로여서 나무 아래 의자에 앉아 산세를 바라보는 여유는 남아 있다.

수덕사는 한국 불교의 선풍을 잇고 있는 덕숭총림의 본찰로, 수덕사 대웅전 마당에서 홍성 쪽으로 내려다보면 경관이 일품이다. 서해 쪽으로 굽이굽이 산을 끼고 펼쳐지는 경치는 속세에 찌든 마음까지 씻어준다. 여유가 있다면 불교박물관을 관람하는 것도 좋다.

현대 선맥의 계보를 잇는 만공스님과 일엽스님

수덕사 하면 만공스님과 일엽스님의 이야기를 빼놓을 수 없는데, 일제 강점기에 만해와 더불어 불교계를 꿋꿋하게 지킨 만공스님은 숱한 일화를 남기고 있다.

함께 길을 걷던 동행승이 다리가 아파 더는 못 가겠다고 하자 마침 밭을 일구던 부부를 보고 만공은 여인을 덥석 안으며 입맞춤을 했다. 남편이 쇠스랑을 들고 쫓아오는 바람에 단숨에 고갯마루를 오른 동행이 스님이 어찌 그러실 수 있느냐고 따지자 "이 사람아, 덕분에 다리 아픈 줄도 모르고 여기까지 달려오지 않았는가" 하며 웃은 이야기는 유명하다. 도쿄 영화학교를 다니다가 귀국하여 신문화 운동에 정열을 쏟았던 『청춘을 불사르고』의 작가 일엽스님은 38세에 만공스님을 만나 견성암에서 출가하였다.

선지종찰 덕숭총림의 본찰답게 수덕사는 절의 내력 못지않게 스님들의 일화로 유명한 절이다. 지금은 대리석으로 계단을 만들고 경내의 가람을 신축해 제법 규모를 갖추고 있다. 특히 새색시의 연지곤지처럼 연분홍 색깔을 물들인 듯, 수덕사 절 마당에서 바라보는 노을은 이곳만의 매력이다.

추상화처럼 남아 있는 이응로 화백의 수덕여관

수덕사에 얽힌 전설도 재미있다. 백제시대에 창건해 통일신라시대에 이르기까지의 오랜 세월 동안 수덕사는 퇴락이 심해 중창 불사를 해야 했으나 당시 스님들은 불사금을 조달하는 데 많은 어려움을 겪고 있었다. 그러던 어느 날 묘령의 여인이 찾아와 공양주를 하겠다고 청하였다.

여인의 미모가 워낙 빼어나 수덕각시라는 이름으로 원근에 소문이 퍼지면서 여인을 구경하러 온 이들로 연일 인산인해를 이루었다. 급기야 신라의 대부호이자 재상의 아들인 '정혜(定慧)'라는 사람이 청혼하기까지에 이르렀다. 불사가 이루어지면 청혼을 받아들이겠다는 여인의 말을 듣고 청년은 가산을 털어 10년 걸릴 불사를 3년 만에 끝내고 낙성식을 보게 되었다. 낙성식에 대공덕주로 참석한 청년이 수덕각시에게 함께 떠날 것을 독촉하자 "구정물 묻은 옷을 갈아입을 말미를 주소서" 하고 옆방으로 들어간 뒤 기적

1 수덕사는 걸출한 스님들이 배출된 사찰이다. 만공스님과 경허스님 등이 선수행에 정진해 득도를 하기도 했다.

2 수덕사 대웅전은 아름다운 목조건물로 유명하다. 단청은 바랬지만 견고하고 웅장한 건축미를 자랑한다.

3 수덕사는 강원과 율원을 갖춘 덕숭총림으로 불린다.

이 없었다. 이에 청년이 방문을 열고 들어가보니 여인은 급히 다른 방으로 사라지려 하였다. 그 모습에 당황한 청년이 잡으려 하는 순간, 옆에 있던 바위가 갈라지면서 여인은 버선 한 짝만 남기고 사라지니, 갑자기 사람도 방문도 없어지고 그게 틈이 벌어진 바위 하나만 있었다. 이후 그 바위가 갈라진 곳에서는 지금도 봄이면 기이하게 버선 모양의 버선꽃이 피고 있다. 그로부터 관음보살의 현신이었던 여인의 이름이 수덕이었으므로 절 이름을 수덕사라 부르게 되었다고 한다. 여인을 사랑한 정혜는 인생의 무상함을 느끼고 산마루에 올라가 절을 짓고 그 이름을 정혜사라 하였다고 한다.

수덕사 바로 앞 시골집처럼 초가지붕을 이은 수덕여관은 고암 이응로 화백의 본가. 젊은 시절 여제자와 프랑스로 떠난 이 화백은 동백림 사건으로 옥고를 치른 뒤 요양차 머물면서 바위에 암각 추상화만 남겨 놓고 다시 프랑스로 가버렸다. 이 화백은 프랑스에서 죽고, 할머니는 "문짝 하나도 떼지 말라"는 이 화백의 말을 그대로 지키며 묵묵히 자리를 지키고 있다.

물 좋은 온천은 따로 있다, 덕산온천

덕산온천은 온양·도고·아산 온천으로 이어지는 충남 온천지대의 서쪽 끝에 해당된다. 일찍이 이율곡이 이곳 온천수를 효능이 탁월한 약수라 소개한 적이 있고, 조선시대 순조 때의 기록에도 많은 탕치객(湯治客)이 모여들었다는 글이 있지만, 온천장으로서의 상업시설이 갖추어지기 시작한 것은 그리 오래지 않다.

수온 섭씨 45℃에 약알칼리성의 덕산온천은 만성 류머티즘을 비롯해 피부 미용에 이르기까지 많은 효능이 있다고 전해진다. 덕산온천의 특징은 물이 미끈거리고 피부를 촉촉하게 하는데, 온천수에 있는 나트륨 성분이 매끄러운 촉감을 느끼게 해준다.

덕산온천 인근에 아산온천, 온양온천, 도고온천이 있지만 정말 물 좋은

아름다운 사찰여행

온천은 덕산온천이다. 해미읍성에서 20분 정도 거리에 있는 덕산온천은 필수 코스. 덕산온천은 지금 제법 규모를 갖춘 단지를 이루고 있지만 온천의 유래에는 사연이 있다.

한 농부가 논을 보러 나왔다가 들판 한가운데 학 한 마리가 온종일 날지 않고 한자리에 서 있는 것을 발견했다. 학이 움직이지 않는 것을 이상히 여겨 가까이 가보니 학이 상처난 다리에 논의 물을 열심히 찍어 바르는 것이 아닌가. 물을 바른 이 학은 상처가 깨끗이 아물어 날아갔다. 농부는 자기 논에서 덥고 미끄러운 물이 솟아나는 걸 보고 온천이라는 것을 알았다. 그 후 이곳에 조그만 움막 같은 것을 짓고 동네 사람들에게 온천을 이용하게 했다. 온천을 다녀간 주민들은 피부병과 눈병에 효능이 있는 것을 알고 이곳을 온천골이라 불렀다고 한다.

이후 일제 강점기에도 유명세를 톡톡히 치러 1918년부터 욕탕을 짓고 처음 시작한 것이 최근 시설을 새로 단장하여 편하게 찾을 수 있게 되었다. 수질은 나트륨 성분의 약알칼리성 단순 방사능 천으로 피부병, 위장병, 신경통에 효과가 좋다고 알려져 있으며 템플스테이 프로그램 중 하나에 온천욕이 있을 정도로 스님들도 인정한 온천이다.

■
Travel Information

주소 충남 예산군 덕산면 수덕사 안길 79
전화번호 041-330-7789
홈페이지 www.sudeoksa.com
템플스테이 1박 2일 6만 원

찾아가는 길 서해안고속도로 해미 IC에서 빠져나와 45번 국도를 타고 해미고개를 넘는다. 다시 6km 정도 달려 시량리 삼거리에서 우회전한 다음 40번 국도를 타고 4km 정도 가면 수덕사 입구 삼거리가 나온다. 삼거리에서 우회전하면 상가가 밀집해 있고 상가 위쪽에 수덕사가 있다.

맛집 수덕사 사하촌에 있는 음식점 그때 그집(041-337-6633)의 20여 가지 반찬이 나오는 산채정식을 먹어본 사람들은 잊지 않고 다시 찾게 된다. 산채정식은 토속적이고 투박한 맛이 아니라 깔끔하면서도 정갈한 맛을 자랑하는데, 특히 땅에 묻어 두었다가 꺼내서 석쇠에 구워내는 더덕구이가 일품이다. 산채정식 1만 3천 원.

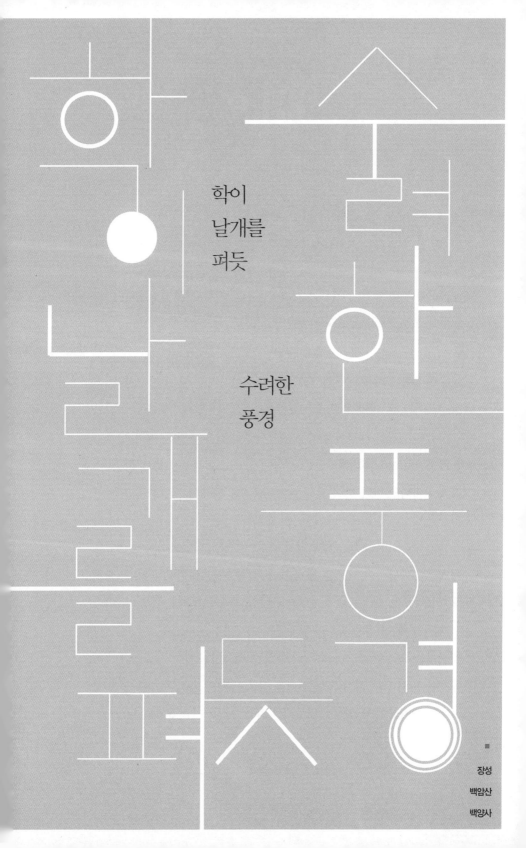

학이
날개를
펴듯

수려한
풍경

장성
백암산
백양사

학 모양을 하고 있는 백암산 자락에 위치한 고불총림 백양사는
순천 송광사와 더불어 호남 최대의 고찰이다. 백암산은
수려한 주변 풍경을 거느리고 있는 산세와 붉게 타오르는 애기단풍이 압권이다.

'산은 내장이요, 절은 백양이라'고 칭할 정도로 예부터 8경으로 손꼽히
는 곳. 학 모양의 백암산 자락에 위치한 고불총림(古佛叢林) 백양사는 송광
사와 더불어 호남 최대의 고찰이다. 갈참나무와 단풍나무가 도열한 숲길을
지나 백양사 입구에 들어서면 가장 먼저 눈길을 끄는 것이 쌍계루이다. 못
물에 어른거리는 쌍계루의 그림 같은 풍광은 무심코 지나는 행인의 발길을
붙들기에 충분하다.

진홍색 옷을 갈아입은 듯한 백암산이 구절양장 단풍 융단을 펼친다. 흔
히 호남의 단풍은 내장산 단풍을 으뜸으로 쳐서 가을 내장사라고 하지만
아는 사람은 번잡한 내장산을 피해 백양사로 발길을 돌린다. 붉은 단풍과
푸른 비자림이 어우러진 백암산은 온 산이 불타는 듯 황홀경을 선사한다.

아기 손바닥만 하다 하여 일명 '애기단풍'으로 유명한 백암산 주변은 가
을 단풍을 감상하는 여행지로 좋다. 특히 매표소에서 백양사까지 이어지는
약 1.5km 구간의 도로 양옆과 백양사 주위의 단풍이 아름답다.

쌍계루는 백양사의 단풍을 가장 잘 볼 수 있는 명소 가운데 하나. 붉게
물든 단풍나무에 둘러싸인 쌍계루의 단아한 자태가 먼저 눈에 띈다. 단풍
나무 숲과 수백 년 된 아름드리 갈참나무들이 반기는 숲길을 오르다 만나
는 쌍계루는 고려 말 대학자 목은 이색이 "두 냇물이 합치는 곳에 들어선 누
각이 물에 비쳐 그림 같다"고 찬탄했을 정도. 진홍색 가을 풍경과 흰 이마
를 드러낸 백학봉이 쌍계루 앞 연못에 비치는 풍경은 가을 운치를 더한다.

　　　　　　　　　　　　　　　　　　아름다운 사찰여행

백암산은 사시사철 변하는 산색이 금강산을 축소해 놓았다 할 정도로 아름다운데, 산 전체와 조화를 이루며 서서히 타오르는 장작불처럼 산을 물들이는 단풍은 가히 절경이다. 백암산 단풍은 바위가 희다는 데서 유래한 백학봉의 회백색 바위와 어울려 독특하다.

지완스님의 설법에 죄를 뉘우친 백양

백암사 또는 정토사로 불렸던 대사찰 백양사는 백제 때 창건되었다고 전해지는데. 숙종 때 백양사로 이름이 바뀌었다 한다.

백양사는 백제 무왕 33년(632년)에 여환선사가 백암사라 칭하고 창건했다. 절 뒤에 학같이 생긴 바위(백학암)가 있어 그렇게 부르는 것이다. 백암산이라는 산 이름도 이 학바위로 인해 생긴 것이라고 한다.

운문암은 예부터 높은 도승들이 수도하던 암자였다. 현재는 서옹스님이 거처하고 있다. 그런데 정토사라는 이 절의 이름을 백양사로 고친 데는 이런 유래가 전해진다.

전국 각처에서 수많은 스님들이 매일 구름처럼 장성의 정토사로 모여들었다. 스님들뿐만 아니라 인근 지방의 백성들도 쌀과 찬을 꾸려들고 구름처럼 모여들었다.

"글쎄 말이오. 아무튼 3, 4일 전부터 팔도강산의 중이란 중은 다 모이는 것 같소이다. 절에서 스님들이 무슨 대회라도 연단 말인가."

"당신들은 모르는 소리요. 지금 백암산 정토사에는 지완스님이 와 계시오. 지완스님은 상감님께까지 설법을 내리실 정도로 도가 높으신 스님이시오. 이번에 그 지완스님께서 법회를 베푸시게 되었고, 그래서 지완스님의 법회에 참석코자 팔도강산의 고승들은 물론이거니와 불도를 믿는 사람들이 이렇게 모여들고 있는 것이오. 나도 내 한평생에 다시없을 이번 법회에 꼭 참가하려 하오."

이러한 소문은 더욱 퍼져서 전라도는 물론이고 충청도, 경상도, 서울 등지에서 법회에 참가하려는 사람들이 몰려왔다. 마침내 법회의 날이 되었다. 이른 새벽부터 범종이 은은하게 울리는 가운데 수만 명이 운집했다. 붉은 법복을 입은 지완스님이 불상 앞에 무릎을 꿇었다.

"아! 저 백학들도 지완스님의 높은 덕을 찬양하기 위해 오늘 법회에 왔구나."

법회에 참석한 사람들은 이구동성으로 이같이 말하고 지완스님의 덕에 새삼 감복했다. 참석자들은 지완스님의 설법에 감동받고 황홀한 선경에 오른 듯, 석가여래의 재림을 대하는 듯 깊은 깨달음 속에 귀를 기울였다.

그리고 사흘째 되던 날이었다. 법당 위에 오색찬란한 서기가 내리며 하늘에서 은은한 독경 소리가 들려왔다. 참가자들은 그 신비스런 광경에 모두 눈을 크게 뜨고 하늘을 올려다보았다. 그런데 어찌 된 일인가? 흰 구름을 타고 한 마리의 흰 양이 사뿐히 내려오는 것이 아닌가……. 양이 절에 가까이 올수록 하늘에서 들려오는 독경 소리도 더욱 커졌다.

"아! 하늘에서 내려오는 양이다. 아니, 저 양은 부처님께서 내려보내신 불제자다."

모든 사람들이 수군거렸다. 지완스님은 조용하고 담담하게 설법을 계속하고 있었다. 그러자 하늘에서 내려온 양은 지완스님 앞에 이르러 무릎을 꿇었다. 그런데 양의 털이 어찌나 희고 번쩍이는지 눈이 부실 정도로 찬란

1 조선팔경의 하나로 손꼽히는 내장산 단풍에 비견되는 백양사 단풍. 백양사는 애기단풍으로 색깔이 선홍빛처럼 붉은 것이 특징이다.

2 쌍계루 앞 징검다리는 멋진 사진을 찍을 수 있는 장소다. 징검다리와 쌍계루를 함께 찍으면 멋진 풍경화가 된다.

3 약사암은 청화스님이 득도를 한 곳으로 백양사가 한눈에 내려다보이는 곳에 있다.

한 광채가 발했다.

양은 지완스님에게 아뢰었다.

"스님의 높으신 법회에 참석코자 내려왔나이다."

지완스님은 부처님의 높으신 배려라 생각하고 '나무관세음보살'을 연거푸 부르며 감사를 올렸다. 그런데 밤이 되자 양의 몸에서 밝은 광택이 비쳐 절 안팎을 대낮처럼 밝혀주었다. 그래서 횃불을 피우지 않아도 되었으며 법회는 더욱 선경에 이르렀다. 지완스님의 법회는 7일 동안 계속됐다. 그리고 법회가 끝나는 날이 되자 흰 양은 다시 흰 구름 속에 싸여 은은한 독경 소리를 남기며 하늘로 올라갔다. 지완스님의 법회에 하늘에서 백양이 내려왔다는 소문은 순식간에 전국으로 퍼졌다. 이에 사람들은 지완스님의 높은 덕을 더욱더 숭상하게 되었는데, 이 소문이 임금에게도 전해져 숙종은 분부를 내리고 시주를 하사했다.

"참으로 경사스런 일이로다. 하늘에서 양이 내려왔다니, 나라에 좋은 일이 있을 길조로다. 그러니 그 사실을 영구히 기념하기 위해 절 이름을 백양사로 고치도록 하여라."

그리하여 정토사는 백양사로 이름이 바뀌게 되었다는 것이다.

환양선사가 세웠다는 극락전

경내의 건물로는 환양선사가 세웠다는 극락전이 가장 오래되었고, 대웅전(지방 유형 문화재 제43호)은 1917년 백양사 중건 때 지은 것으로, 석가모니불·보살 입상·16나한상이 봉안되어 있다. 또 같은 해에 건립한 사천왕문(四天王門, 지방 유형 문화재 제44호)과 1896년경에 세운 명부전이 있다. 이밖에 백양사 재건에 힘쓴 소요대사의 유업을 기리기 위해 세운 소요대사 부도와 석가모니의 진신사리가 안치되어 있는 9층탑이 있다.

또한 백양사는 수많은 문화유산들을 간직하고 있다. 소요대사 부도, 대웅

아름다운 사찰여행

전, 극락보전, 사천왕문을 포함해 청류암의 관음전, 경관이 아름다운 쌍계루 등이 바로 그것이다. 백양사 오른쪽 뒤편에는 선조 36년(1603년)과 현종 3년(1662년)에 나라의 평화와 안녕을 위해 제사를 올렸다는 국기단이 있다.

대웅전에서 백학봉까지 이어지는 비자나무 숲

대웅전에서 백학봉으로 이어지는 비자나무 숲은 백양사의 또 다른 자랑거리. 5천여 그루의 비자나무가 사철 푸른 숲을 이루어 가을이면 붉은색, 갈색, 노란색으로 타오르는 단풍과 어우러져 그 푸름이 한층 더 빛난다. 그것은 백암산 단풍만이 갖고 있는 아름다움이어서 40여 가지 색깔로 빛나는 파스텔톤의 내장산 단풍과 비교되기도 한다.

비자나무는 주목과의 상록 교목으로 자생 상태로는 순림(純林)을 만드는 일이 거의 없다. 또 백양사의 비자나무 숲은 분포상 북쪽한계가 되므로 학술적 가치를 인정받고 있다. 이곳의 비자나무는 고려 고종 때 각진국사(覺眞國師)가 심은 것으로 전해지는데 지금은 약 5천 그루가 자라고 있다. 『동국여지승람』에는 백양사보다 더 북쪽까지 분포한 것으로 기록되어 있다.

■
Travel Information

주소 전남 장성군 북하면 백양로 1239
전화번호 061-392-0434
홈페이지 baekyangsa.templestay.com
템플스테이 1박 2일 6만 원

찾아가는 길 호남고속도로를 타고 백양사 IC에서 곰재를 넘으면 백양사 입구 삼거리가 나온다. 곰재부터 백양사 입구 삼거리까지 이어지는 5km 구간은 장성호반을 끼고 달리는 멋진 드라이브 길이다. 특히 주차장에서 시작되는 2km 정도의 단풍길은 손꼽힐 정도로 아름답다.

맛집 백양사 입구에서 대를 이어 손맛을 자랑하는 산채 전문점 정읍식당(061-392-7427)이 유명하다. 산채정식이지만 남도 정식에 버금가는 30여 가지의 반찬과 음식이 풍성하게 차려진다. 상차림은 각종 산나물, 젓갈, 버섯전, 해물무침, 굴비까지 나물과 해산물 등 구색을 맞춰 차려내기 때문에 남도의 진미를 제대로 맛볼 수 있다. 산산채특정식 1만 7천 원.

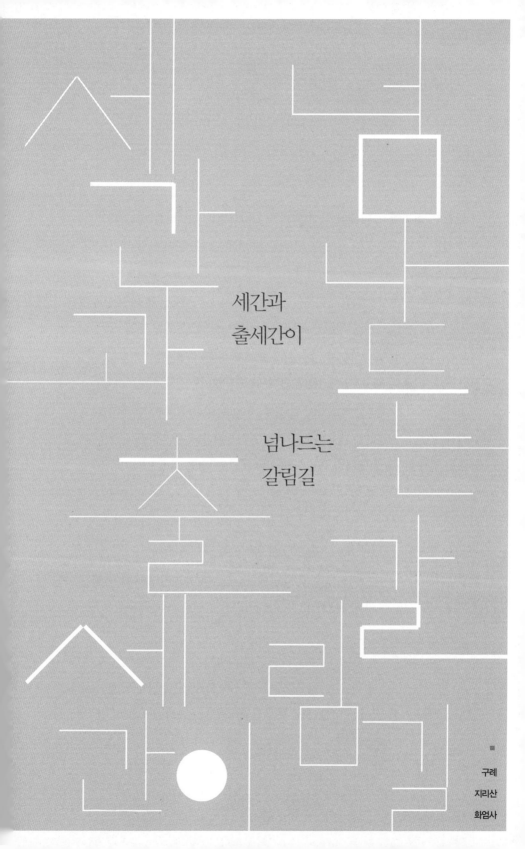

세간과
출세간이

넘나드는
갈림길

구례
지리산
화엄사

지리산을 대표하는 거찰 화엄사는 웅장한 규모의 건축물이 자리하고 있다.
특히 경내의 각황전과 사사자 3층 석탑은
화엄사상의 근본과 해동선교 대가람의 전통을 장엄하게 지키고 있다.

금강산, 한라산과 더불어 삼신산의 하나로 불리는 지리산은 어느 때고 산을 찾는 이들에게 땅의 질서를 넌지시 일깨워준다. 온 산이 사람 살기에 좋고 온난한 기운이 남해의 이 영산을 감싸고 있으며 대나무가 많고 유실수도 많아 부유한 산으로도 알려져 있다.

허위허위 산길을 올라 지리산에 꽃피운 화엄(華嚴)의 연화장 세계로 발걸음을 재촉한다. 화엄사는 화엄의 대도량이며 선·교 양종(禪敎兩宗)의 총본산이다. 백제 성왕 22년(544년)에 인도에서 온 연기존자가 비구니가 된 어머니를 모시고 지리산에 들어와 창건한 사찰로 1천 5백여 년의 역사를 간직하고 있다. 지리산을 대표하는 사찰로 각황전과 석등을 비롯한 웅장한 규모의 건축물들은 화엄사의 전통을 꿋꿋이 지키고 있다. 지리산의 커다란 산세를 주변에 두르고 있는 화엄사는 아름다운 산새 소리, 철마다 바뀌는 화려한 꽃과 나무, 계곡에서 흐르는 물소리로 극락세계에 들어선 듯한 느낌을 갖게 한다. 해마다 많은 여행객들이 화엄사를 찾는 이유는 이처럼 수려한 지리산의 아름다운 자연 풍광과 더불어 『화엄경』에서 언급된 불법을 전하고 있는 거대한 절집이기 때문이다.

두 개의 태극 형상으로 자리 잡은 가람 배치

구례에서 큰길을 벗어나 좁은 도로로 들어 사하촌을 지나면 길 끝에 화엄사가 나타난다. 지리산 대화엄사, 해동선교대가람(海東禪敎大伽濫)의 산

■
**이것
만은
꼭!** 각황전 왼편으로 돌계단을 오르면 화엄사에서만 볼 수 있는 사사자 3층 석탑이 나타난다. 이 3층 석탑은 화엄사를 창건한 연기존자와 그의 어머니 이야기를 석탑으로 재현해 놓았다. 그래서인지 사사자 3층 석탑은 그 생김이 기이한데 연기존자가 오른 어깨에 옷을 벗어 메고 오른 무릎을 땅에 붙인 자세로 머리에 손등을 이고 있는 모습이다. 왼손으로 찻잔을 들고 있고, 찻잔 위에 구슬을 올려 어머니에게 진리의 공양을 드리고 부처님께는 차 공양을 올리는 모습이다. 템플스테이 과정에 화엄사 문화재 설명이 포함되어 있지만 이곳은 자유시간을 이용해 자세히 관찰할 필요가 있다.

문 입구를 지나 발걸음을 옮기면 양지바른 길가에는 지난날 화엄사의 위풍을 자랑하듯 고승들의 부도가 즐비하게 늘어서 있다.

이 부도들을 따라 한참을 오르다 보면 드디어 불이문(不二門)이라 쓰인 편액이 눈에 들어온다. 불이(不二)란 상대 차별을 없애고 절대 차별이 없는 이치를 나타내며, 모든 성인이 이 법에 의하여 진리에 들어갔으므로 문이라는 것이다. 불이문을 지나자마자 바로 금강문(金鋼門)에 닿는다. 좌우에는 허리에만 옷을 걸친 채 용맹스러운 모습으로 불국세계를 지키는 금강역사들이 가난한 마음을 가진 길손을 나무라듯 내려다보고 있다.

가난한 마음을 묻어두고 화엄사의 본령 경내에 들어선다. 화엄사의 가람 배치는 일직선으로 늘어선 여느 사찰들과 다른 모습을 하고 있다. 불이문, 금강문, 천왕문이 하나의 태극 형상을 이루고, 보제루와 운고각으로부터 대웅전에 이르기까지 또 하나의 태극 형상을 이루고 있다. 숲길을 지나 천왕문을 들어가면 만나는 운고각(雲故閣), 그 왼쪽에는 범종각(梵鐘閣)이 있고 그 앞으로 대웅전, 각황전 등 웅장한 대가람이 펼쳐진다.

화엄사의 상징처럼 자리 잡고 있는 각황전(국보 제67호)은 처음에는 장육전이라 불렸는데, 지리산의 강한 맥을 누그러뜨리기 위해 세운 것이라고 한다. 각황전 바로 앞에는 국보 제12호로 지정된 국내 최대의 석등이 자리 잡고 있다. 최초 각황전 자리에는 의상대사가 2층 4면 7칸의 화엄경을 돌에 새기고 황금장륙불상을 모신 장륙전을 지었지만 정유재란 때 소실되었다. 그 후 각황전은 숙종 때 중건되었으며 정면 7칸 측면 5칸의 2층 팔작지붕으로 그 건축 기법이 웅장한 법당이다. 법당 안에는 3불 4보살인 관세음보살, 아미타불, 보현보살, 석가모니불, 문수보살, 다보여래, 지적보살이 봉안되어 있다. 보물 제299호인 대웅전은 임진왜란 때 전체 건물이 소실된 후 인조 8년(1630년)에 현재의 대웅전이 중건되었다. 하나의 태극은 속세의 사물과 번뇌에 얽매여 헤어나지 못하고 있는 세간을 비유하고, 또 하나의 태극은 세간을 뛰어넘는 부처님의 열반을 말하는 출세간의 세계를 비유하고 있다. 그리고 보니 이곳이 바로 세간과 출세간이 넘나드는 자리요 속세와 열반의 갈림길이 아닌가.

효와 견성성불을 간직한 사사자 3층 석탑

각황전 왼쪽으로 동백나무 숲과 어우러진 108계단을 오르면 사사자 3층 석탑과 공양탑을 만나게 된다. 사리탑인 사사자 3층 석탑의 상층기단 네 모퉁이에는 네 마리 사자를 안치했고, 중앙부에 연기존자(緣起尊者)의 어머니를 모셨으며, 그 앞 공양탑에는 석등을 머리에 이고 찻잔 위에 구슬을 바치며 어머니에겐 진리의 공양을, 부처님에게 차 공양을 올리는 연기존자의 모습을 기림으로써 효(孝)의 의미와 함께 자기 본성을 깨달으면 누구나 부처가 될 수 있다는 견성성불(見性成佛)의 사상을 담고 있다.

사사자 3층 석탑에 발길을 들이고 나니 이국 땅에 날아와 화엄사상을 설한 연기존자의 차(茶) 공양 이야기가 떠오른다.

지리산은 골이 깊고 산이 높은 덕에 오래전부터 차나무가 무성하다. 화엄사의 작설차는 질이 좋고 향이 깊어 쌍계사의 녹차와 함께 유명하다. 초봄에 따는 작설차를 제일로 친다고 한다. 화엄사 도량 뒤꼍까지 차나무가 자라 불도를 닦는 이들에게 청정한 깊이와 그윽한 향을 선사하고 있다.

1 화엄사 각황전은 2층 구조로 빼어난 건축미를 자랑한다. 건물의 외형도 우람하지만 각황전에서 기도를 하면 소원이 이루어진다는 속설이 있다.

2 화엄사에서 암자 가는 길에 만난 대숲. 이곳에서 바람소리를 들으면 누군가 서성이며 울먹이는 소리 같다.

3 화엄사 천왕문. 사천왕의 모습이 천진난만하다. 천왕문은 절의 규모에 비해 크기가 작다.

절집에서 만나는 호국의 숨결

자유시간을 이용해 우리나라 10대 사찰에 손꼽힐 정도로 큰 규모를 갖춘 화엄사의 넓은 도량을 거닐며 웅건한 모습을 구경했다. 화엄사는 임진왜란 때 소실되면서 다시 중건되어 부분적인 보수만 이뤄진 채 보존된 도량이다. 임진왜란 때 승병을 모집하여 왜군과 싸우다 쓰러져간 영혼이 이 사찰을 지키고 섰는가 보다.

화엄사와 가까운 피아골의 이름에 얽힌 이야기는 그 시기 거룩한 조국애를 느끼게 한다. 절집 이야기에 의하면, 바다 건너 쳐들어온 왜적들과 의병장들이 하동 포구에서 결전을 벌였다고 한다. 그러나 의병장들은 패하고, 섬진강을 따라 후퇴하여 이 계곡으로 들어온다. 죽음을 각오한 격투를 벌였으나 또다시 새까맣게 몰려드는 왜놈들에게 끝내 목숨을 빼앗기고 만다. 조국애의 뜨거운 피가 그때 개울물을 빨갛게 물들였는데 피아골은 여기에서 이름이 붙여졌다고 한다. 아픈 역사를 품고 있어 그런지 지리산 대숲에 이는 바람은 누군가 서성이며 울먹이는 소리 같다. 그러나 그 모든 한과 설움은 부처님 전에서 말끔히 씻길 수 있으리라. 지리산은 한민족 역사와 더불어 부처와 중생이 하나라는 진리를 얘기하며 있으니 말이다.

템플스테이의 백미, 절밥

화엄사 템플스테이의 백미는 절밥이다. 전라도 음식이야 삼척동자도 알 정도로 소문난 별미지만 절집의 공양은 기대하지 않았다. 그러나 화엄사도 전라도 산자락에 둥지를 잡은 덕에 그 손맛은 속세와 절집이 공통인 모양이다. 절집의 하루 일정이 마무리되는 저녁공양. 요사채 지하에 자리 잡은 공양간을 찾아가는 기대감은 이루 표현할 수 없을 정도이다. 공양주 보살 덕분에 화엄사의 참죽으로 만든 음식을 청해 맛볼 수 있었다. 사실 혈기 왕성한 청년에게 절집생활의 어려움을 묻는다면 배고픔을 제일 으뜸으로 꼽을 것이다. 사찰 음식은 기름기가 없고, 먹는 양도 제한하고 있기 때문에 돌아서면 배가 고파온다. 고된 하루 일과를 마무리하는 저녁시간에는 더욱 그렇다. 화엄사 공양시간에는 지리산에서 나는 진귀한 나물과 야채들이 밥상에 오른다. 이 가운데 그 맛을 잊을 수 없는 것이 바로 참죽이다. 참죽은 6월에 종 모양의 흰 꽃이 피는데 향기가 짙어 입맛을 돋운다.

여기저기 널린 대나무들 또한 산사람의 소중한 음식이 된다. 대나무의 푸른 기운은 절개 곧은 선인의 지혜를 담뿍 담아 '죽순나물'이 된다. 대밭에서 노란빛의 죽순을 구해 채를 썬 뒤 나물이며 회를 해 먹기도 한다. 그리고 전골이나 찌개에 넣어 그 소담함을 맘껏 즐길 수 있다.

화엄사 절밥에 취하다 보니 들풀과 들꽃에 대한 추억이 떠오른다. 어렸을 적엔 들판을 뛰놀며 들꽃 이름을 부르고 살았지만 이제는 우리의 기억 속에서 잊혀져가고 있다. 들판에 흔하게 널려 있던 들풀과 들꽃은 이젠 돈을 주고서도 구할 수 없을 정도로 귀해졌고, 우리 일상에서 멀어져갔다. 들꽃과 들풀이 가득한 밥상을 절집에서 만난 행운에 감사하며 화엄사를 나선다. 신록이 길을 가득 메워 서럽도록 청명한 봄날이 세상 속으로, 도시로 인도한다.

■
Travel Information

주소 전남 구례군 마산면 화엄사로 539
전화번호 061-782-7600
홈페이지 www.hwaeomsa.org
템플스테이 1박 2일 6만 원, 2박 3일 8만 원

찾아가는 길 호남고속도로 전주 IC로 빠져나와 우회도로를 이용해 17번 국도를 타고 전주-임실을 거쳐 남원까지 간다. 남원에서 구례로 가는 19번 국도를 타고 밤재터널을 지나 4.5km 정도 달리면 지리산온천이 나온다. 여기서 직진해 구례읍을 지나 하동 방향으로 내려서면 왼편에 화엄사 입구가 보이고, 사하촌을 지나 직진하면 길 끝에 화엄사가 있다.

맛집 화엄사 입구는 산채 전문점이 많다. 그중 지리산식당, 그옛날산채식당, 백화회관 등이 명가로 손꼽힌다. 이 중에서도 지리산식당(061-782-4054)은 40년 역사를 자랑하는 명가로, 직접 심고 기른 콩을 사용해 된장을 만들고 찹쌀을 쒀서 고추장을 만드는 정성으로 음식을 낸다. 산채정식을 주문하면 반찬만 25가지 정도가 상에 오르는데 하나같이 맛있어 입맛을 당긴다. 산채정식 1만 원, 산채더덕구이정식 1만 5천 원.

모악산이
잉태한

미륵세계

몽유
와탁
산상
이미
몽유
세계

김제
모악산
금산사

불교의 미륵사상이 도입된 이래 호남지방에서 미륵사상은
모악산을 중심으로 개화했다. 금산사의 미륵전이 그 대표적인 표상이다.
근세에 이르러 동학혁명의 기치를 든 전봉준도 모악산이 길러낸 인물이다.

금산사 가는 길은 외갓집에 가는 것처럼 재미있다. 한반도에서 유일하게 지평선을 이루는 김제평야를 가로질러 미루나무로 둘러싸인 금평저수지를 지나면 금산사 주차장이 나온다. 주차장에서 10분쯤 걸어가는 숲 터널은 소소한 가을 풍경을 전한다. 금산사를 찾을 때 맨 먼저 마중 나오는 것이 돌무지개문이다. 오래된 성곽처럼 이끼를 가득 품고 있는 이 문을 지나면 일주문, 금강문, 불이문이 나타난다. 흔히 산문을 일컬을 때 이 세 문을 통칭하는데, 금산사는 산문을 모두 갖추고 있다.

모악산에는 정상인 장군봉 아래로 눌연계곡, 금동계곡, 선녀폭포 등의 계곡이 있고, 금산사, 대원사, 수왕사, 귀신사, 청룡사, 용화사 등의 고찰들이 자리 잡고 있다. 김제 금산사 쪽에서 접근하는 서쪽 길을 내모악이라 하고 완주의 구이 방향에서 들어가는 동쪽 길을 외모악으로 나누어 부르는데, 금산사가 있는 곳이 모악산으로 오르는 대문으로 통한다.

만경평야의 젖줄인 모악산은 어떤 산인가. 일설에 따르면 모악산의 원래 이름은 금산이었을 것이라는 설도 있다. 이는 금산사란 절 이름에 근원을 두고 한 말이다. 그렇다면 금산(金山)이란 무슨 뜻인가. '큰산'을 한자음으로 표기했다는 설과 금산사 입구 금평호에서 사금이 나오기 때문에 '금(金)'자가 들어갔다는 설로 갈리기도 한다. 또 모악산은 그 정상에 마치 어미가 어린애를 안고 있는 형태로 보이는 바위가 있어 여기서 생겨난 이름이라는 설도 있다.

아름다운 사찰여행

김제평야의 젖줄 모악산

『금산사지』에 의하면, 모악산은 우리나라 고어로 '엄뫼'라는 말이지만 '큰 뫼'라는 말은 아주 높은 태산을 의미하는데 한자가 들어오면서 '엄뫼'는 어머니의 뫼라는 뜻을 내포한 것으로 의역해 모악(母岳)이라 했고 '큰 뫼'는 큼을 음역하고 뫼는 의역해서 금산(金山)이라고 칭하였다고 적고 있다. 여기에 절을 개창하면서 금산사(金山寺)라 이름하였다는 것이다. 그래서 금산은 사명(寺名)이 되고 모악은 본래대로 산명(山名)이 되어 모악산 금산사라는 명칭이 이루어졌다고 한다.

모악산은 한국의 곡창으로 불리는 김제와 만경평야를 발아래 두고 있다. 이들 벌판에 공급하는 물이 바로 모악산에서 흘러들기 때문이다. 특히 삼국시대 이전부터 관개시설의 대명사로 꼽혀온 벽골제의 큰물이 바로 모악산에 닿아 있다. '어머니'산은 양육(養育)을 뜻하므로 그 품 안에서 새 생명을 키우는 것이다.

불교의 미륵사상이 도입된 이래 호남지방에서 미륵사상은 모악산을 중심으로 개화했다. 금산사의 미륵전이 그 대표적인 표상이다. 그런가 하면 후삼국을 통일한 왕건도 금산사에 유폐된 견훤을 빌미 삼아 후백제를 점령했다. 근세에 이르러 동학혁명의 기치를 든 전봉준도 모악산이 길러낸 인물이다.

모악산 일대를 신흥 종교의 메카로 만든 강증산(姜甑山)도 이 산 저 산 헤

1 금산사 미륵전 전경. 3층 건물로 웅장하고 안정된 느낌을 주는 건축미를 품고 있다.

2 금산사는 스님들이 직접 문화유산과 사찰예절을 설명해주는 템플스테이를 진행한다.

3 금산사 대웅전에서 참선 중인 템플스테이 참가자들.

매다가 모악산에 이르러서야 천지의 대도를 깨쳤다고 한다.

동으로 구이저수지, 서로 금평저수지, 남으로 안덕저수지, 북으로는 불선제, 중인제, 갈마제를 채우고 또한 호남평야를 적셔주는 젖꼭지 구실을 하고 있는 물줄기는 작은 마을을 넘어 호남평야의 중심지인 김제평야에 다다른다.

모악산은 정유재란과 동학농민 봉기, 그리고 6·25 등 숱한 재난을 거치는 동안 여러 차례 벌채되어 큰 나무가 거의 사라졌기 때문에 특기할 만한 동식물은 없다. 그러나 모악산은 훼손되지 않아 많은 관광객들이 모여들고 있으며, 여러 길로 나누어진 등산 코스는 제각기 독특한 산경(山景)과 민속적 신앙을 담은 암자가 어우러져 신비감마저 불러일으킨다.

역사의 질곡을 화려한 불교 문화로 피운 금산사

모악산 중턱에 자리한 천년 고찰 금산사에서는 가을 산사의 맛을 느낄 수 있다. 경내에는 국보와 보물만 11점이 있는데, 특히 미륵전(국보 제62호)이 유명하다. 국내 유일의 3층 목조 법당의 내부는 통층으로 되어 있다. 법당 안의 삼존불은 높이가 11.8m에 이를 만큼 웅장하다. 견훤의 아들 신검이 권력에 눈이 멀어 견훤을 유폐한 곳이기도 하다.

모악산에 자리한 금산사는 백제 법왕 2년(600년)에 지은 절로, 신라 혜공왕 2년(766년)에 진표율사가 다시 지었다. 임진왜란 이전의 기록은 모두 소실되어 『삼국유사』나 『삼국사기』 등을 인용하여 사적기가 만들어졌는데, 백제 법왕 원년(599년)에 왕의 자복(自福) 사찰로 창건한 것이라 하나 확실하지는 않다. 지금까지 전하는 바로는 진표율사가 신라 경덕왕 21년(762년)부터 신라 혜공왕 2년(766년)까지 4년에 걸쳐 중건하였으며, 문종 23년(1069년)에 혜덕왕사가 대가람으로 재청하고, 그 남쪽에 광교원이라는 대사구를 증설하여 창건 이래 가장 큰 규모의 도량이 되었다.

1598년 임진왜란 때 왜병의 방화로 미륵전·대공전·광교원 등과 40여 개소에 달하는 산내 암자가 소실되었다. 그러나 선조 34년(1601년), 수문스님이 다시 재건해 인조 13년(1635년)에 완성되었다. 고종 때에 이르러선 미륵전·대장전·대적광전(大寂光殿) 등을 보수하고, 1934년에 다시 대적광전·금강문·미륵전 등을 중수했다.

미륵전은 정유재란 때 불탄 것을 조선 인조 13년(1635년)에 다시 지은 뒤 여러 차례의 수리를 거쳐 오늘에 이르고 있다. 거대한 미륵존불을 모신 법당으로 용화전·산호전·장륙전이라고도 한다. 1층에는 '대자보전(大慈寶殿)', 2층에는 '용화지회(龍華之會)', 3층에는 '미륵전(彌勒殿)'이라는 현판이 걸려 있다.

1층과 2층은 앞면 다섯 칸에 옆면 네 칸이고, 3층은 앞면 세 칸에 옆면 두 칸 크기로, 지붕은 옆에서 볼 때 여덟팔(八)자 모양인 팔작지붕이다. 지붕 처마를 받치기 위해 장식해 넣은 구조로, 장식은 기둥 위뿐만 아니라 기둥 사이에도 새긴 다포 양식으로 꾸몄다. 지붕 네 모서리 끝에는 층마다 모두 얇은 기둥(활주)이 지붕을 받치고 있다. 건물 안쪽은 3층 전체가 하나로 터진 통층이며, 가장 높은 기둥을 하나의 통나무가 아니라 몇 개를 이어 사용한 것이 특이하다. 전체적으로 규모가 웅대하고 안정된 느낌을 주며, 우리나라에 하나밖에 없는 3층 목조 건물이다.

파노라마처럼 펼쳐지는 지평선 이야기

김제 들녘 어디를 가도 파노라마처럼 펼쳐지는 농촌의 가을 풍경은 정겹기만 하다. 지평선을 손쉽게 만나는 곳은 광활면 쪽이다. 성덕면 남포리에서 시작해 광활면 창제리까지 이어지는 논둑길만 15km에 이른다. 왜 지명이 '광활(廣活)'인지 그곳에 서면 실감할 수 있다. 아무리 시선을 멀리 던져도 눈앞에 거칠 게 없어 망망대해 속에 서 있는 듯한 착각에 빠져든다.

'농부들은 도대체 자기 논을 어떻게 찾아갈까' 실없는 호기심이 머릿속을 스쳐 지나간다.

진봉면 심포리의 진봉산으로 가면 지평선이 더 잘 보인다. 해발 72m에 불과해 언덕이라고 해야 더 어울리는 야트막한 산은 솔숲을 따라 올라가는 낮은 정상에 3층짜리 팔각정 전망대가 세워져 있다. 전망대에 올라 동쪽을 바라보면 지평선이 한눈에 들어온다. 뒤돌아서도 '황금 벌판'이다. 남으로 동진강, 북으로 만경강이 밀고 내려온 토사로 형성된 넓은 심포 갯벌 위로 햇빛이 부서진다. 이곳이 유명한 새만금 갯벌지대에 속한다. 제아무리 복잡한 심사가 머릿속을 짓누르고 있어도 지평선과 수평선이 한데 펼쳐지는 이곳에선 시원함을 느낄 수밖에 없다.

가을에 찾아간 김제에서는 코스모스 꽃길을 지나봐야 한다. 진봉면과 광활면을 잇는 29번 국도와 702·711번 지방도 36km 구간의 도로 양옆으로 코스모스가 한들거린다. 김제시에서 매년 10월 개최되는 지평선축제에 맞춰 조성하고 있다. 승용차로도 20분쯤 느긋하게 달릴 수 있다.

■
Travel Information

주소 전북 김제시 금산면 금산리 39
전화번호 063-548-4441
홈페이지 www.geumsansa.org
템플스테이 1박 2일 6만 원, 2박 3일 10만 원

찾아가는 길 호남고속도로 금산사 IC를 나와 좌회전하면 봉양면 소재지. 소재지를 지나 작은 삼거리에서 금산사 이정표를 보고 좌회전한 후 10분쯤 이정표를 따라 직진하면 금산사 주차장이 나오고 주차장에서 10분 정도 걸어가면 금산사 경내에 도착한다.

원주스님과 함께하는 문화재 답사 금산사는 템플스테이 운영 모범 사찰로 지정될 만큼 템플스테이 참여 만족도가 높다. 매주 주말에 템플스테이를 운영하는데 큰스님들의 법문이 인기 있는 프로그램. 특히 대적광전에서 저녁 예불을 마친 뒤 1시간 정도 주지스님에게 듣는 법문은 쉽고 재미있어 인기가 많다. 사찰 견학은 금산사의 필수 코스. 우리나라에서 문화재를 가장 많이 보유한 송광사 다음으로 많은 문화재가 있는 금산사는 원주스님이 직접 사찰 안내를 해주며 미륵전과 문화재에 대한 설명을 해준다. 우리나라 사찰의 구성 요소를 모두 갖춘 전각을 돌아볼 수 있을 뿐 아니라 불교 문화재를 쉽게 이해할 수 있는 프로그램이다.

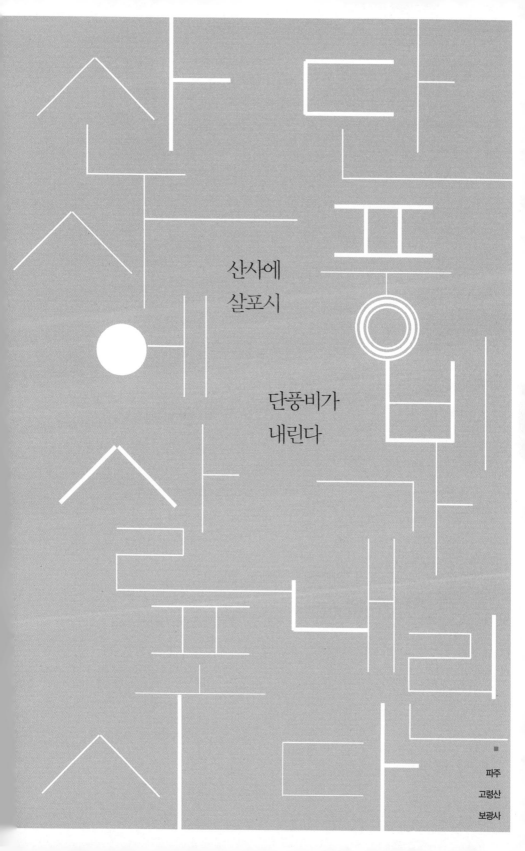

산사에
살포시

단풍비가
내린다

파주
고령산
보광사

서울에서 단풍숲이나 낙엽길로 더 유명한 보광사는 작지도 크지도 않은
자연스러운 멋을 품고 있다. 대웅전과 만세루를 비롯한 전각들이
오밀조밀하게 꾸며져 있어 운치 있고 만세루에서 내려다보는 보광사의 숲은
시심을 절로 일으킨다.

천년 고찰 보광사는 됫박고개 너머 고령산 서쪽에 있다. 산은 높지 않지
만 제법 우거진 숲 속에 숨은 듯 안겨 있어 아늑하고 조용하다. 포클레인 삽
모양을 한 특이한 형태의 일주문을 지나 주차장에 차를 대면 절까지는 걸
어서 5~10분 거리. 가을에는 서울 근교에서 손꼽히는 단풍 명소로 아름다
운 풍광을 자랑하는 길이 펼쳐진다.

시멘트로 포장된 그 길은 종무소 즈음에서 부드러운 곡선을 그으며 보
광사 경내로 이어진다. 신라 진성왕 8년에 도선국사가 창건한 후, 고려 공
민왕에 이르기까지 세 차례의 중수를 거쳤다는 이 절은, 임진왜란 때 불에
타 없어졌다가 영조 6년(1730년)에 영조의 생모 숙빈 최씨의 명복을 빌기
위해 다시 세워졌다고 한다. 그래서인지 보광사에선 역사 깊은 고풍스러움
과 왕실의 원찰(숙빈 최씨의 묘 소령원의 원찰)다운 위엄이 함께 느껴진다.

한강 이북지역의 6대 사찰 중 하나로 꼽혔다는 창건 당시에 비해 절의
규모는 작아졌지만 대웅전과 만세루, 원통전, 어실각, 후원 등이 오밀조밀
하게 꾸며져 있어 언뜻 보기에도 꽤 운치 있다. 특히 조선 말엽에 국운이 기
우는 것을 염려해 지었다는 만세루에서 내려다보는 보광사의 숲은 지극히
멋스러워 시심(詩心)을 절로 불러일으킨다.

깨끗하게 정돈된 절 마당 한가운데로 접어들면 퇴색한 단청이 고스란히
남아 정감이 가는 대웅보전이 나타난다. 높게 쌓은 석축 기단 위에 서향으
로 앉은 대웅보전은 다포계(多包系) 양식의 겹처마 팔작집으로 정면 세 칸,

측면 세 칸의 규모에 기품이 흐르는 건물이다. 주춧돌에 맞춰 자연스럽게 깎아 세운 배흘림기둥이 멋스럽고, 영조의 친필로 알려진 편액이 강건하다.

낡은 빛깔이 더 아름답다

하지만 오늘날 실천 불교의 요람이 된 보광사 대웅전 최고의 볼거리는 외벽 벽화다. 대부분의 사찰이 대웅전 외벽을 흙벽으로 만드는 데 비해 이곳 벽화는 목판으로 만들어졌는데, 다른 사찰에서는 사용하지 않는 소재의 그림이 민화풍의 3면 벽화로 그려져 있다. 특히 북쪽 벽의 코끼리를 몰고 가는 동자 그림은 동자에 비해 코끼리가 크게 그려졌고 상아가 여섯 개인 것이 특이하다. 또 나무로 만든 본존불이 고개를 왼쪽으로 갸웃 기울인 자태도 재미있고, 화려한 연지가 펼쳐져 있는 벽화도 꽤나 멋스럽다.

대웅전 맞은편 종루에 걸린 목어와 '숭정칠년명동종'(경기 유형 문화재 제158호)도 흔히 볼 수 없는 명품이다. 1634년에 만들어진 숭정칠년명동종은 쌍룡 모양의 종뉴와 포탄 모양의 종신이 연결된 특이한 형태로, 크기는 작지만 매우 화려하면서도 다부진 느낌을 준다. 범종 위에 매달아 놓은 목어도 아주 독특한 형태라 국내 목어 연구의 대표적 자료로 활용되고 있다. 몸통은 물고기 모양이지만 눈썹과 둥근 눈, 툭 튀어나온 코, 여의주를 문 입, 그리고 머리엔 사슴의 뿔까지 있어 영락없는 용의 형상이다.

이 밖에 대웅보전 안에 있는 '영산회상 후불탱화'와 16나한상이 모셔져 있는 '응진전', 영조의 생모인 숙빈 최씨의 위패가 있는 '어실각' 등도 보광사의 중요한 전각들이다. 어실각 앞에 있는 영조가 심었다는 향나무도 독특한 느낌을 주는 볼거리로 빼놓을 수 없다.

대웅전 뜰을 나와 왼쪽으로 나 있는 계단을 오르면 거대한 석불 입상을 만나게 된다. 12.5m나 되는 이 석불은 '호국대불'로 불리는데, 부처님 진신사리와 보석불경 등을 봉안했다. 웅장한 규모가 보는 이를 압도할 뿐만 아나라 돌을 깎아 만든 정교한 솜씨가 돋보인다. 석불 입상을 본 다음에는 비구니들이 수도하는 영묘암과 주차장으로 내려가는 길 오른편 양지바른 언덕에 있는 '연우지석'으로 가보자. '연우지석'은 친구를 그리워하며 새긴 비석으로, 이미 가버린 친구를 그리워하는 마음이 구구절절하다. 템플스테이에 참가하면 이 길을 걷게 되는데 이곳에선 낯선 사람과도 우정을 쌓는다는 스님의 너스레가 살갑게 다가온다. 보광사 안에는 도솔천이란 전통 찻집이 있어 잠시 쉬었다 가기에도 좋다. 종무소 옆에 있는 목조 건물로, 원래는 신도들의 휴게실로 이용되던 곳인데 방문객들에게도 개방한다. 이곳에서 고령산 계곡을 바라보며 차 한 잔 마시는 것도 매우 운치 있다. 또 영묘암으로 가는 길 왼편에 있는 보광사 약수도 물맛이 좋기로 유명해 꼭 한 잔 마셔보길 권한다.

여행길에 오르기 전 마음을 다잡던 고개 이야기

용의 머리는 한양에 두고 꼬리는 이곳에 머물러 용미리라 했던가? 용미(龍尾), 용의 꼬리를 의미하지만 무덤의 꼬리 부분을 일컫기도 하니 파주 용미리 일대는 천생 묘지하고 관련이 깊은 모양이다. 용미리 시립묘지를 그윽하게 내려다보는 석불 입상은 죽은 자의 영혼을 달래주기라도 하듯 혜음령 너머 장지산 자락에 우뚝 서 있다.

돈의문-녹번-고양(벽제)-혜음령-쌍불현-광탄-파주-임진-개성-의주로 이어지는 의주로 옛길 가운데 쌍불현은 용미리 석불 입상 때문에 붙여진 이름이다. 지금은 고개라고까지 할 수 없을 정도의 언덕길이지만 예전에는 지금보다 높아 '현(峴)'이라는 이름을 붙일 정도는 되지 않았나 싶다.

의주로 가운데 있는 혜음령은 북으로 향하는 길목에 위치해 여행길에 오르기 전에 마음을 다시 한번 가다듬는 곳이요, 서울에 진입하기 전에 여독을 풀며 마음을 추스르는 곳이었다. 혜음령은 보광사를 가기 위해 넘어

아름다운 사찰여행

가는 뒷박고개와 함께 북으로 가려면 넘어야 하는 주요 고개였다. 서울 구파발에서 문산 쪽으로 통일로를 달리다가 의정부로 가는 39번 국도로 우회전해서 약 4km를 달리면 감사원교육원 이정표가 나온다. 이정표를 따라 들어가면 벽제 삼거리가 나오는데, 삼거리에서 오른쪽 길(315번 지방도)로 들어가면 뒷박고개가 나타난다. 이 길은 구불구불하고 하늘로 솟구쳤다 다시 땅으로 곤두박질치듯 오르막길과 내리막길이 자주 반복돼 스릴 있다.

뒷박고개는 뒷박처럼 생겼다 하여, 혜음령은 그늘에 은혜를 입었다 하여 붙여진 이름이다. 한국의 고개는 대개 별명을 갖고 있는데 뒷박고개는 영조와 그의 생모가 누워 있는 소령원 사이를 이 고개가 멀게 한다고 하여 영조가 "더 파 낮추라"고 해서 '더파기고개'라고도 한다. 혜음령은 고개 아래 벽제관에 이르기 전에 쉬었다 가는 길목이었다.

아들 탄생 설화를 간직한 용미리 석불 입상

고양시 벽제관에서 광탄으로 향하다 혜음령을 넘어 조금만 더 달리면 오른쪽 어깨에 와 닿는 따뜻한 눈길을 느낄 수 있다. 시선을 보내는 주인공은 나지막한 산등성이에 우뚝 솟은 파주 용미리 석불 입상이다. 흔히 쌍미륵이라 불리는 이 입상은 누가 언제 세웠는지 정확한 기록은 없으나, 미륵불이 원래 이곳에 있던 천연 바위였다는 사실에 이의를 제기하는 사람은 없다. 용미리 석불 입상은 특이하게도 남상과 여상이 함께 서 있는데, 중요한 것은 국내에서 좀처럼 보기 힘든 양식이라는 점이다. 왕자가 없어 고민

1 보광사 범종각의 목어는 조각이 화려하고 익살스러워
  인기가 많다. 특히 여의주를 입 안에 물고 있는 모습
  이 재미있다.
2 대웅전에 새겨진 코끼리 벽화. 보광사 대웅전 벽화
  는 특이하게 벽이 아니라 나무판에 새겨진 것이 특
  징이다.
3 보광사 주변은 늦가을에 낙엽길이 많아 사색의 공간
  으로 인기가 많다.

하던 고려의 선종이 꿈에서 장지산 바위를 본 후 이 미륵불을 세우고 불공을 올려 왕자를 얻었다는 이야기가 전해 내려온다. 실제로 용미리 석불은 장지산 자락에서 남쪽을 바라보며 따뜻한 기운을 품고 있는 듯하다. 더욱이 옮겨 놓은 돌에 새긴 불상이 아니라 본래 이곳에 있던 천연 바위를 불상으로 조각한 까닭에 이 불상 자체가 명당이라 해석해도 크게 틀리지 않을 만큼 수려한 지세를 자랑하고 있다. 지금도 이곳은 아이를 낳지 못하는 사람들이 불공을 드리기 위해 많이 찾는다.

용미리 석불 입상은 석벽을 다듬어 몸을 만들고 그 위에 따로 목과 머리, 갓을 차례로 올려놓은 불상으로 마치 장승을 보듯 토속적인 분위기가 물씬 풍긴다. 미륵상은 신체 비율에 맞지 않고 조각 수법도 뛰어나지 않지만 거대한 자연석을 그대로 이용해 조각했기 때문에 거대하다. 안동 제비원 석불을 연상시키지만 근엄하기보다는 친근하고 토속적인 색채가 가미되어 있다.

Travel Information

주소 경기도 파주시 광탄면 보광로 474번길 87
전화번호 031-948-7700
홈페이지 www.bokwangsa.net
템플스테이 없음

찾아가는 길 구파발 삼거리에서 문산으로 난 1번 국도(통일로)를 따라 달리다 대자 사거리에서 의정부 방면 39번 국도로 우회전한다. 그 후 나타나는 고양 삼거리에서 다시 좌회전한 다음 벽제 삼거리에서 우회전하여 약 7km를 달리면 바로 '뒷박고개' 너머에 있는 신라 고찰 보광사에 닿게 된다.

맛집 보광사에서 돌아오는 길에 시간이 걸려도 꼭 맛봐야 할 음식점이 있다. 산촌 고양점(031-969-9865)은 '스님 공양상'을 대표 메뉴로 내는 사찰 음식 전문점이다. 화학조미료를 전혀 사용하지 않고 재료 자체의 맛을 최대한 살려 음식의 맛과 향이 진한 것이 특징이다. 냉이, 머위, 유채, 원추리, 참나물, 취나물 등 야생 나물을 무친 산채모둠과 구이와 전, 밥과 찌개까지 풍성한 식탁에 눈도 감탄할 정도로 정갈하다. 산촌정식 2만 5천 원.

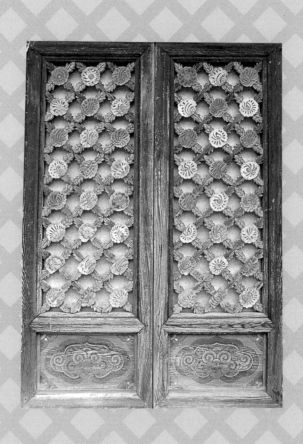

마음

천천히 낙엽길을 오르는 순간 주홍빛 단풍 터널이 반긴다. 지상낙원이 따로 없다. 수종사 앞마당에 서면 확 트인 전망이 나타난다. 시선을 멀리 던지면 높고 낮은 산들이 반기는 듯 다가선다. 양수리가 한눈에 내려다보이는 풍광이 황홀하다. 팔당호에 떠있는 작은 섬들은 한낮에도 안개에 싸여 신비롭다. 특히 해거름이나 새벽녘이면 어김없이 피어오르는 운무는 운길산 중턱까지 차올라 선경을 만든다. 안개가 세상을 뒤흔드는 풍경은 가히 신선이 된 기분을 선물한다. 이곳이 극락이구나!

선운사

선운사에
가신 적이 있나요?

가슴 조각이
있는 오

고창
도솔산
선운사

동백꽃 후드득 떨어지는 선운사에 가면 가슴이 조여 온다.
선홍빛 꽃봉오리를 떨어뜨린 동백숲을 서성이면서 피었다 지는 것이
꽃만이 아니라 우리네 인생도 한 송이 꽃처럼 피었다 지는 것임을 자조해본다.

동백꽃은 송이째 떨어져 처절한 최후를 맞는다. 꽃잎을 날리는 여유를
뒤로한 채 한꺼번에 쏟아져 버리는 자태가 마치 어렴풋한 추억의 덩어리들
인 것만 같다. "선운사에 가신 적이 있나요. 눈물처럼 동백꽃 지는 그곳 말
이에요." 송창식의 노래처럼 선운사 하면 동백꽃을 떠올린다. 선운산 오른
쪽 비탈에서 절 뒤편까지 약 30m 너비로 군락을 이룬 3천여 그루의 동백나
무숲. 동백숲은 4월 중순이면 저마다 탐스러운 꽃을 내밀어 가히 꽃병풍을
펼쳐 놓은 듯한 장관을 연출한다.

정연하고 아담한 선운사 경내

선운사 여행은 서정주 시인의 「선운사 동구」를 읊조리며 시작된다.

선운사 골째기로/선운사 동백꽃을 보러 갔더니/동백꽃은 아직 일러 피지 안했
고/막걸릿집 여자의 육자배기 가락에/작년 것만 상기도 남았습니다/그것도 목
이 쉬어 남았습니다

—「선운사 동구」 부분

이 시는 명승고찰 선운사와 더불어 애송시로 유명하다. 미당은 '동백꽃
은 아직 일러 피지 안했다'고 아쉬움을 노래했지만 이미 동백은 꽃을 밀어
올리며 봄을 알리고 있다. 시비를 지나 초록이 만연한 절로 향한다. 매표소

아름다운 사찰여행

를 지나 가장 먼저 만나게 되는 것은 부도밭. 추사 김정희가 직접 쓴 백파스님의 부도비가 있어 사람들의 발길을 종종 붙잡는다. 부도밭을 지나면 곧바로 절의 대문인 천왕문이 여행객들을 반긴다. 선운사 경내는 천왕문, 만세루, 대웅보전, 영산전, 관음전, 팔상전, 명부전, 산신각 등 10여 동의 건물들이 자리하고 있어 정연하고 차분한 분위기를 자아낸다.

대웅전 뒤란으로 발길을 옮기면 그 유명한 동백나무숲이 펼쳐져 있다. 수령이 500년을 넘긴 동백숲은 천연기념물 제184호로 지정될 정도로 웅장하다. 동백나무 자생지로는 북방 한계선상에 있기 때문에 4월이 되어야 절정을 이룬다. 동백꽃은 만개했을 때보다 꽃이 떨어질 때가 더 운치 있다. 떨어진 동백꽃은 검붉게 선홍색을 잃는다. 꽃들의 죽음 사이로 밝은 햇살을 받아 반짝거리는 이파리와 몇몇 붉고 싱싱한 동백꽃 송이들이 금방이라도 파닥거릴 것 같은 생동감을 여운으로 남긴다.

선운사 대웅전과 함께 주인이 된 배롱나무에 꽃이 화들짝 피어나면 선운사는 그야말로 아담하고 소박한 미소를 지어 여행객들을 반긴다.

선운사의 창건설화는 아주 독특하다. 설화에 의하면 죽도포(竹島浦)에 돌배가 떠와서 사람들이 끌어오니 배 안에는 삼존불상과 탱화, 나한, 금옷 입은 사람의 품 안에 '이 배는 인도에서 왔으며 배 안의 부처님을 인연 있는 곳에 봉안하면 길이 중생을 이익케 하리라'는 편지가 있어 연못이었던 지금의 절터를 메워서 절을 짓게 되었다는 것이다. 약간은 다듬어진 창건설화 같지만 그 신비감은 진흥굴과 마애불상으로 발걸음을 옮길수록 묘하게 상기된다.

동불암 마애불의 미륵비결과 낙조대

선운사 창건설화를 주억거리다 보니 벌써 도솔암까지 다다랐다. 이곳까지는 쉬엄쉬엄 걸어서 2시간 정도 걸린다. 도솔암을 바라보다가 왼쪽으로 시선을 던지면 위압적인 인상의 거대한 마애불이 들어온다. 이 마애불은 높이 17m의 미륵불로 '배꼽에 신기한 비결이 들어 있다' 하여 역사적인 사건이 날 때마다 회자되기도 했다. 실제로 동학농민전쟁 때 농민군의 수장이 마애불의 비결을 열려고 했지만 실패로 돌아갔고 조선 중기에도 전라부사가 비결을 열려다 벼락에 맞을 뻔했다는 이야기가 허튼소리가 아닌 것처럼, 지금도 배꼽 정도의 네모난 비결에 자꾸 눈이 간다.

마애불 앞을 지나 계속 산길을 오르면 이무기가 뚫었다는 용문굴이 나온다. 영화 〈남부군〉에서 안성기가 네이팜탄에 맞은 병사들을 돌보던 장소가 바로 이곳이다. 용문굴 일대는 기암괴석이 장관을 이루고 있어 영화 촬영지로 자주 등장한다.

용문굴과 낙조대 등산길은 험하지 않고 도보로 20분 거리에 있어 쉬엄쉬엄 오를 수 있다. 이왕 낙조대까지 올랐다면 하늘과 바다가 한 빛으로 붉게 물드는 낙조를 감상하자. 태양이 서해의 바닷물 속으로 빠져드는 모습이 황홀하다. 날씨가 맑은 날은 변산반도가 한눈에 들어 이곳을 찾은 등산객들을 즐겁게 한다. 선운산 등산은 왕복 4시간 정도로, 부담없이 오르며 곳곳에서 물을 마실 수도 있다. 특히 4월 중순 경에는 산벚꽃이 만개해 또다른 볼거리를 제공한다.

세계문화유산으로 지정된 매산리 고인돌군

선운사에서 고창읍 쪽으로 20분 거리에 위치한 매산리 일대에는 볼록볼록 제법 덩치 큰 바위들이 산기슭에 돌출되어 있다. 도로변에 널려 있어 눈요기만 하고 지나치기 쉽지만 간이 주차장에 차를 멈추고 고인돌 공원 잔디를 밟아보자.

매산리 고인돌군은 산기슭을 따라 2.5km가량의 거리에 500여 기의 남방·북방식 고인돌이 모여 있어 고인돌문화의 절정을 자랑한다. 지석묘는

아름다운 사찰여행

1 선운사 일주문은 '도솔산 선운사' 현판과 다포 양식의 아름다운 건물이다.

2 선운사 주변은 계곡과 울창한 숲이 어우러져 아름답다.

3 선운사 템플스테이 공간은 거대한 규모로 교육관과 생활관을 갖추고 있다.

고인돌이라고도 하며 중국에서는 석붕, 영어로는 Dolmen이라고 한다. 고
인돌은 함경북도 지방을 제외한 우리나라 전역과 일본의 북구주, 중국의
해안지방에 주로 분포하고 있다. 보다 넓게는 북유럽과 서유럽, 지중해 연
안을 거쳐 중동지방과 북아프리카, 영국, 스위스 등에도 분포되어 있다. 그
러나 이들 고인돌 분포 지역 중 가장 밀집되어 분포하는 곳은 우리나라다.
특히 고창읍 죽림리와 매산리를 기점으로 동서 간 1,764m에 걸친 81,763
㎡에 탁자형(북방식) 지석묘 2기와 지상석곽(地上石槨)형(북방식에서 남방식
으로 변이해 가는 과도기적 형식) 44기, 바둑판형(남방식) 247기, 형식이 불분
명한 149기 등 각종 형식의 지석묘 442기가 분포하고 있다. 매산리 일대는
우리나라 어느 곳에서도 찾아볼 수 없을 만큼 조밀하고 집단을 이루어 분
포되어 있어 지석묘의 발생 과정을 추측할 수 있는 가치를 지니고 있다. 일
명 고인돌공원으로 지정된 이곳은 2001년 유네스코에 지정된 세계문화유
산의 가치를 담고 있어 의미가 새롭다.

고창읍성과 석정온천

선운사의 동백을 감상하고 곧바로 서해안 고속도로를 이용해 여행을 마
무리할 수도 있지만 이왕 고창까지 나들이를 나섰다면 고창읍성을 찾아가
보자. 고창읍성은 전국에서 원형이 가장 잘 보전된 자연석 성곽으로, 단종
1년(1453년)에 세워졌다고 한다. 여자들이 이 성을 쌓았다는 전설도 있으
며, 사적 제145호로 지정되어 있다. 성의 높이는 4~6m, 둘레는 1,680m에
이른다. 동·서·북의 세 문과 여섯 군데의 치(적의 접근을 관측하고 성벽에 달

라붙은 적을 물리칠 수 있도록 성벽의 일부를 반달꼴로 밖으로 내쌓은 것), 두 군데의 수구문이 있다.

모양성은 여자들이, 무장읍성은 남자들이 쌓기로 한 후 누가 먼저 쌓는지 시합하였으나 여자들을 얕본 남자들이 졌기 때문에 인근의 무장읍성이 완성되지 못했다는 얘기도 있다.

"머리 위에 돌을 이고/성을 한 바퀴 돌면 다리병이 낫고/두 바퀴 돌면 무병장수하며/세 바퀴 돌면 극락승천 한다"는 전설이 '답성놀이'로 이어져, 이 지역 주민들은 매년 9월 9일(음력)이면 성밟기를 한다. 이렇듯 주민들의 꾸준한 관심이 있었기에 성이 원형 그대로 보존될 수 있었던 것이다.

고창읍성의 진짜 매력은 성 안쪽으로 조성된 소나무 오솔길. 허리가 제법 두툼한 소나무들이 산책로 전 구간을 사열하듯 지키고 서 있어 그 운치 또한 일품이다. 또한 복원된 동헌 뒤편 오솔길을 오르면 일명 '왕죽'이라 불리는 대나무밭이 군락을 이루고 있어 꼭 포즈를 취하고 사진을 찍게 만든다. 그만큼 크고 시원스런 대나무 군락의 이미지는 가끔 광고에서나 만나볼 수 있을 법한 경치여서 마음에 담아가려는 여행객들이 많다는 후문.

■
Travel Information

주소 전북 고창군 아산면 선운사로 250
전화번호 063-561-1422 / 063-561-1375
홈페이지 www.seonunsa.org
템플스테이 1박 2일 6만 원

찾아가는 길 호남고속도로-정읍 IC-고창 방향 22번 국도로 34km 가면 선운사.
서해안고속도로-선운산 IC-선운사 방향 22번 국도로 14km 가면 선운사/도립공원관리사무소(063-563-3450)

맛집 선운사 입구의 식당들은 이 고장 특산물인 풍천장어구이로 나그네의 입맛을 돋운다. 민물과 바닷물이 만나는 풍천에서 잡은 풍천장어는 첫입에는 담백하고 뒷맛은 달콤하다. 여기에 복분자주를 곁들이면 술맛까지 달다. 길 양쪽에 장어집이 즐비하다. 선운사 입구 식당가 중에서 뭉치네집 산채비빔밥도 맛있다.

붉은
노을에

답답한
마음

훌훌

불갑사는 감탄이 절로 나는 절경은 아니지만 마음이 편안해지는 곳이다.
인도의 승려 마라난타가 백제에 최초로 불교를 전파시켰다는
법성포와 불갑사는 어머니와 아들처럼 푸근하면서도
오래된 흑백사진 같은 풍경을 품고 있다.

저 혼자 숨어 있는 곳에 발길을 내딛기란 쉬운 일이 아니다. 수려한 경관을 품은 곳이라면 절로 사람이 들끓는다. 감탄이 절로 나는 절경은 아니라도 덜 붐벼 마음 편한 나만의 명소를 찾는 즐거움 또한 새롭다. 한 해를 여유 있게 마무리하고 싶다면 전남 영광군 법성포를 굽이돌아 백수해안도로에서 가슴 찡한 노을을 만나 보자.

문득문득 적막한 외로움이 찾아올 때면 길을 나서고 싶어진다. 길을 나서 온전히 세상의 풍경에 안길 수 있다면 더욱 좋겠다. 그럴 때 딱 떠오르는 곳이 하늘과 바다를 잇는 포구다. 포구는 그리움을 편안함으로 바꿔 놓는다.

'밥도둑' 굴비로 배를 채우고

겨울포구는 쓸쓸하기 마련인데 법성포는 갯벌과 칠산이 감싸고 있어 포근하다. 법성포에 들어서자 잘생긴 굴비가 여기저기 걸려 있다. 법성포항엔 굴비 가게만 있다는 생각이 들 정도로 굴비 판매점이 줄줄이다. 이 가게들을 찾아 법성포구는 평일에도 전국 각지의 번호판을 단 차량들이 줄을 잇는다. 이 거리에는 300여 곳이 넘는 굴비상점과 굴비정식을 파는 식당들이 늘어서 있다. 맛있는 음식을 먹는 것은 여행의 또 다른 즐거움이다. 또한 음식이 맛있으면 여행이 즐거워진다.

법성포에서 먹는 굴비정식은 일단 상차림부터 푸짐하고, 살이 오른 굴비의 진한 맛에 눈 깜짝할 사이 밥그릇을 비우게 된다. 밥도둑이 따로 없

**이것
만은
꼭!** **백제 불교 최초도래지** 법성포 좌우두는 인도승 마라난타가 384년에 중국 동진을 거쳐 백제에
불교를 전하면서 최초로 발을 디딘 곳으로, 이를 기념하기 위해 관광 명소로 개발하고 있다. 법
성포의 법(法)은 불교를, 성(聖)은 성인인 마라난타를 가리킨다. 이곳은 성역화 사업의 일환으
로 해안도로와 유원지를 갖추면서 새로운 명소로 부상하고 있다.

다. 여행지에서 진수성찬을 맛보는 일은 언제나 기분 좋은 일이다. 부모님
이나 친구와 함께 가면 금상첨화다.

백수 해안도로

식사 뒤에는 포구에 유유자적 눈도장을 찍는다. 법성포 풍경은 다른 지
역 포구들과 사뭇 다르다. 무엇보다 바다와 포구가 바싹 붙어 있지 않다.
길게 뻗어 나온 칠산이 포구를 감싸 안고 선 모양새다. 그 사이로 넓은 갯벌
이 있다.

법성포는 백제에 최초로 불교를 전했다는 인도 승려 마라난타가 불갑사
를 창건한 곳이다. '성인이 법을 펼쳤다'는 뜻의 법성포(法聖浦)란 이름도 그
때문에 붙여진 것이라 한다. 영광군은 그런 역사를 살려 '숲쟁이숲' 인근 좌
우두에 '백제불교 최초 도래지'를 조성하고 있다. 좌우두는 인도승 마라난

타가 중국 동진을 거쳐 백제에 불교를 전하면서 처음 발을 디딘 곳이라 한다. 도래지의 간다라풍 입구부터 눈길을 끈다. 정문을 들어서면 마라난타가 물길을 따라 들어왔던 곳을 바라볼 수 있는 정자가 있다. 법성포구와 백수해안도로가 한눈에 들어온다. 도래지 안 공원으로 들어가면 박물관을 연상케 하는 간다라유물관이 위용을 자랑한다. 공원과 해안도로는 요즘 법성포의 새로운 명소로 부상하고 있다.

다시 포구로 내려와 해안도로로 간다. 법성포 버스터미널에서 '백수해안도로' 이정표를 보고 오른편으로 빠지면 마음이 절로 가는 길이 나타난다. 구수산 중턱을 넘어가는 시멘트길이다.

산을 내려오면 법성포구를 오른편에 두고 칠산바다로 내려가는 해안드라이브 코스다. 이 길은 두 가지 매력이 있다. 먼저 법성포에서 구수리까지 물돌이동을 따라 길을 달리면서 갈대가 무성한 갯벌을 감상할 수 있다. 또 구수리를 지나 동백마을까지 탁 트인 칠산바다가 눈을 시원하게 해준다.

영화 〈마파도〉 촬영지 동백마을

백수해안도로를 달리다 보면 영화 〈마파도〉의 촬영지인 동백마을이 나온다. 도로 아래 마을이 있어 자칫 그냥 지나칠 수 있으니 이정표를 눈여겨봐야 한다. 여느 세트장처럼 잘 꾸며져 있지는 않지만 다섯 할머니의 집들이 그대로 남아 있어 푸근함을 느낄 수 있다. 시간이 허락한다면 마을로 내려가 해안을 따라 천천히 산책을 해보는 것도 좋다.

해안도로의 전망대인 칠산정은 굽이도는 해안도로와 점점이 떠 있는 섬을 동시에 조망할 수 있는 '명당'이다. 황금빛 노을이 가장 아름다운 곳이기도 하다. 금빛 비늘을 드러내는 갯벌을 조망할 수 있고, 커다란 해가 바닷속으로 빠져드는 황금빛 풍경에 넋을 잃을 정도다. 바쁜 걸음을 잠시 접고 붉디붉은 칠산 앞바다에 답답했던 마음을 실어 보낸다.

아름다운 사찰여행

1 영광굴비로 유명한 법성포구는 갯벌과 칠산이 감싸고 있어 굴비를 말리는 최적의 조건을 갖추고 있다.

2 법성포에 공원처럼 만들어진 백제불교도래지. 숲쟁이숲 아래쪽에 있다.

3 법성포 굴비정식은 없었던 입맛을 돋울 정도로 푸짐하고 진수성찬이다.

법성포에 갔다면 불갑사를 놓치지 말아야 한다. 불갑산 기슭에 위치한 불갑사는 백제 최초(384년)의 사찰이다. 마라난타가 백제에 불교를 전하면서 가장 먼저 지은 도량이라 하여 불갑사(佛甲寺)라 했다.

불갑사는 인적이 드물어 조용히 사색의 시간을 갖고 싶은 사람에게 보석 같은 곳이다. 돌계단을 올라 처음 마주하게 되는 천왕문 안에는 사천왕상이 있다. 바로 이 사천왕상에서 1987년『월인석보』등 귀중한 문화재가 쏟아져 나왔다. 보물 제830호로 지정된 대웅전의 창살 조각 솜씨가 특히 뛰어나다. 불갑사 뒤에는 천연기념물 제112호로 지정된 참식나무 군락이 있다. 나무 한 그루 돌계단 하나 그냥 지나칠 수 없을 만큼 존귀함이 가득한 절이다.

저 혼자 숨어 있는 포구에 발길을 딛고 가슴 찡한 노을을 바라보며 정을 건넨 여정은 온전히 마음에 둥지를 튼다. 갯벌에 등을 기댄 통통배처럼 새날을 향해 기댈 수 있는 작은 희망을 품고 또 한 해가 저문다.

■
Travel Information

주소 전남 영광군 불갑면 불갑사로 450
전화번호 061-352-8097
홈페이지 bulgapsa.or.kr
템플스테이 1박 2일 6만 원

찾아가는 길 서해안고속도로 영광 나들목-23번 국도-영광읍 우회도로-22번 국도-법성포. 또는 서해안고속도로 고창 나들목-아산-무장-공음-법성포. 하룻밤 묵으면서 주변으로 이어지는 고창읍성과 선운사를 둘러보면 알찬 여행코스가 된다.

맛집 법성포 굴비거리에 있는 일번지식당(061-356-2268)이 유명하다. 굴비의 맛도 그만이지만, 상을 가득 채우는 반찬에 먼저 놀란다. 간장게장, 생선구이, 젓갈, 김치나물무침, 조기매운탕 등 30여 가지가 나온다. 보기만 해도 군침이 돌 정도로 맛깔스런 남도 음식들이 푸짐하다. 선물용으로 굴비를 사고 싶다면 굴비도매점 장보고굴비(061-356-7608)가 친절하고 서비스도 좋다.

백수해안도로 드라이브 백수해안도로 드라이브는 법성포에서 시작하는 것이 낫다. 법성포 터미널 사거리를 지나 우측의 이정표를 따라가면 진입한다. 시멘트길이 산 중턱으로 이어진다. 갯벌을 따라 포장길을 달리면 포장도로가 시작되는 삼거리가 나온다. 여기서 구수리 이정표를 보고 우회전하면 본격적인 해안도로가 펼쳐진다. 모래미해수욕장-칠산정-백암해안 전망대-동백마을로 이어진다. 거꾸로 영광읍에서 805번 지방도를 타고 가다 백수면을 지나 백수해안도로 이정표를 보고 진입해 해안도로를 따라 법성포로 나올 수도 있다.

햇살이
시심을
깨우는

작은
절

남양주
운길산
수종사

수종사는 예로부터 차를 좋아하는 시인묵객들이 이곳을 찾았다.
한강 쪽으로 트인 창문 너머 풍경에 취하고 석간수로 우려내는
차맛에 취하기 딱 좋은 곳이다.

양수리 일대는 서울 인근에서 가장 인기 좋은 드라이브 코스. 하지만 양수리를 감싸는 운길산 속에 박혀 있는 수종사는 숨은 보석 같은 곳이다. 수종사는 작다. 그래서 거창한 수식이 필요 없다. 가을의 서정을 눈으로 느끼고, 맛으로 느끼고, 몸으로 체감할 뿐이다. 야트막한 언덕길로 들어서면 2km가량 낙엽길이 이어진다. 천천히 낙엽길을 오르는 순간 주홍빛 단풍 터널이 반긴다. 지상낙원이 따로 없다. 수종사 앞마당에 서면 확 트인 전망이 나타난다.

시선을 멀리 던지면 높고 낮은 산들이 반기는 듯 다가선다. 양수리가 한눈에 내려다보이는 풍광이 황홀하다. 팔당호에 떠 있는 작은 섬들은 한낮에도 안개에 싸여 신비롭다. 특히 해거름이나 새벽녘이면 어김없이 피어오르는 운무는 운길산 중턱까지 차올라 선경을 만든다. 수종사에는 여느 절처럼 해탈문이나 일주문이 없다. 그 대신 마당을 가로지르면 불이문이 있다. 불이문을 나서면 세조가 심었다는 수령 500여 년의 아름드리 은행나무 두 그루가 서 있다. 천년이 넘는다는 용문사의 은행나무보다 더 크고 웅장하다. 나무에서 떨어진 노란 은행잎이 불이문 주변을 황금색으로 물들인다. 대웅전 꽃문살에 잠시 눈을 맞추면 대웅전 옆에 작은 부도와 탑이 있다. 부도가 여인네의 가녀린 어깨처럼 곡선이 부드럽다.

아름다운 사찰여행

깊은 차맛에 시심이 절로 우러나는 다실 삼정헌

초겨울 정취에 취해 시심을 낚고 싶다면 삼정헌(三鼎軒)에 든다. 수종사의 다실에선 언제나 향기로운 녹차를 맛볼 수 있다. 찻값은 받지 않는다. 대신 손수 차를 우려내 마시고 다음 손님을 위해 깨끗이 닦아 놓으면 된다. 시, 선, 차가 하나되는 다실 삼정헌. 물맛 좋기로 소문난 약사전 앞의 석간수로 차를 달이면 차맛이 일품이다. 한강 쪽으로 트인 창문 너머 풍경에 취하고 차맛에 취하기 딱 좋은 곳이다. 그래서 예로부터 차를 좋아하는 시인 묵객들이 이곳을 찾았다. 서거정, 초의선사, 다산 정약용, 추사 김정희 등 수많은 이들이 이곳에 들러 시를 남겼다. 수종사의 가을 풍경 속에 오랫동안 앉아 있다 보면 말을 잊게 된다. 자연과 인간의 하나됨이 온몸으로 느껴지기 때문이다. 낙엽지는 늦가을에 작은 절을 찾아가는 고요함과 쓸쓸함을 친구로 삼으면 그만이다.

물결에 햇살이 반짝이고 발아래 파도가 찰랑이고

바쁜 일상을 잠시 접고 드라이브를 겸한 데이트에 나서보자. 데이트 코스 중 가장 각광받고 있는 곳이 바로 북한강변. 그중에서도 양수리는 빼놓을 수 없는 데이트 코스다. 남한강과 북한강이 만나 하나의 한강이 되는 지점, 두물머리. 남한강과 북한강이 합류하는 지점이다. 양수리라는 지명보다 훨씬 예쁘다. 두 강이 만나는 지점이어서 강폭이 넓고, 마치 큰 호수에 온 듯 고요하다. 아침녘이나 저녁 무렵이면 물결에 햇살이 반짝이고 발아래 파도가 찰랑이는 모습은 넉넉한 여유를 선사한다. 강변 중앙에는 큰 느티나무가 한 그루 서 있고, 주변에는 길게 머리를 늘어뜨린 수양버들이 터널을 만들고 있다. 서쪽으로 해가 기울 때쯤이면 붉은 노을 아래 주인 없이 둥실 떠 있는 조각배들이 그림처럼 아름답기도 한 곳이 바로 양수리 두물머리다. 특히 이곳은 큰 고목을 배경으로 예쁜 사진을 얻을 수 있다.

2 3

1 운길산 중턱에 자리 잡은 수종사는 양수리 일대의 한 강이 빚어내는 물안개를 만날 수 있다.

2 삼정헌에 들어가면 셀프로 차를 우려 마실 수 있다. 찻 값은 무료이고 그저 차를 음미할 수 있는 정갈한 마음 가짐이면 된다.

3 삼정헌 유리창 너머로 한강이 한눈에 보이고 양수리 와 팔당호 일대가 한강을 따라 펼쳐진다.

그림 같은 강변길 따라 살짝 데이트

두물머리에서 양평철교를 지나 서종면으로 달려보자. 강변을 끼고 카페들이 많아 한나절의 데이트 코스로는 그만이다. 자동차로 한번쯤은 달려봤을 대표적인 서울 근교 드라이브 코스다. 물길 따라 그림 같은 강변길이 펼쳐지고, 산자락이 강물에 반사되는 풍경은 묘한 여운을 남긴다.

양수리에서 시작된 이 길은 대성리 너머 청평댐까지 연결된다. 하지만 코스를 길게 잡는 것만이 능사는 아니다. 데이트를 원한다면 서종면 일대에 자리 잡은 카페촌이나 맛집에서의 한적한 데이트를 선택하는 것이 더 현명하다.

Travel Information

주소 경기도 남양주시 조안면 북한강로 433번길 186
전화번호 031-576-8411
템플스테이 없음

찾아가는 길 올림픽대로에서 미사리를 지나 팔당대교를 넘는다. 팔당대교 지나 6번 국도를 타고 양평 방향으로 간다. 양수대교 앞에서 서울종합촬영소 방향으로 가다가 조안우체국 지점 왼쪽 아스팔트 길로 가면 된다. 서울에서 1시간 소요. 길옆 주차장에 주차한 뒤 야트막한 언덕길을 2km 정도 오르면 수종사. 수종사 종무소(031-574-8411).

맛집 20여 가지의 나물과 보리밥으로 유명해진 식당, 시골밥상(031-576-8355). 황토빛 초가집에서 식사를 마친 후 꽃들로 가득한 유리 온실 쉼터에서 자판기 커피를 마실 수 있다. 양수대교와 능내리 입구에서 오랜 세월 동안 시골밥 정식을 하고 있는데 보리밥과 쌀밥이 인기가 좋다. 연인끼리 가면 각각 시켜서 야채와 나물을 함께 비벼 먹으면 더 맛있다.

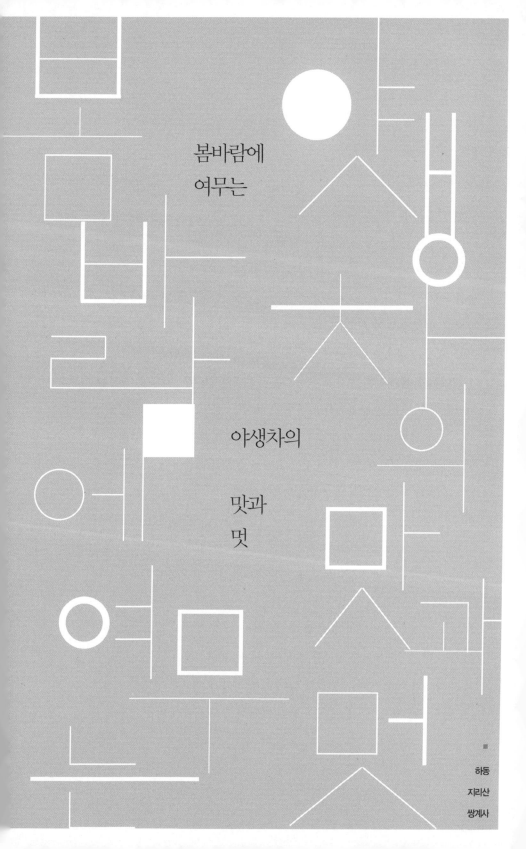

봄바람에
여무는

야생차의

맛과
멋

하동
지리산
쌍계사

화개의 야생 차밭은 산비탈과 바위틈마다 듬성듬성 펼쳐져 있다. 하동 야생차는 신라 흥덕왕 3년(828년), 당시 당나라에 사신으로 갔던 김대렴이 녹차 씨를 가져와 왕명으로 지리산 자락 쌍계사 입구에 처음 심었다고 전한다. 일주문 못미처 차시배추원비(茶始培追遠碑)가 세워져 있으며 마을 차밭에도 차 시배지 기념비가 있다. 쌍계사는 지리산 인근의 큰 사찰 중 하나이다. 절집의 내력도 깊지만 수국이 흐드러진 풍경도 아름답다.

쌍계사는 국보 1점, 보물 2점의 지정 문화재와 일주문, 천왕상, 정상탑, 사천왕수 등 수많은 문화유산과 칠불암, 국사암, 불일암 등의 암자가 있는 서부 경남 일원의 대표 사찰이다. 쌍계사 팔영루는 우리나라 불교 음악의 창시자인 진감선사가 중국에서 불교 음악을 공부하고 돌아와 우리 민족에 맞도록 만든 불교 음악의 발상지이며 훌륭한 범패 명인들을 배출한 교육장이다. 진감선사가 섬진강에 뛰노는 물고기를 보고 8음률로 어산(魚山)을 작곡했다고 해서 팔영루라고 한다고 전한다. 쌍계사 곳곳에 눈도장을 찍은 뒤 주변의 야생 차밭을 둘러봐도 좋고 1시간 반 정도 거리의 불일폭포 트레킹도 좋다. 계곡을 따라가는 길이 신록의 터널을 이루어 기분이 절로 상쾌해진다. 쌍계사 주변을 비롯해 화개 일대의 산과 밭에는 온통 차나무가 있고 공식 다원이 20여 개, 녹차를 재배하는 곳이 800여 개에 이를 정도이다. 특히 화개의 야생 녹차는 뿌리가 깊이 박혀 자라기 때문에 생명력이 강하다. 임진왜란 때 일본인들이 불을 질러 없애려 했으나 다시 싹을 틔우고 살아나 지금처럼 번성하게 되었다. 화개장터에서 쌍계사를 지나 용강리와 법왕리에 이르는 지리산 자락. 흐드러지게 핀 벚꽃이 꽃비 되어 사라진 자리를 질세라 푸른 녹차 잎이 그 공간을 메우고 나선다. 사방은 온통 녹색으로 물들어 있다. 이곳 200만여 평은 토종 차나무들의 군락지이다. 토종 야생 차밭인 것이다. 전남 보성이나 제주도의 차밭은 예쁘다. 마치 보리밭처럼 신록이 물결치는 고랑이 있고, 줄지어 차나무가 서 있어 아름답다. 사진으로만 봐도 푸른 자연이 눈에 쏙 들어올 지경이다. 나무를 밭에 심어 재배하기 때문이다. 하지만 화개는 다르다. 가지런히 줄서 있는 게 아니라 마음대로 흩어져 군락을 이루고 있다. 일부러 심어 놓은 게 아니기 때문이다. 스스로 뿌리내리고 고개를 들어 햇볕을 쬔다.

심심산중 깊고 그윽한 자연의 맛에 취하니

용강마을에서 산골제다를 운영하는 김종관 사장은 화개차와 보성차를 두고 '산삼과 인삼의 차이'라고 말한다. 화개녹차가 깊은 산속에서 남몰래 자라는 산삼이라면, 보성 녹차 등은 밭에서 가꾸는 인삼에 비유된다는 말이다. 그만큼 화개 야생차는 그윽하고 독특한 맛과 향을 지녔다는 얘기다. 김 사장의 설명은 계속된다.

"일교차가 큰 한랭 산간지에서 천천히 성장해야 효능 높은 성분이 축적됩니다. 이곳에서 향이 좋은 양질의 차가 생산되는 것은 지리산 때문입니다. 섬진강을 끼고 있어 안개가 자주 끼는데, 이것이 일조량을 조절해 차맛을 높입니다. 지리산 계곡의 맑은 물과 청정한 공기, 산소를 많이 함유한 다공성 토질도 차나무의 성장을 돕지요."

보성의 차밭이 부드럽고 편안한 모습이라면 화개 야생 차밭은 거친 '경상도 머스마'라고 하면 적절한 비유일 듯싶다. 비록 모양새는 없지만 이곳의 야생 차밭은 세계 3대 야생 차밭 중 한 곳으로 꼽힐 만큼 뛰어난 품질을 인정받는다. 향을 가미하는 중국이나 맛을 가미하는 일본 차와 달리 자연 그대로의 향과 맛을 살려내는 제다 방법도 화개차의 비법이다. 품종도 전남 보성 일대의 대단지 차밭에서 키우는 차나무와 다르다. 하동 일대 차나무는 중국 계통 소엽종의 차나무다. 거기다 하동 야생차는 제조 과정에 있어서도 아직까지 전통 수제차를 고수하고 있다.

차를 따는 곡우 무렵이 되면 화개마을 사람들은 집집마다 커다란 무쇠 솥과 멍석을 준비한다. 그리고 맑은 날 잎을 따 가마솥에 넣고 '덖어' 멍석에서 비비는 과정을 3~7회 반복한 뒤 건조시켜 만든다. 가마솥에 볶듯이 익히고, 멍석에 비벼 볶은 찻잎에 일부러 상처를 내 찻물로 우려낼 때 더 진한 향이 배어나오기 때문이다.

색색의 향연 펼쳐지는 화개의 들판

야생차의 진한 향처럼 화개는 개인적으로도 인연이 깊은 곳이다. 대학원에 다닐 무렵 소설 쓰기에 몰두할 요량으로 화개를 찾은 적이 있다. 물론 그즈음에 시 쓰는 선배며 소설 쓰는 친구들이 대거 화개에 진출한 상태였다. 그래서 여름방학에는 짐 싸들고 내려가 열흘씩 화개에서 야인 생활을 즐겼다. 그럴 때마다 화개의 구수한 형님들과 어울려 막걸리를 나누기도 하고 스님들과 차를 나누어 마시기도 했다. 그리곤 또 소설을 쓴다는 핑계

아름다운 사찰여행

1 섬진강은 지리산과 악양 들판을 품고 흐르는 풍경이 아름답다.

2 차문화관에 가면 구증구포로 차를 만드는 과정을 볼 수 있다.

3 쌍계사는 우리나라 차 시배지로 유명하다. 화개면 일대는 야생차밭이 많아 봄 여행지로 인기가 좋다.

로 화개의 별난 기인들과 어울려 악양 들판의 전망 포인트 평사리로 놀러 가곤 했다. 악양면 평사리는 섬진강이 주는 혜택을 한 몸에 받은 땅이다. 악양은 중국의 악양과 닮았다고 해서 지어진 이름인데, 보리밭과 자운영 이 수채화처럼 수놓는 들판 풍경이 아름답다. 최참판댁은 박경리의 대하소 설 『토지』의 배경지로 널리 알려진 곳으로, 한옥 14동과 조선 후기 생활상 을 담은 유물들이 전시되어 있다. 화개는 지리산과 섬진강을 함께 만날 수 있는 곳이어서 1년에도 서너 번 이상 찾아가게 된다. 그때마다 새로운 경 상도 '머스마'들과 인연을 맺고 오게 된다. 몇 년 전 야생차 취재차 화개에 들렀는데, 화개의 구수한 인심을 한꺼번에 건네받았다. 산골제다의 김종관 씨 부부와 김종희 씨를 만나러 갔는데 보자마자 손을 끌며 화개천으로 안 내하는 것이었다. 이미 〈토지〉 촬영 중이었던 탤런트 박상원 씨와 코보네 식당을 운영하는 이문규 씨 등 일행이 빙 둘러앉아 은어회를 먹고 있었다. 일명 코보형님이 화개천에서 은어를 바로 잡아 회를 조달하면서 걸판진 술 자리가 벌어진 것이었다. 은어회를 녹차 잎에 싸 먹으며 행복한 인연을 만 들었다. 아름다운 인연이란 늘 기별 없이 다가오고 그 인연은 항상 웃음꽃 을 피우게 만든다.

■
Travel Information
―――――――――――――――――――――――――――――――――
주소 경남 하동군 화개면 쌍계사길 59
전화번호 055-883-1901
홈페이지 www.ssanggyesa.net
템플스테이 1박 2일 7만 원

찾아가는 길 대진고속도로를 타고 가다 진주 분기점에서 남해고속도로를 타고 하동 IC에서 빠져나온 다. 19번 국도를 타고 하동 읍내를 지나 20km 정도를 계속 달리면 화개. 여기서 벚나무길(구길)을 타 고 6km 정도 올라가면 쌍계사 주차장. 주차장에서 쌍계사는 400m 거리이고 쌍계사 입구 삼거리 우 측에 차 시배지가 있다.

맛집 섬진강 주변에 하동의 별미인 재첩국(회), 참게탕, 은어구이(회) 등을 내놓는 식당들이 많다. 여여 식당(055-884-0080), 부흥재첩식당(055-884-3903), 동흥재첩국(055-883-8333), 섬진강횟집 (055-883-5527), 혜성식당(055-883-2140), 만지횟집(055-883-2020) 등이 성업 중이다.

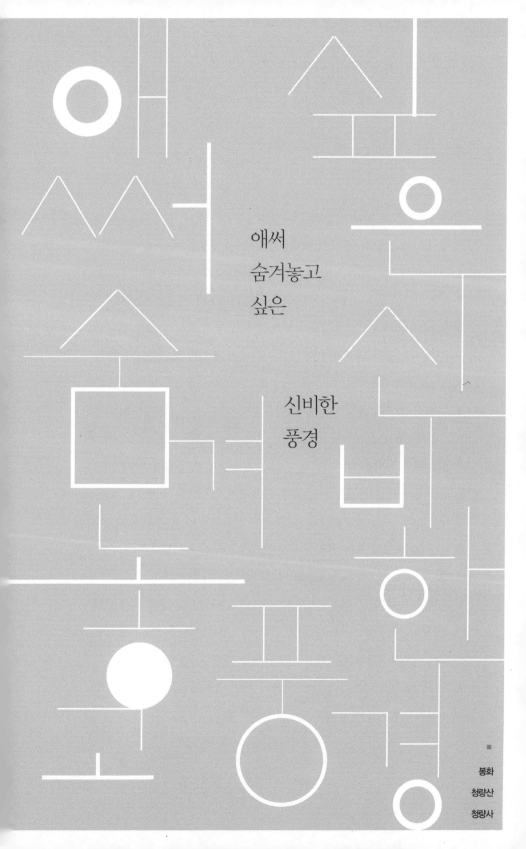

애써
숨겨놓고
싶은

신비한
풍경

봉화
청량산
청량사

낙동강은 청량산 허리를 감아 돌며 곳곳에 절경을 연출한다.
청량산의 품속으로 들어가면 육육봉이 연꽃 잎처럼 둘러싼
청량사와 마주하고 가파른 산길을 따라 올라가면
신비한 산세가 눈앞에 펼쳐진다.

청량사는 규모가 작아서 주변이 더욱 빛나는 절집이다. 이중환은 『택리지』에서 청량산을 두고 "밖에서 바라보면 다만 흙뫼부리 두어 송이뿐이나 강 건너 골 안에 들어가면 사면에 석벽이 둘러 있고 모두가 만 길이나 높으며 험하고 기이한 것이 이루 형용할 수가 없다"라고 그 비경을 찬탄했다.

청량산은 멀리서 보면 남성미가 물씬 풍겨 도저히 오르지 못할 것처럼 보인다. 하지만 일단 안으로 들어서면 어머니의 품처럼 포근하고 훈훈하다. 이름 그대로 푸른 바람이 손에 잡힐 듯 청량하다. 청량산의 백미는 뭐니 뭐니 해도 정상에 올라 낙동강 줄기를 감싸 안은 청량산 줄기가 치맛자락처럼 펼쳐진 모습을 조망하는 것.

청량산 서쪽 자락을 타고 흐르는 낙동강은 굽이굽이 청량산 허리를 감아돌며 곳곳에 절경을 연출한다. 강을 가로질러 청량산의 품속으로 발을 떼면 육육봉(12봉우리)이 연꽃 잎처럼 둘러싼 청량사와 마주하고 가파른 산길을 따라 40분 정도 올라가면 신비한 산세가 눈앞에 펼쳐진다. 청량산은 층암절벽이 괴상한 모양의 암봉들과 어우러진 모습이 절경이다.

나무 계단을 올라 경내를 둘러보고 10분 정도 더 산길을 오르면 구름이 발아래로 펼쳐지는 어풍대가 나온다. 어풍대는 청량산의 경치를 감상하기 제일 좋은 곳이다. 청량사를 에워싸며 춤추듯 사람의 눈을 유혹하는 운무는 감탄 그 자체다. 더불어 청량산 주변은 이황, 최치원, 김생 등 명사들이 남긴 이야기와 유적들이 능소화 넝쿨처럼 남아 있다.

아름다운 사찰여행

보현보살이 있다는 아미산, 관음보살이 산다는 보타낙가산, 문수보살이 상주한다는 청량산. 중국 불가에서 꼽는 3대 명산이다. 서기 636년, 불법을 구하러 당나라에 건너간 자장스님이 수도한 곳은 그중에서도 청량산이었다. 자장은 그곳에서 문수보살을 친견하고 얻은 석가모니 유품과 진신사리(眞身舍利)를 양산 통도사, 오대산 중대, 설악산 봉정암, 영월 법흥사, 정선 정암사에 나누어 모셨다고 한다. 이른바 현존하는 5대 적멸보궁이다. 자장은 오대산을 청량산으로 여겼다. 진신사리 중에서도 정골(頂骨) 사리만을 그곳에 모신 까닭이다.

"너희 나라에도 청량산이 있으니 거기서 나의 진신을 보리라."

자장은 꿈에 나타난 문수보살의 말이 실현되기를 바라며 오대산의 이 산, 저 봉우리에서 기도했다. 그리고 훗날 자장스님은 경북 봉화의 한 작은 산에 들렀을 때 탄성을 감추지 못했다. '아, 이 산이 청량산이거늘 그토록 인연을 맺기가 어려웠던가?'

오대산은 청량산의 다른 이름이지만 지금 청량산이라고 부르는 곳은 봉화 땅의 청량산뿐이다. 산세가 어떻기에 청량이란 이름을 가져왔을까. 가벼운 산행을 겸해 1천 년이 넘는 시간을 거슬러 올랐다. 지금은 청량사만 남아 있으나 27여 개의 암자와 절터가 있었던 유지가 남아 당시 불교의 요람이었음을 엿볼 수 있다. 청량산에는 한때 27개의 사암이 있었다고 한다. 지금은 내청량사, 외청량사 두 곳만 남아 있을 뿐이다. 응진전은 원효대사가 머물렀던 청량사의 암자로 663년에 세워진, 청량산에서 가장 경관이 뛰어난 곳이다.

외청량(응진전) 못지않게 내청량(청량사)도 수려하다. 응진전에서 20분 거리. 풍수지리학상 청량사는 길지 중의 길지로 꼽힌다. 육육봉이 연꽃 잎처럼 청량사를 둘러싸고 있는데 청량사는 연꽃의 '꽃수술' 자리에 해당된

1

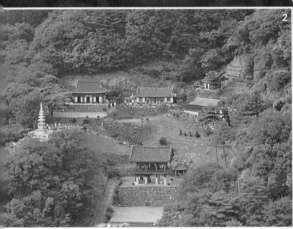

2 | 3

1 청량사는 퇴계 이황이 애써 숨겨 놓고 싶어했다고 할 정도
로 고즈넉한 아름다움을 품고 있다. 바람이 소리를 만나 풍
경이 금방이라도 울릴 것만 같다.

2 청량산 12봉우리가 연꽃처럼 청량사 경내를 둘러싸고 있다.
가을이면 단풍이 마음을 뒤흔든다.

3 연꽃의 꽃술처럼 청량사 유리보전 앞에 5층 석탑이 서 있다.

다. 응진전과 함께 지은 고찰 청량사에는 진귀한 보물 두 개가 남아 있다. 공민왕의 친필로 쓴 현판 '유리보전(琉璃寶殿)'과 지불. 유리보전은 약사여래불을 모신 곳이라는 뜻이고, 지불은 종이로 만든 부처를 일컫는다. 국내에서는 청량사의 지불이 유일하다. 지금은 금칠을 했다.

유리보전 앞엔 가지가 셋으로 갈라진 굵직한 소나무가 있다. 그 이름이 '삼각우총'(뿔 셋 달린 소의 무덤)이다. 중창 불사할 때 남면에 사는 남씨가 기르던 뿔이 셋 달리고, 말 안 듣는 골칫거리 소를 보시받았는데, 소가 스님을 도와 기와·나무 등을 져 올리며 불사를 마치고 죽었다고 한다. 법당 앞에 묻었는데 이 소나무가 자라났다고 한다.

청량사 바로 뒤에는 청량산이 한눈에 들어오는 보살봉이 있다. 원래 이름은 탁필봉이지만 주세붕이 지형을 보고 봉우리 이름을 다시 지었다고 한다. 청량산의 아름다움은 퇴계가 자신의 시조에서 "청량산 육육봉을 아는 이는 나와 백구뿐"이라고 읊은 데에서도 잘 나타난다. 퇴계는 어릴 때부터 청량산에서 글을 읽고 사색을 즐겼으며 말년에도 도산서당에서 제자들을 가르치는 틈틈이 이 산을 찾았다.

이곳에 머물렀던 퇴계 이황이 애써 숨겨 놓고 싶어했다던 청량산은 소문난 산이다. 하지만 지금도 청량산은 이름 그대로 청량함과 고결함을 잃지 않고 있다. 청량사는 마을로 내려가 울력도 하고 출장 법회를 하기로 이름난 지현스님이 지키고 있다. 지현스님이 "비 올 때 다시 오라"고 권한다.

"비 오는 아침이면 환상적인 물안개를 볼 수 있다"며 환한 미소를 건넨다. 아마 눈웃음이 인상적인 청량사 지현스님처럼 청량산의 아름다움을 아끼는 사람들이 많기 때문일 것이다.

태고의 자연과 함께 이어 내려온 유구한 전통

원시의 비경을 보고 싶다면 봉화로 떠나라. 봉화는 강원도와 경계를 이루는 경북 내륙의 오지인 덕에 태고의 자연을 고스란히 간직하고 있는 청정 발전소이다. 봉화 하면 자연산 송이, 춘양목, 복수박이 먼저 떠오르고, 그만큼 골 깊은 내륙의 오지로만 여겨졌던 게 사실이다. 그러나 중앙고속도로가 개통되면서 손쉽게 접근할 수 있는 데다가 산골짜기마다 숨겨진 양반 문화의 전통과 조우할 수 있어 또 다른 기쁨을 안겨준다. 봉성의 향교, 닭실마을의 권씨 종가, 북지리의 봉화 금씨 마을, 옥천마을 등을 천천히 답사하듯 둘러보다 보면 이 은밀한 땅에서 학문을 일으킨 선조들의 정진에 감탄하지 않을 수 없다.

특히 그중에서도 권충재의 유적지인 유곡리의 청암정, 안동 권씨의 집성촌 종갓집은 권벌의 종택 대문 밖에 별장처럼 자리 잡고 있다. 거북 모양

의 너럭바위 위에 정자가 서 있고 연못이 정자를 감싸고 있다. 미수 허목의 친필편액도 눈여겨보면 좋다. 종택은 소박한 양반가의 전형이며 집 옆의 기념관에는 '충재일기' 등 문화재 467점이 전시되어 있다.

유곡리 닭실마을은 제사상에 올리는 한과로 유명하다. 이 마을에서 생산하는 닭실한과는 한가위 선물로 인기가 높다. 한과는 찹쌀 반죽에 멥쌀가루를 입혀 튀긴 다음 조청을 입힌다. 깨, 강정, 튀밥 등을 박아 만들고 고명을 얹은 모양이 무척 곱다. 마을 부녀회에서 회관에 모여 공동 작업을 통해 한과를 만든다.

봉화 일대를 다니다 보면 아름다운 길이 많다. 춘양목을 가로수 삼아 달리는 각화사 진입로와 사미계곡을 옆에 두고 달리는 길은 가을 정취를 느끼기에 그만이다. 특히 도산서원과 연결되는 35번 국도는 드라이브를 즐기기에 안성맞춤. 잠시 핸들을 놓고 낙동강의 지류인 명호천의 비경을 감상하는 것도 좋다.

■
Travel Information

주소 경북 봉화군 명호면 청량사길 199-152
전화번호 054-672-1446
홈페이지 www.cheongryangsa.org
템플스테이 없음

찾아가는 길 중앙고속도로를 이용해 영주 IC에서 빠진다. 영주 시내를 지나 36번 국도를 따라 20여 분 달리면 봉화읍. 봉화에서 태백 쪽으로 가다 주유소 앞에서 영양·봉성 쪽으로 우회전. 봉성읍·명호 지나 낙동강 물길 따라 안동 쪽으로 가다 왼쪽으로 다리 건너 청량사 들머리가 나타난다. 매표소에서 1.8km 차로 올라 육모정에서 30분 정도 걸으면 청량사(054-672-1446)다.

맛집 봉화에 가면 반드시 봉성숯불돼지고기를 맛봐야 한다. 봉성 인근에서 직접 채취한 솔잎을 돼지고기 밑에 깔고 연한 숯불로 굽는 오시오숯불식육식당(054-673-9012)의 고기는 솔향이 돼지고기에 배어 느끼한 맛이 없고 육질이 부드러워 질리지 않는다. 20여 년 동안 음식점을 운영한 아주머니의 손맛이 유명하다. 돼지구이 1만 원, 한우등심 2만 5천 원.

잠자리 여행객이 편히 쉬어갈 만한 숙박 시설이 넉넉지 못한 것이 단점이다. 청량산 주변 민박집 중에는 청량골 입석 위에 있는 청량산휴게소(054-672-1447)가 가장 규모가 크다. 봉화 읍내로 나와도 상황은 크게 달라지지 않는다. 몇 개의 모텔이 있지만, 대부분 여관 수준이다. 그중 시설이 좋은 곳은 궁전파크(054-674-0300)다.

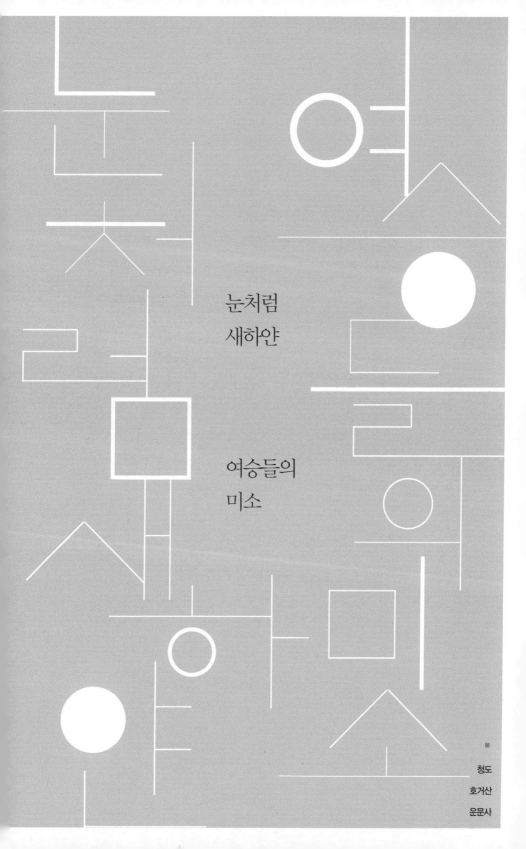

눈처럼
새하얀

여승들의
미소

청도
호거산
운문사

안개가 경내를 에워싼 겨울 산사. 비구니 학인스님들이 불교의 경전을 공부하고 있는 승가대학이자 국내 최대의 비구니 도량이다. 제법 차가운 겨울바람에 등 떠밀려 산문을 지나 제일 먼저 만나는 것이 울창한 솔숲이다. 운문사의 솔숲은 우리나라에서 아름답기로 첫손에 꼽히는 숲으로, 수백 년은 됨 직한 노송들이 저마다의 개성 있는 자태로 서로를 위무하는 모습이 이채롭다.

나이를 먹어가면서 껍질이 붉은 철갑으로 변한 적송들은 우리 땅의 터줏대감 격인 나무들. 철갑을 두른 듯 두툼한 속내로 하늘을 향해 시원스레 뻗은 모습이 운문사의 청정한 기운을 상생시키는 에너지처럼 느껴진다. 굵은 소나무의 아름다움에 잠시 발을 멈추고 푸른 솔바람에 취해 있으려니 어느새 매서운 겨울바람이 등을 떠민다. 운문사로 향하는 1km 정도의 길은 늠름한 소나무들의 어깨동무로 청정한 기분이 더욱더 살아오른다.

솔숲 끝 지점에 다다르면 천년 고찰을 에두르고 있는 돌담이 시작된다. 기와를 얹은 나지막한 돌담 옆으로 벚꽃나무들이 소나무를 대신해 길을 이루고 있는데, 그 돌담을 따라 시선을 옮기다 보면 운문사의 규모를 어림잡을 수 있다.

운문사를 찾는 이들을 숙연하게 만드는 솔숲을 지나쳐 가면 절집 앞의 앳된 여승은 맑은 눈으로 산마루 구름을 바라본다. 그러다가 바람이 훌쩍 구름을 걷어가버리고 나서야 비질을 시작한다. 입김이 하얗게 나오는 이른 새벽이지만 여승의 비질은 멈추지 않는다. 국내 최대의 비구니 도량인 운문사의 첫 느낌은 깨끗한 비질처럼 초발심을 갖게 한다.

이곳은 여승만이 머무르는 도량답게 길목에서부터 흐트러짐 하나 없는 단아함에 압도된다. 운문사는 옛 모습을 고스란히 간직하고 있는, 우리나라에서 얼마 안 되는 고찰이다. 범종루 대문 너머로 슬며시 들여다본 경내는 비질 뒤 싸릿결이 남아 있는 마당에서조차 대가람의 엄숙함이 묻어난다.

흔히 여행객들은 절집이나 산세만 바라보고 돌아가기 십상이지만 운문사의 또 다른 멋은 엄숙하게 행해지는 불전사물(佛殿四物). 사물은 하루에 두 번 운문산을 울린다. 새벽 3시 20분이면 범종루에서 사물이 경내를 감싸고, 법당 안에선 청아한 합송(合誦)이 울려 퍼진다. 새벽 예불이 행해지는 광경을 보고 있노라면 두 손이 저절로 모인다. 게다가 도량석을 독송하는 스님의 화음과 대웅전의 합송이 이어지는 변주는 야릇한 희열을 선사한다.

새벽 예불이야 어느 절에서나 만날 수 있는 광경이지만 운문사의 새벽예불이 회자되는 데에는 나름대로의 이유가 있다. 약한 음에서 서서히 높은 음으로 올렸다 내렸다를 반복하는 소리에 맑은 화음이 곁들여지기 때문이다. 합송을 천천히 마음으로 받아들이고 있노라면 어느새 마음까지 씻겨 속세를 떠나 있는 기분이다.

시간이 흘러 운문산에 해가 걸릴 즈음, 범종루에서 치는 법고 소리가 장엄하다. 가죽짐승을 깨우는 울림. 이어 비늘짐승을 위한 목어, 날짐승을 달래는 운판, 지옥중생을 깨우치는 범종 소리가 산자락을 타고 퍼져나간다. 작은 소리로 시작된 목탁 소리는 짙게 깔린 어둠과 계곡을 타고 점점 크게 울려 퍼진다. 하여 운문사의 미물을 깨우고 호거산에 둥지를 튼 도리암, 북대암, 사리암에도 여명의 울림을 전한다.

이것만은 꼭!

불전사물 불교의식에 사용되는 불음(佛音)을 전하는 도구인 범종, 법고, 목어, 운판을 일컬어 불전사물이라고 한다. 보통 새벽 예불이나 주요 의식을 알리는 역할을 한다.

금당 대개 부처를 모시는 대웅전을 말한다. 가람 배치의 중심으로 모든 건물들이 이 금당을 기준으로 배치된다.『삼국유사』에 금당에 관한 여러 기록이 있는 것으로 미루어 금당은 삼국시대부터 있었던 것으로 보인다.

설법 교리(敎理)·종지(宗旨)를 사람들에게 전하거나 신도들에게 가르치기 위해 경전(經典) 등을 풀어 이야기하는 것을 말한다.

흐트러짐 없는 정갈한 매무새에 경건함이 묻어나고

아름다운 솔숲 끝에서 만난 운문사에는 여승들만 있다. 국내 최대의 비구니 도량답게 흐트러짐 없이 정갈하기만 한 매무새. 그리고 홍조가 내린 하얀 얼굴에 햇빛이 들기 시작하면 경내는 고혹적인 모습으로 다시 피어난다. 대웅전 문지방 너머 나지막이 들려오는 비구니들의 새벽 예불 소리. 사물을 깨우는 그 장엄한 합송에 마음속 깊이 쌓아두었던 근심을 걷어내고 싶다면 무엇보다 부지런하고 볼 일이다.

557년 신라 진흥왕 때 세워진 운문사는 화재로 소실되었다가 신라 진평왕 22년(600년)에 원광국사가 중창했다. 운문사가 화랑 정신의 발상지이며, 일연스님의『삼국유사』탄생지라는 사실은 지나치기 쉬운 부분이다. 그리고 1200년 전 원광법사는 당나라에서 돌아와 이곳에서 세속오계를 전수했다.

고려 충렬왕 때(재위 기간 1274~1308년) 주지였던 일연스님은 이곳에서 우리가 자손 만대까지 전해야 할『삼국유사』5권 2책의 집필에 착수했다. 1277년 일연선사는 고려 충렬왕에 의해 운문사의 주지로 추대되어 1281년까지 머물렀다.『삼국유사』에 왕건은 태조 20년(937년), 대작갑사에 '운문선사'라는 사액과 함께 전지 500결을 하사하였다고 한다.

이때부터 대작갑사는 운문사로 개칭되었고, 경제적 기반을 튼튼히 구축한 대찰로서의 지위를 갖게 되었다. 운문사 동쪽에 일연선사의 행적비가 있었다고 하나 지금은 존재하지 않는다. 세기가 바뀐 지금, 일연스님의 자

1 비로전의 꽃문살. 아담하고 친근감이 느껴진다. 여승
  들의 미소처럼 꽃문살이 화사하게 빛난다.
2 겨울 햇살이 마루에서 반짝이는 운문사 만세루. 만
  세루 끝에 종이 있어 장엄한 모습을 연출한다.
3 운문사 만세루와 범종각 뒤로 호거산 자락이 펼쳐진
  다. 운문사에 눈이 내리면 소박한 운치가 느껴진다.

취를 찾아볼 길은 없지만 마음속으로 미세한 울림이 인다.

1958년 불교 정화 운동 후 비구니 도량이 된 다음부터는 이승(尼僧)의 선맥을 세운 만성, 청풍납자로 유명한 광호스님 등이 운문사를 거쳤다. 키 작은 담장 너머 굴뚝 연기가 마치 설화처럼 피어나는 것 같다.

운문사는 잊혀진 설화를 재생시키기도 하지만 청정한 도량의 묘미를 오롯이 느낄 수 있는 특별함을 선물한다. 그래서 운문사의 경내를 합장하며 유심히 살피는 일은 여간 즐거운 일이 아니다. 절 마당 한가운데 우뚝 서 있는 커다란 소나무 한 그루에 시선이 절로 간다. 어림잡아도 500살은 훌쩍 넘어 보이는 운문사의 명물이다. 천연기념물로 지정된 이 나무는 높이 6m, 가슴 높이의 주위 둘레가 29m에 달하며, 모든 가지가 땅을 향해 휘어져 일명 '처진 소나무'로 불린다. 운문사 교무스님은 어린아이를 돌보듯 처진 소나무를 이렇게 설명한다.

"나무의 크기에 비해 뿌리가 약하다고 해요. 그래서 뿌리가 땅에 잘 밀착할 수 있도록 매년 막걸리를 주고 있죠."

소나무의 정정함을 눈에 넣고 경내를 어슬렁거리면 비로전의 연꽃무늬 문살이나, 나한전의 익살스런 불상을 만나게 된다. 마치 보물을 찾아낸 것처럼 기쁨이 밀려든다. 경내의 많은 건물을 눈도장 찍듯 세심하게 관찰하다 우연히 만난 풍경이 무척 인상적이다. 금당 툇마루에 가지런히 정돈된 털신이 놓인 그 풍경은 흐트러짐 없는 큰스님들의 설법이 전해지는 듯하다.

구름의 문에 들어 속세를 씻다

운문사는 주변 경관이 수려하기로 유명하다. 동으로는 운문산과 가지산이 어깨를 맞대고, 서쪽으로는 비슬산, 남쪽으로는 화악산, 북쪽으로는 삼성산의 높고 낮은 봉우리가 돌아가며 절을 감싸고 있다. 그 모양이 연꽃 같다고 하여 흔히 운문사를 연꽃의 화심(花心)에 비유하기도 한다. 운문사 서

아름다운 사찰여행

쪽 뒤편 계곡을 따라 올라가다 보면, 산기슭에 호랑이가 웅크리고 있는 모습을 한 큰 바위 호거대가 있고, 이로 인해 호거산의 산 이름이 생겨났다고 한다. 『정감록』에서 십승지로 꼽을 정도다.

운문사 뒤쪽에는 유명한 전설을 안고 있는 사리암이 있다. 이곳에는 나반존자를 모시고 있는데 신도들의 발길이 끊이지 않는다. 올라가는 길은 2년 동안 휴식년제를 실시하여 깨끗하고 아름답다. 사리암을 향해 나 있는, 도보로 40분 남짓의 솔숲은 깊은 사색에 잠기게 한다.

운문사 입구 왼편의 북대암에 오르면 절의 경관을 한눈에 볼 수 있다. 운문산 자락에 푹 파묻힌 절집은 아침, 저녁으로 안개가 낀다. 구름에 둘러싸인 운문사의 전경을 보고 싶다면 아침 안개가 산중턱까지 올라올 때 북대암에 오르는 게 좋다. 자못 신비스럽기까지 하다. 속가에서 승가로 이어지는 호숫길은 어느새 번뇌를 뒤에 두고 산문에 이르게 된다. 맑은 솔숲, 대가람의 옛 향기가 전해지는 운문사. 속세에서 선계로 이어지는 들목이다.

■

Travel Information

주소 경북 청도군 운문면 신원리 1789
전화번호 054-372-8800
홈페이지 www.unmunsa.or.kr
템플스테이 1박 2일 5만 원

찾아가는 길 경부고속도로를 타고 내려와 북대구와 동대구, 경산 IC를 통해 빠져나갈 수 있다. 보통 경산 IC에서 빠져나와 919번 지방도를 타고 경산시로 진입, 25번 국도를 이용해 청도읍으로 들어가는 길이 가장 편하다. 청도읍에서 20번 국도를 타고 경주 방향으로 25km 나가면 동곡 삼거리. 동곡 삼거리에서 우회전 후 9km 직진하면 운문사. 운문사 종무소(054-372-8800).

맛집 운문사 주차장 입구에 있는 성원가든(054-371-6649) 등 20여 곳의 추어탕집과 칼국수집이 있다. 또한 청도 미나리나 칼국수, 닭요리, 파전 등을 파는 음식점들이 많고, 운문사 앞의 촌두부호박전은 별미로 통한다. 또한 청도의 별미는 추어탕으로, 청도 역전에는 오랜 전통을 자랑하는 추어탕집들이 몰려 있다. 삼양식당(054-371-5354), 향미식당(054-371-2910) 등이 대표 맛집.

잠자리 용암온천관광호텔(054-371-5500) | 용암온천의 원탕으로 남녀 각 600명씩 1200명을 동시에 수용할 수 있는 초대형 대온천탕과 43개의 객실을 갖추고 있다. 청도읍에서 25번 국도를 타고 경산 방향으로 6km 지점 좌측에 용암온천단지가 있다.

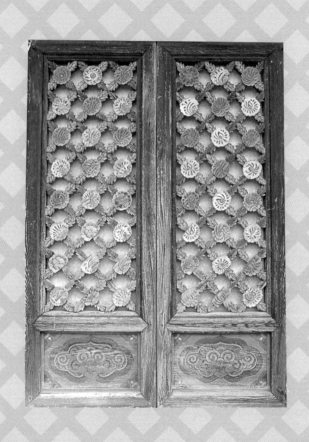

수행

공간은 시간의 일기
장이다. 옛집과 옛
길엔 그 시대를 살았
던 사람들의 삶이 묻
어난다. 오래된 공
간일수록 더욱 그렇
다. 그래서 오래된
공간으로 대표되는
절집은 건물 자체로
도 소중한 문화유산
으로 기록되지만 스
님들이 사는 집이라
는 생활 공간으로도
의미가 깊다. 또한
절집은 주변의 산과
계곡과 나무가 어우
러져 휴식과 사색의
공간으로 여행객들
에게 자리를 내준
다. 사색의 숲은 나
를 위한 공간으로 다
가오고 여행도 곧 수
행의 일부가 된다.
그것이 사찰여행의
매력이다.

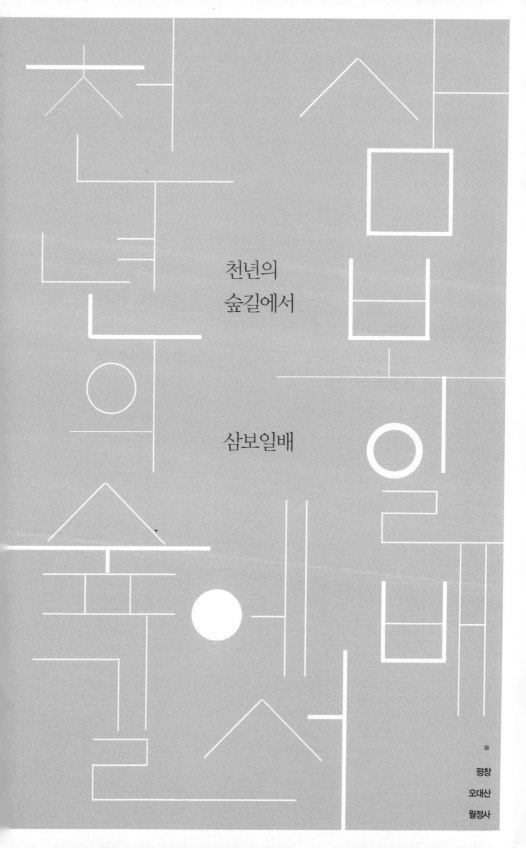

천년의
숲길에서

삼보일배

평창
오대산
월정사

월정사로 들어가기 위해서는 천년의 기다림을
간직한 전나무 숲길을 꼭 지나야 한다.
전나무 숲은 일종의 세속의 경계이다. 세속에서 물든 모든 때를 씻어야만
비로소 불보살의 세계로 들어갈 수 있는 것이다.

모든 사찰이나 문화 여행이 그렇지만 특히 월정사 여행은 역사에 얽힌 이야기나 전설을 알지 못하면 그 즐거움이 줄어든다. 월정사에서 시작해 차로 편히 들어갈 수 있는 길을 택하지 않고 매표소를 지나 바로 시작되는 전나무 숲은 5백 년을 넘긴 나무가 1km가량 하늘이 보이지 않을 정도로 울창하다. 산책하는 기분으로 빽빽한 전나무 숲에서 피톤치드를 흠뻑 마시는 것이 월정사 여행의 첫걸음이다. 전나무 숲은 새벽부터 찾는 참배객들에게 청량감과 함께 엄숙함을 느끼게 한다. 이곳에 이런 전나무 숲이 우거지게 된 데는 작은 이야기가 함께 전한다.

고려 말 무학대사의 스승인 나옹선사가 매일 부처님께 콩비지국을 공양하던 중 하루는 소나무 가지에 걸려 있던 눈이 떨어져 국을 쏟고 말았다. 나옹선사는 "이놈, 소나무야. 너는 부처님의 진신이 계신 이 산에 살면서 큰 은혜를 입었거늘 어찌하여 부처님의 공양물을 버리게 하느냐" 하고 호통을 쳤다. 그러자 산신령이 나타나 "소나무야, 너는 부처님께 죄를 지었으니 이 산에서 살 자격이 없다. 오늘부터 이 산에는 전나무 아홉 그루가 주인이 되어 산을 번창케 하리라"라고 말했다. 그 후 오대산에는 소나무가 없어지고 전나무가 번성했으며, 지금도 그 아홉 그루 중 두 그루가 일주문 가까이에 우뚝 그 기품을 자랑하며 서 있다.

허리가 두툼한 전나무와 일주문을 들어서면 정면에 가장 눈에 띄는 탑이 팔각구층석탑(국보 제48호)이다. 자장율사가 세웠다고 전해지기도 하고

아름다운 사찰여행

고려시대의 탑이라는 이야기도 있다. 이 탑도 역사의 비운을 거스를 수 없어 6·25전쟁의 피해를 입어 해체, 복원했다. 9층 석탑 앞에는 공양을 올리는 석조보살좌상(보물 제139호)이 있다. 이 공양상은 강원도 지역에서만 볼 수 있는 독특한 양식으로, 『법화경』에 나오는 약왕보살상이라고 전해진다.

현재의 월정사는 조선조에 들어 중건을 거듭했으나 6·25 당시 처참하게 피해를 입어 문화재도 많이 소실되었으며, 그 후 재건되었다.

천년의 향기를 느낄 수 있는 단기출가학교

『열반경』에는 "이 세상에서 사람 몸으로 태어나기 어렵고, 사람 몸으로 태어나서는 불법을 만나기가 더욱 어렵다"는 출가의 인연을 언급한 법문이 있다. 일부 남방 불교국가에서는 일생에 한 번 단기 출가를 하는 것이 불문율로 되어 있고, 또 그것을 큰 보람으로 여기고 있다. 월정사 단기출가학교는 삭발염의를 하고, 스님이 되기 위한 예비 과정인 행자생활을 직접 체험하면서 마음을 다스리고 내면의 삶을 돌이켜 점검해보는, 일생에 있어 단 한 번의 소중한 경험을 선물한다.

그래서 한 달 동안 삭발을 하고 스님과 똑같은 행자생활을 하는 월정사의 단기출가학교는 일반 사찰의 템플스테이와는 다르다. 우선 1차로 단기출가학교에 서류를 제출해 서류가 통과해야 하는데 3기 단기출가학교 때는 80명 모집에 6백 명 이상이 몰릴 정도로 경쟁률이 높아 처음부터 쉽지 않다. 서류가 통과해도 2차 과정인 갈마(불가의 면접시험)를 통과해야 한다. 갈마는 한 시간 정도 진행되고 여덟 명의 스님들이 심층 면접을 통해 만장일치로 찬성해야 가능하다. 이렇게 까다로운 면접을 통과해 단기출가학교에 입학한 사람들도 각양각색이다. 대인관계가 원만하지 못해 바꾸고 싶어하는 20대, 이혼 후 모든 걸 비우고 새롭게 시작하고 싶다는 40대, 오대산의 품에서 인생의 쉼표를 찍고 싶다는 30대 등 사연도, 나이도 다양하다.

1 월정사 단기출가학교에 참가한 수행자들이 월정사 전나무 숲길을 삼보일배로 정진하고 있다.

2 발우공양도 수행인지라 마음을 비우고 식탐을 없애는 일도 의미 있다.

3 월정사 일주문에 새겨진 금강역사상. 경내로 잡귀가 들어오지 못하게 무서운 표정을 짓고 있다.

단기출가학교는 가족 혹은 동행한 일행과의 이별에서부터 시작한다. 다음날 새벽부턴 본격적인 절집생활이 시작된다. 월정사 법륜전에 모여 새벽 예불을 하고 아침공양을 한 후 이른 아침에 삭발식이 거행된다. 스님 앞에 차례로 나아가 앉으면 스님들이 정성스레 삭발을 시작한다. 마음을 다잡고 불법을 배우겠다고 다짐하지만 손등 위로 후두둑 떨어지는 머리카락을 보는 순간 행자들의 얼굴에는 눈물이 흘러내린다. 잠이 덜 깬 행자들도 삭발식을 바라보며 가슴속의 치밀어 오르는 감정을 참지 못해 눈물을 흘리고 만다. 삭발을 통해 부처의 제자가 된다는 거창한 의미도 있지만 자신이 지니고 있던 모든 것을 버리고 새롭게 시작한다는 의미가 더 클 것이다. 삭발식이 끝나면 행자복으로 갈아입고 전나무 숲길에서 삼보일배를 시작한다. 제법 차가운 날씨에도 수십 명의 행자들과 10여 명 스님들의 표정은 진지하다. 마음을 낮추고 몸을 낮추고 입으로는 끊임없이 석가모니불을 외치며 2km 정도의 전나무 숲길을 지난다. 산책하며 맑은 공기를 마시던 전나무 숲길이 고행의 장소로 변한다. 삼보일배는 처음에는 쉽지만 시간이 지날수록 다리에 힘이 빠져 무릎이 땅에 쿵쿵 떨어질 정도로 힘들다. 힘든 몸을 일으키며 고행을 겪으면서 새로운 용기를 배우는 과정이다.

새벽에 시작된 하루 일정은 정신없이 이어진다. 삼보일배 고행이 끝나면 곧바로 보덕, 무상, 법행 등 부처님의 귀한 이름을 받고 팔에 향을 찍는 수계식이 진행된다. 수계식이 끝나면 곧바로 적멸보궁 참배가 이어진다.

적멸보궁에 오르기 전 성보박물관장 스님의 안내로 상원사 예불과 사찰 안내도 곁들여진다. 적멸보궁 참배길에서 고행과 긴장을 반복하던 행자들은 출가학교에 참가한 다른 행자들과 마음을 나누고 배려를 배운다. 적멸보궁 참배를 끝으로 이틀간의 여정이 끝난다. 3일째부터는 정규 시간표에 따라 본격적인 수행에 들어간다. 새벽 3시 50분 기상, 4시 새벽 예불, 6시 발우 공양이 지체 없이 진행된다. 공양이 끝나면 울력과 경내 예절, 좌선, 요가와 소림무술 등 저녁 9시까지 한시도 쉴 틈 없는 고된 수행 일과가 진행된다.

월정사 주지 정념스님은 "요즘같이 세상살이가 힘들고 가슴 한 곳을 저리게 할 때 누구나 한번쯤 스님들처럼 산중에 수행하면서 세속의 번뇌와 욕망으로부터 벗어나고 싶어하지요. 그러나 현실은 그렇지 못합니다. 월정사 단기출가학교는 일반인들이 스님처럼 출가해서 행자 과정을 경험해볼 수 있는 귀한 수행 프로그램입니다"하고 설명한다.

적멸보궁으로 오르는 문턱, 상원사

월정사에서 9km쯤 가면 상원사가 있다. 울창한 숲 속의 정적을 가르며 흐르는 오대천을 거슬러 오르면 우리나라에서 가장 아름다운 종과 신비한 전설이 깃든 문수동자상이 있는 상원사에 도착한다.

상원사는 문수보살좌상(국보 제221호)과 고양이 모양의 석물, 상원사의 동종 등 세조와 얽힌 이야기가 많다. 세조가 병이 완치되어 상원사 법당에 올라 배례할 때 옷자락을 물고 늘어져 법당에 숨어 있던 자객의 암살을 모면케 했다는 고양이의 이야기가 전한다. 세조는 고양이의 은혜에 보답하기 위해 절에 전답을 하사하고, 한 쌍의 고양이를 돌로 새겨 청량선원 앞의 계단에 자리 잡게 했다.

상원사는 유물들이 많아 보는 즐거움을 선사한다. 신라 성덕왕 24년(725년)에 신라의 아름다움을 모아 만들어진 상원사 동종은 물론 국내 유일

아름다운 사찰여행

의 예배 대상 동자상으로 꼽히는 문수동자상, 명주로 지은 세조 어의, 그리고 크기가 매우 크고 투명해 영롱한 빛을 내는 부처님 진신사리가 모셔져 있다.

또한 상원사는 6·25의 참화 속에서도 고스란히 원형을 유지한 절이기도 하다. 여기엔 방한암 스님의 법력이 깃들어 있다. 전쟁 중 오대산은 인민군과 빨치산의 주요 활동 거점이었다. 국군은 이런 이유로 산중의 절을 없애려 했는데 스님은 절을 불사르기 위해 온 군인들에게 절을 불사르면 자신도 법당에서 함께 소신공양을 하겠다고 버텼다. 결국 군인들은 스님의 행동에 감복해 상원사의 문짝만 불사른 뒤 돌아갔다고 한다.

상원사에서 적멸보궁까지 이어지는 오솔길은 월정사 템플스테이 필수 코스로 한 시간 남짓이면 닿을 수 있다. 길가에 활엽수가 우거져 봄이면 오대산의 신록이, 여름이면 녹음이, 가을이면 단풍이, 겨울이면 설경이 편편히 펼쳐진다. 여기서 좀 더 오르면 탁 트인 시야에 우리나라 최고의 명당이라는 찬사를 받고 있는 적멸보궁에서 경건하고 편안한 땅의 기운을 느낄 수 있다. 적멸보궁은 불교 성지로, 엄숙함과 신비감이 깃든 곳이다. 오대산의 적멸보궁은 부처님의 정골 사리를 봉안한 곳으로, 이 코스를 놓친다면 오대산의 반만 보고 오는 것과 같다.

■
Travel Information

주소 강원도 평창군 진부면 오대산로 374-8
전화번호 033-339-6606
홈페이지 www.woljeongsa.org
템플스테이 1박 2일 5만 원

찾아가는 길 영동고속도로 진부 IC로 빠져나와 진부령 방면 6번 국도로 4km 정도 직진하면 월정사 삼거리가 나오고, 여기서 좌회전해 1km 정도 가면 월정사. 월정사에서 부도전 앞을 지나 9km 정도 더 들어가면 상원사와 적멸보궁이 있다.

맛집 월정사 주변에는 예부터 사람들이 붐비고 산세가 좋아 역사 깊은 음식점이 많다. 산나물의 천국 오대산은 산채 음식이 전국적으로 소문난 메뉴다. 월정사 입구에 밀집한 식당 중에서는 오대산식당 (033-332-6888)이 유명하다. 곰취, 참나물, 개두릅, 표고버섯 등이 나오는 산채정식 1만 8천 원, 산채 비빔밥 9천 원, 감자부침 9천 원.

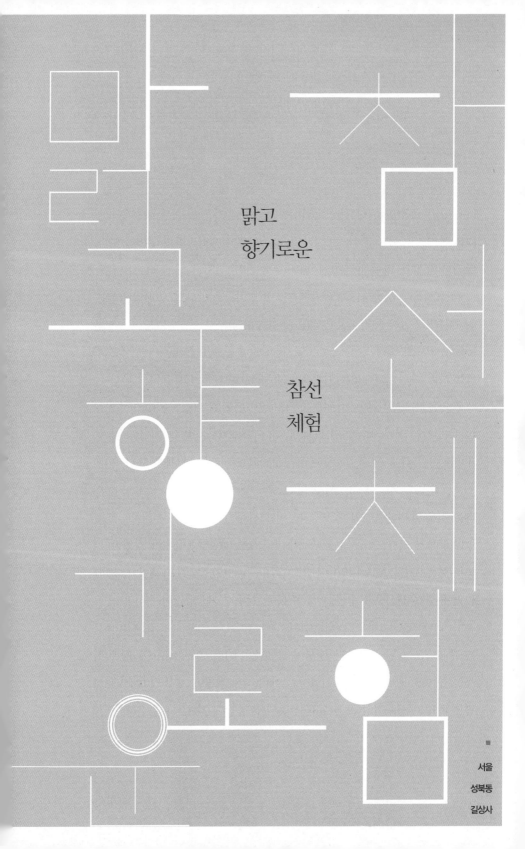

맑고
향기로운

참선
체험

서울
성북동
길상사

침묵은 말하지 않는 것이 아니라 자신에게 말하는 것이다.
자신에게 말하고 싶을 때 길상사를 찾으면 침묵을 통해 자신의 마음에 전달되는
말과 생각이 얼마나 크게 증폭되는지를 느낄 수 있다.

주말의 금쪽 같은 시간을 허송하지 않을 나들이 장소를 떠올린다. 가깝지만 붐비지 않아야 한다. 큰돈이 들지 않지만 구경거리가 풍성해야 한다. 멀리 가지 말자. 행복은 가까이 있다.

서울 성북동 길상사는 열린 절이다. 우선 절문을 통과할 때 눈을 부리부리 치켜뜨고 있는 사천왕상도 없다. 까마득히 부처님을 올려다보며 계단을 올라갈 필요도 없다. 늙은 느티나무 서너 그루를 휘돌면 바로 누구나 쉬어가는 마당 넓은 절집이 있다.

계곡을 따라 신록이 오른 절집 안을 들어서면 불자가 아니어도 소나무가 있는 쉼터 옆에 세워진 관세음보살상을 눈여겨봐야 한다. 고운 눈썹, 둥근 볼, 어린 몸매, 관세음보살인지 성모 마리아인지 통 구분할 수가 없다. 가톨릭 신자인 최종태 교수의 솜씨다. 종교 간의 장벽 따위, 부질없는 일이라는 것을 이 관세음보살상은 수줍은 미소로 알려주고 있는 것이다.

길상사가 석가모니불 대신 내세를 관장하는 아미타불을 법당에 모신 것은 길상화 보살의 소원이었다고 한다. 연이 닿는다면 당신도 계곡 위쪽, 개울가에 새집처럼 걸린 스님들의 요사채를 지나 주지스님 거처에서 향이 그윽한 차 한 잔을 나눌 수도 있을 게다.

길상사는 절집이 아니라 정원이 아름다운 민가를 찾아가는 느낌이다. 마당 한쪽엔 계곡물이 흐르고 층층을 이뤄 작은 집들이 자리 잡고 있다. 세간에 알려진 것처럼 이곳은 원래 절집이 아니었다. 대원각이란 요정을 주

인 길상화 보살이 법정스님에게 시주해 만든 절이다. 길상화 보살은 젊었을 때 천재 시인 백석의 애인으로 더 유명하다.

천재 시인 백석과 그의 애인 길상화 보살

여승은 합장하고 절을 했다
가지취의 내음새가 났다
쓸쓸한 낯이 옛날같이 늙었다
나는 불경처럼 서러워졌다
(중략)
산절의 마당귀에 여인의 머리오리가 눈물방울과 같이
떨어진 날이 있었다.

— 백석, 「여승」 부분

천재 시인의 애인이란 묘한 인연이 「여승」을 계속 읊조리게 한다. 몇 번이고 시를 되뇌며 극락전 왼쪽, 계곡에 걸린 다리를 건너가 이 집의 옛 주인 길상화 보살(본명 김영한)의 공덕비 앞에 서본다. 천억 원대의 재산을 털어 절집으로 환원한 그녀의 마음이 맑고 향기롭게 느껴진다. 공덕비 앞에 서면 돈을 버는 법보다 그걸 잘 쓰는 법을 생각하게 된다. 혹 결핍과 충만이 둘이 아님을 깨닫게 될지도 모른다. 길상화 보살 공덕비의 간결한 비석머리는 발우의 형상이란다.

더불어 불자가 아니어도 극락전에 발을 들여보자. 기둥과 서까래는 오색 단청을 입히지 않았고 후불탱화도 오방색을 쓰지 않았다. 먹탱화에 금분으로 윤곽선만 그어 절집보다는 오래된 양반가의 느낌을 준다.

길상사에서 소임을 맡고 있는 주지스님은 젊은 한때 길상화 보살의 애

선수련회는 매달 넷째 주 주말에 정기적으로 이루어지는데 하루 8시간 이상 참선하는 선수련을 지향한다. 선수련회는 마음 공부에 뜻이 있는 사람이라면 누구나 참여할 수 있으며 단체 참가도 가능하다. 단, 단체 참가의 경우 선수련 프로그램의 일정에 모두 참여해야 하며 참가 인원은 30명 이상 40명 이내여야 한다. 수련 일정은 넷째 주 토요일 오후 3시에 절에 도착해 참선 방법과 방사를 배정한 다음 일요일 오후 3시까지 절에서의 하루 일과를 따르고, 수행은 좌선으로 진행된다.

인이었던 천재 백석의 시 구절을 떠올린 것인지 절집 곳곳에 취를 심어 놓았다. 길상사는 숲 속 절이다. 시내보다 기온이 3도쯤 낮다. 게다가 무엇보다 도심에서 가깝다. 4호선 한성대역 6번 출구 앞에서 마을버스를 타고 7분이면 닿는다. 일행이 많으면 택시를 타라. 주차장도 충분하다. 눕거나 먹거나 고성방가를 떠올리지 않는다면 길상사는 한나절 서늘하게 쉬다 올 최상의 장소다.

면벽 수행, 마음을 읽는 시간

나들이가 아니어도 길상사를 찾을 이유가 하나 더 있다. 길상사는 매달 마지막 토요일에 참선 수행을 하는 템플라이프를 개최한다. 도심에 있어 길상사를 찾는 사람들이 많은 덕에 일반인의 참선을 돕기 위한 공간이 마련되어 있다. 길상사 안에 있는 길상선원과 침묵의 집이 그곳이다. 길상선원은 약사여래불이 서 있는 소나무로 둘러싸인 곳인데 '말없이 소리 없이 지나가세요'라는 푯말이 먼저 눈에 띈다.

템플라이프에 참가하지 않더라도 명상에 관심 있는 사람이라면 '침묵의 집'에 들어가 앉자. 누구에게나 열려 있는 방이다. 명상음악을 들을 수도 있다. 굳이 단전에 힘을 주고 가부좌하지 않아도 좋다. 10분만 벽을 향해 고요히. 창밖 나뭇잎이 이마에 푸른 그늘을 드리우는 걸 느끼기만 해도 충분하다.

침묵은 말하지 않는 것이 아니라 자신에게 말하는 것이다. 자신에게 말

1 길상사의 침묵의 집은 일반인들도 참선을 체험할 수 있는 공간이다. 참선은 오직 자신의 몸과 마음에 몰두하게 된다.

2 조각가가 기증한 불상. 길상사 범종각 옆에서 홀로 기도를 하는 모습이다.

3 극락전은 항상 열려 있다. 가벼운 마음으로 참선을 해도 되고 108배를 하며 마음을 추슬러도 좋다.

하고 싶을 때 길상사를 찾으면 침묵을 통해 자신의 마음에 전달되는 말과 생각이 얼마나 크게 증폭되는지를 느낄 수 있다.

일상에서 참선으로 마음을 다스리는 법

길상사가 일반인들에게 산문을 연 것처럼 평소 일상생활에서도 자신의 마음을 다스릴 수 있는 참선법 몇 가지를 소개한다.

먼저 참선의 기본인 좌선을 할 때에는 가부좌를 틀고 앉았을 때 혹은 자세를 바꿀 때에도 마음챙김(화두)을 놓아서는 안 된다. 자세를 바꾸려는 의도를 먼저 알아차리고, 천천히 움직이며 주요 동작들을 알아차린다. 식사·세면·목욕 등의 여타 동작들과 한 동작에서 다른 동작으로 옮겨가는 때의 마음 상태(의도)와 몸의 움직임도 놓치지 말고 알아차릴 것. 일상적인 행동을 할 때에도 마음챙김을 놓쳐서는 안 된다. 마음챙김은 잠에서 깨어나 잠자리에 들기까지 끊어짐 없이 이어져야 한다. 일상적인 동작을 할 경우에는 가장 두드러진 동작을 알아차린다. 밥 먹을 때에는 손의 동작에서 음식을 씹는 동작, 삼키는 동작 등으로 순간순간의 두드러진 동작이 마음챙김의 대상이 되어야 한다. 수행의 핵심은 끊어짐 없는 마음챙김을 지니는 일, 즉 한순간의 방심(放心)도 없이 자신의 몸과 마음에서 일어나는 현상을 관찰하는 일이다.

또한 집중 수행 기간 중에 법문을 듣거나 점검 때를 제외하고는 침묵(고귀한 침묵)을 지켜야 한다. 일상적인 말은 마음을 집중시키는 데 장애가 되므로 묵언하면서 오직 자신의 마음과 몸에서 어떤 일들이 일어났다가 사라지는지를 철저히 파악하려고 노력해야 한다. 즉, 수행 중에는 법에 대한 언어와 고귀한 침묵이 올바른 언어생활이다. 타인의 행동이나 말은 일차적인 관찰의 대상이 아니므로 신경 쓸 필요가 없다. 오직 자신의 몸과 마음에 몰두해야 한다. 귀중한 시간을 틈내 갖게 된 길지 않은 집중 수행이므로 타인의 수행을 방해해서는 안 된다. 자신의 말이나 행동이 타인의 수행에 방해되지 않도록 주의해야 한다. 특히 타인에게 말을 거는 일은 가장 삼가야 한다. 묵언 혹은 침묵은 가장 작은 말이면서 가장 강력한 말임을 잊지 않는 것이 마음 수행의 가장 중요한 자세이다.

소설가 이태준의 고가를 개조한 수연산방

길상사에서 고개 하나를 넘으면 월북한 소설가 상허 이태준의 옛집이 나온다. 집 이름은 수연산방(壽硯山房), 지금 찻집으로 개방 중이다. 규모는 작지만 사랑채와 안채를 집약시킨 개량 한옥의 모습을 알뜰하게 보여준다. 앙증맞은 문과 누마루, 자그만 뜨락이 단정하고 정답다. 이태준은 여기서 살다 1946년 누님의 따님인 생질녀에게 집 관리를 부탁하고 북으로 갔다. 세월이 흘러 지금 주인은 다시 그 따님이다. 서울시 민속 자료 제11호, 마루를 두른 난간과 보온을 위한 세 겹 문이 재미있다. 겨울엔 양지바른 누마루에 앉아 뜰을 내다보는 게 좋고 5월엔 꽃을 피운 라일락 아래 앉는 게 최고이나 5월엔 달아낸 별채가 서늘하다. 마루에 걸린, 2남 3녀가 조롱조롱 매달린 상허의 가족사진에서는 숱한 이야기가 흘러나온다.

■
Travel Information

주소 서울시 성북구 선잠로5길 68 길상사
전화번호 02-3672-5945
홈페이지 www.kilsangsa.or.kr
템플스테이 없음

찾아가는 길 서울 도심에 있으므로 차를 가져가는 것보다 대중교통을 이용하는 것이 낫다. 지하철 4호선 한성대 입구(삼선교)역 6번 출구에서 30m 떨어진 진학서점과 동원마트 부근 정류장에서 셔틀버스를 탈 수도 있다. 지하철역에서 절까지 걸어가려면 20분 정도 걸리지만 한적한 주택가를 걷는 운치도 괜찮다.

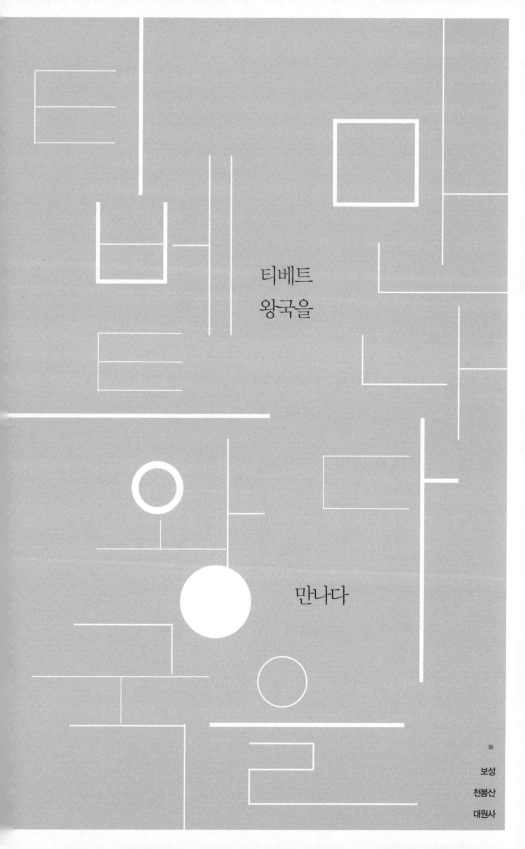

티베트
왕국을

만나다

보성
천봉산
대원사

대원사에서는 죽음을 생각하는 프로그램을 통해 성숙을 위한
진리의 가르침을 얻게 한다. 내 자신이 죽었다 생각하고
지장보살을 찾는 관정기도를 통해 삶을 반성하는 시간을 갖는다.

대원사는 보성 차밭의 주변 여행지로 더 알려진 절이다. 여기에 티베트
박물관과 아름다운 벚꽃길이 뒤늦게 소개되면서 유명해졌다. 대원사를 품
고 있는 천봉산(天鳳山)은 해발 609m로 보성, 화순, 순천의 경계를 이루고
있다. 대원사는 백제 무령왕 3년(503년), 신라에 처음 불교를 전한 아도화상
에 의해 창건되었다. 경북 선산군 모례네 집에 숨어 살면서 불법을 전파하
던 아도화상의 꿈속에 어느 날 봉황이 나타나 말했다. "아도! 아도! 사람들
이 오늘 밤 너를 죽이고자 칼을 들고 오는데 어찌 편안히 누워 있느냐. 어서
일어나거라, 아도! 아도!" 하는 소리에 깜짝 놀라 눈을 떠보니 창밖에 봉황
이 날갯짓하는 모습이 보였다.

봉황의 인도를 받으며 광주 무등산 봉황대까지 오자 봉황은 사라져 보
이지 않았다. 덕분에 목숨을 구한 아도화상은 석 달 동안 봉황이 머문 곳을
찾아 호남의 산을 헤매다가 마침내 하늘의 봉황이 알을 품고 있는 봉소형
국(鳳巢形局)을 찾아내고 기뻐 춤추며 산 이름을 천봉산이라 부르고 대원사
를 창건했다고 한다.

고구려 보장왕 때 도교를 받들고 불교를 박해하면서 많은 고승대덕들이
일본과 백제 땅으로 망명하게 되었다. 이때 평양에서 수도하던 열반종의
보덕화상이 박해를 피해 전주 고달산으로 절을 옮겨와 가르침을 베풀었다.
그리고 보덕화상의 제자 되는 일승(一乘), 심정(心正), 대원(大原)이 대원사
에 머물며 열반종의 8대 가람으로 발전시켰다. 고려시대(원종 1년, 1260년)

에는 조계산 송광사의 16국사 중 제5대 자진원오국사가 55세 때 대원사를 크게 중창하여 정토신앙과 참선 수행을 함께하는 선정쌍수(禪定雙修)의 도량으로 발전했다. 그때 선문염송을 대원사에서 판각하여 참선 교재로 널리 사용했는데 여순사건의 화재로 많은 전각과 함께 불타고 말았다. 대원사판 선문염송의 판각본은 현재 규장각과 고려대학교 박물관에 소장되어 있다. 조선시대에는 영조 35년(1759년) 현정선사의 발원을 통해 극락전, 지장전, 나한전, 천불전, 사천왕문, 봉서루, 토성각, 선원, 상원암, 불출암, 호적암 등이 중건되었다고 전한다. 근대에 이르러 민족의 비극인 여순사건과 6·25를 겪으면서 대원사는 극락전과 석조물 몇 점만 남기고 모두 불타버리는 비운을 맞게 된다.

대원사는 천봉산 봉우리를 약간 오른쪽으로 둔 정남향의 사찰로서 6·25 전쟁 이전까지만 해도 10여 동의 건물들이 유지되고 있었으나 여순사건 때 모두 불타고 거의 폐허가 된 상태였다. 그러나 다행히도 당시 극락전 건물은 남아 있게 되었다.

템플스테이에서 유언장을 쓰다

우리가 예측할 수 있는 미래의 일들 중에 가장 확실한 것은 언젠가는 모두 죽는다는 사실이다. 이 점에선 누구도 예외일 수 없다. 또한 누구나 '죽음'을 피하려 할 뿐 정면으로 응시하려 하지 않는다. 인간의 능력 밖이라는 점보다 '두려움' 때문일 것이다. 보성 대원사는 특이하게도 '죽음'을 주제로 한 템플스테이를 연다.

첫날 오후 5시부터 여장을 풀고 저녁 식사로 삶은 고구마와 감자를 먹고 나면 저녁 어스름 속에 범종이 서른세 번 울리고 예불이 시작된다. 수련생들은 예불을 올리면서 스스로 이미 죽었다 생각하고, 죽음과 다음 환생 사이를 일컫는 '바르도' 기간 동안 의식의 성숙을 위한 진리의 가르침을 읽어

준다. 내 자신이 죽었다 생각하고 지장보살을 찾는 관정기도를 통해 참가자들은 자신의 삶을 반성하는 시간을 갖는다. 죽음에 대한 성찰이 끝나면 잠자리에 든다.

다음 날 아침. 절마당에서 선체조를 한 다음 잣죽으로 아침공양을 한다. 오전 일정은 다른 사찰에 비해 한가롭다. 공식적인 행사는 티베트 박물관 관람뿐이다. 박물관을 관람한 뒤엔 지하 1층에 마련된 저승체험실로 향한다. 직접 관에 들어가 누워봄으로써 죽음에 대한 생각을 다잡는다. 이렇게 1박 2일간의 일정을 마무리하는 시간에 '미리 써보는 유언장'을 작성한다. 그중엔 여전히 죽음에 대한 생각에 변화가 없는 이도 있는가 하면 꽤 오랫동안 깨알 같은 유언장을 작성하는 이도 있다.

주지스님은 "올바른 웰빙을 위해서는 오감의 세계로 빠져들게 하는 습관을 고치고 임종의 순간, 자신에게 도움을 주는 것이 무엇인지 알고 나면 어떻게 살아갈 것인지에 대한 해답을 얻을 수 있다"며 죽음에 대한 깊은 성찰의 필요성을 강조한다.

보성 골짜기에 옮겨진 작은 티베트

백제 고찰 대원사는 전 주지였던 현장스님은 취임 이후 전통 사찰의 복원과 함께 티베트 박물관 운영과 다양한 문화 행사를 통해 열린 도량으로 널리 알려져 있다. 그래서인지 대원사 입구 주차장 위 엔 티베트가 작은 왕국처럼 옮겨져 있다. 현장스님이 15년이 넘는 세월 동안 티베트의 문화를 이곳에 옮겨 놓은 것이다. 현장스님은 티베트 사람들의 '자기를 다스려 남을 돕는 데 인색하지 않게 살아가는 모습'에 매료된 나머지 그들의 생각을 엿볼 수 있는 것이면 무엇이든 수집했다고 한다. 절 곳곳에 태어나고 죽는 모습과 죽은 뒤의 세계까지 엿볼 수 있는 분위기가 느껴지는 것도 바로 티베트의 정신에서 비롯되었다고 전한다.

아름다운 사찰여행

施　南
敢　無
毫　阿
光　彌
白　陀

이금비쥐주소녀　아미다젇이시여

1 대원사는 어린 영혼을 위한 기도처로 유명하다.
  지장보살이 피눈물을 흘리는 이적이 일어나기
  도 한다.
2 대원사 사색의 길. 절의 규모가 크지 않지만 곳
  곳에 오솔길이 만들어져 있어 사색을 즐길 수
  있다.
3 생명을 소중하게 여기고 어린 영혼을 위한 불상
  이 곳곳에 있다.

1 천봉산 대원사 일주문. 주암호와 벚꽃길을
  지나면 커다란 일주문이 여행객을 반긴다.
2 대원사 주변에 티베트 박물관과 미술관 등
  문화공간이 있다.
3 외국인들도 많이 찾아와 대원사 템플스테
  이를 체험하기도 한다.

2 1

3

■

**이것
만은
꼭!** 대원사 입구에 있는 티베트 박물관. 템플스테이 일정에 관람이 포함되어 있지만 일반 여행객
들도 꼭 찾아가볼 만한 곳이다. 티베트 박물관은 지상 2층, 지하 1층으로 건립된 박물관으로,
건물은 티베트의 사원처럼 꾸몄다. 대원사 주지인 현장이 티베트와 중국·몽골 등지를 15년간
순례하면서 수집한 불상과 경전·만다라·밀교 법구·민속품 등 1천여 점의 자료를 전시한다.
1층 전시실에는 전시장과 티베트 불교 지도자인 달라이 라마 기념실과 사무실이 있다. 기념 동
산과 강연 자료·사진집·비디오테이프 등을 통해 티베트의 불교를 살펴볼 수 있으며, 티베트
불교 화인 탕카, 보석으로 쓴 불경, 사물함 등의 예술품들을 감상할 수 있다. 티베트 신탁승 쿠
텐라가 전해준 4과의 가섭불 사리가 48과로 증식되어 계속 자라나고 있는 신비한 모습을 참배
할 수 있다.

대원사 곳곳을 거닐다 보면 절의 내력보다 티베트의 유물들이 시선을
잡는다. 지상 2층, 지하 1층 규모의 티베트 박물관에 들어서면 한순간 티베
트에 온 듯한 착각에 빠진다. 달라이 라마의 동상과 사진집, 티베트의 오래
된 탱화, 보석으로 쓴 불경 등 티베트 예술품을 감상할 수 있다.

대원사를 돌아 나오니 문득 '어머니의 탯줄을 따라 들어가는 길이 있다면
아마도 이 길과 같을 것'이라는 생각이 든다. 그만큼 이색적이면서 인상적
인 대원사의 분위기는 안온함을 느끼게 하는 어머니의 자궁 같은 공간이다.

피눈물 흘리는 지장보살상의 이적

대원사는 어린 영혼을 위한 기도처로도 유명하다. 지장보살상이 피눈물
을 흘리는 이적이 일어날 만큼 영아 천도에 효험이 높아 입소문이 자자할
정도. 극락전 옆의 안내판에는 다음과 같은 글이 실려 있다.

'태어나지도 못하고 낙태로 생명을 빼앗긴 어린 영혼들은 이승과 저승
경계의 강에서 어머니 아버지를 생각하며 탑을 쌓는다고 한다. 그때 지장
보살님이 눈물을 흘리며 나타나 어린 영혼을 품에 안는다. 그리고 오늘부
터 나를 어머니라고 불러라 하면서 강을 건네준다.'

이 글은 어린 영혼과 관계된 불교 설화라고 현장스님은 말한다. 또 대원사
는 낙태아에 대한 죄책감을 참회하는 기도처로 많은 사람들이 찾는 곳이다.

낙태아를 천도하기 위해 1993년 6월 조성된 석조 지장보살 입상(현장스님은 수자 지장보살이라 부름)이 위치한 터는 조선 중기 때 있었던 지장전 자리라고 한다. 당시의 지장전은 1946년 광주 덕림사로 옮겼다고 한다. 현장스님은 1991년도부터 대원사 지장전 터에 낙태아들을 천도하기 위해 지장보살을 세우는 불사를 추진했다. 1993년에 봉안된 지장보살은 주위 산세로 볼 때 여성의 자궁에 해당하고 그 중심에 이 지장보살이 서 있다고 대원사의 한 스님은 말한다.

산세 때문인지, 지장보살이 영험하기 때문인지 이곳을 찾는 신도들에게는 영험한 도량으로 알려져 있다. 낙태로 아이를 지운 한 신도가 눈물을 흘리며 참회하자 지장보살이 한 시간 동안 피눈물을 흘리는 모습을 보였다고도 한다. '이 피눈물은 생명의 귀중함을 모르고 자행되는 낙태 등 이 시대의 아픔이 표현된 것'이라고 현장스님은 설명한다.

대원사에는 육도를 윤회하는 중생들을 제도하기 위해 육지장보살과 함께 동자상의 지장보살도 108분 모셨다. 본존으로 모시고 있는 지장보살이 야외에 있으므로 온 산이 지장전인 셈이라고 현장스님은 말한다.

아이는 단순히 부부가 잉태하는 것이 아니라고 현장스님은 육도윤회의 차원에서 생명을 이해해야 한다고 강조한다. 예를 들어, 요즘의 아이들이 폭력으로 흐르는 것은 도덕 교육의 부재와 나쁜 길로 빠질 가능성이 강한 환경과 함께 천도되지 않는 어린 영혼의 원한과도 무관치 않다는 뜻이다.

벚꽃길, 미술관, 호수가 어우러진 풍경

대원사 일주문을 빠져나오면 주변의 볼거리가 다양하다. 보성군 문덕면 죽산리에 있는 백민미술관은 산자락에 위치하고 있다. 이곳은 이 지역 출신으로 국전 심사위원을 지낸 구상화가 백민(白民) 조규일(曺圭逸) 화백이 자신의 작품과 소장하고 있던 국내외 유명 화가들의 작품 등 350여 점을

아름다운 사찰여행

보성군에 기증하고 폐교를 미술관으로 개수해 문을 열었다. 백민미술관은 1층에 조규일 화백실과 동양화실 그리고 국제관이 있다. 동양화실에서는 이 지역 출신 서예가들의 작품과 조선 후기 작품들을 관람할 수 있고, 국제 관에서는 북한 공훈 미술가들의 작품과 제정 러시아 시대의 목판 성화(聖 畵)를 비롯해 러시아에서도 보물급으로 알려진 작품들이 전시되고 있다.

미술관을 나서 주암호로 향하다 보면 죽산교 끝에 하얀 대리석의 독립 문이 있는 공원이 나온다. 이곳이 바로 서재필의 생가에 복원한 서재필 기 념공원이다. 서재필 선생은 1864년 1월 7일 문덕면 용암리 가내마을에서 태어나 1884년 갑신개혁을 주도해 3일 천하를 이룬 뒤 거사의 실패로 망 명, 미국에서 우리나라 최초의 의학박사가 되기도 했다. 이후 1896년 귀국 하여 독립신문을 창간하고 독립협회를 결성하여 민중운동을 이끌어오는 등 평생을 조국의 광복과 근대화를 위해 살다가 생을 마감했다.

주암호는 야트막한 산이 겹겹이 포개지는 남도지방의 운치를 만날 수 있는 곳이다. 보성군의 접경지역으로 호수가 깊고 넓을 뿐 아니라 보성에 서 흘러내린 보성강과 화순군의 동북천 및 용덕천이 합류되어 장쾌한 호반 경관을 연출하고 있어 바다와는 또 다른 낭만을 맛볼 수 있다.

■
Travel Information

주소 전남 보성군 문덕면 죽산길 506-8
전화번호 061-852-1755
홈페이지 www.daewonsa.or.kr
템플스테이 1박 2일 5만 원

찾아가는 길 호남고속도로 동광주 톨게이트를 빠져나와 광주 외곽 순환고속도로를 타고 소태 IC에서 화순 방향으로 간다. 화순읍을 지나 보성 방향 우회도로를 타고 가다 사평으로 내려와 보성 방향으로 직진하면 주암호 호반길이 나온다. 주암호 문덕교 전에 다리를 건너지 말고 우측으로 6km 정도 직진 하면 티베트 박물관과 대원사.

대원사 템플스테이 일정 대원사는 다른 사찰에 비해 특이한 '죽음'에 대한 템플스테이 프로그램을 운 영한다. 주변 여행지로 보성 대한다원과 제암산자연휴양림을 경유하면 힐링여행을 체험할 수 있다.

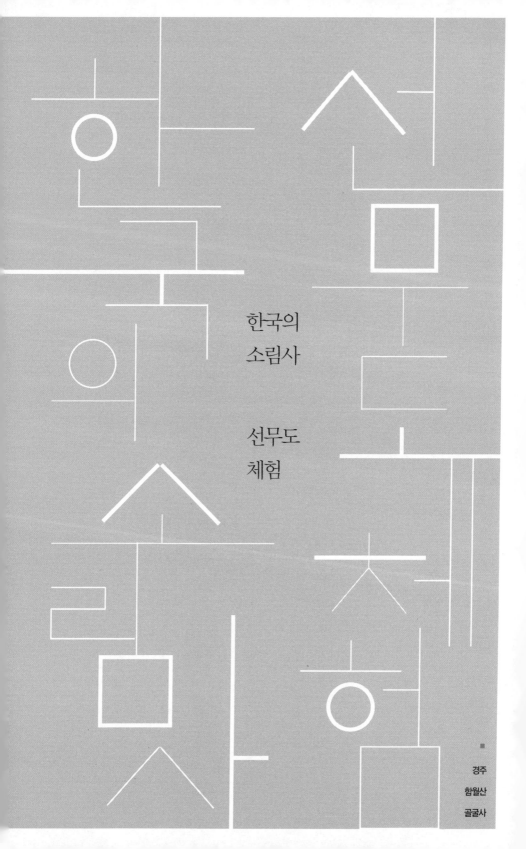

한국의
소림사

선무도
체험

경주
함월산
골굴사

경주에서 추령고개를 넘어 동해바다로 나서면 하늘과 수평선이 맞닿은 풍경이 펼쳐진다. 함월산의 속살을 관통하는 추령고개와 골짜기를 스쳐 지나가면 골굴사, 감은사지, 문무대왕릉, 감포까지 무수한 이야기꽃을 피우는 여행지가 나온다. 천년 고도 경주는 천년 동안 한 왕조의 수도인 터라 구석구석 사연이 배어 있다. 이 중 사찰은 호국불교로 일컬어지는 신라 불교를 발전시킨 원동력이었다. 불국사, 감은사, 분황사, 석굴암 등 이름만 들어도 알 만한 절도 많지만, 덜 알려진 사찰 중에도 나름의 역사와 멋을 간직한 곳이 적지 않다.

이 중에서도 골굴사는 경주 동쪽의 감포에서 20km가량 떨어진 함월산 자락에 자리 잡은 자그마한 절이다. 국내에서 유일한 석굴사원인데도 그다지 알려지지 않은 곳이다. 하지만 6세기 인도의 광유성인이 이곳에 마애여래불과 석실을 지었다고 하니 역사적으로 불국사보다 2백 년을 앞선다.

신라 문화의 뿌리가 불교 문화임은 두말할 나위도 없다. 여기에 경주 남산과 토함산, 그리고 함월산은 그 대표적인 유적지라 할 수 있다. 경주에서 감포 방향으로 약 20km 지점에 위치한 함월산은 불교 유적지 중 가장 오랜 역사를 간직하고 있다. 신라시대 불교 문화가 번창하던 7세기경 인도에서 온 광유성인 일행이 암반전산(岩般全山)에 마애여래불과 12처 석굴로 가람을 조성하여 법당과 요사로 사용한 국내 유일의 석굴사원이다. 예부터 인근 주민들의 기도처로서 정신 문화의 산실로 전해져 왔다. 하지만 근래에 이르기까지 교통편이 불편한 관계로 퇴락하던 중, 전 기림사 주지 적운 스님의 법연에 의해 도로가 개설되고 요사를 복원하면서 오늘의 절로 거듭 났다. 특히 골굴사는 심신이 병든 이들이 부처님께 귀의하여 안심입명을 얻고 끊임없이 수련에 임하고 있다. 모든 불자가 수행 전진할 수 있는 도량 인 금강반야원은 사부대중이 함께 정진하는 선무도 경주 본원이다.

골굴사가 최근 경주 여행의 명소로 부상하고 있다. 외국인을 상대로 불 교 문화 알리기 차원에서 실시하는 템플스테이의 본산으로, 불교의 전통 무술인 선무도(禪武道)의 도량으로 명성을 얻으면서부터다. 골굴사로 가는 길은 몸과 마음을 다스리는 여행의 첫걸음이다.

경부고속도로 경주 톨게이트에서 나와 보문관광단지를 가로질러 4번 국도를 따라 감포 방향으로 가다 보면 안동 삼거리가 나온다. 이곳에서 좌 회전해 500m를 가면 골굴사 진입로가 나온다. '함월산 골굴사'라고 적힌 일주문을 지나 1km쯤 산속으로 들어가면 골굴사에 이른다.

둔황 석굴처럼 12개의 굴에 모셔진 부처

우선 절을 찬찬히 살펴본다. 깎아지른 듯한 절벽 같은 바위 위에 4m 높 이의 마애여래불좌상(보물 제581호)이 새겨져 있다. 여래불을 중심으로 12 개의 동굴이 있는데 곳곳에 부처님을 모셔 놓았다. 자연적으로 생긴 동굴 인가 했더니 모두 사람의 손으로 파낸 것이라고 한다. 파인 곳들이 마치 해 골처럼 생겼다. 그래서 절 이름도 뼈 '골(骨)'자에 동굴 '굴(窟)'자를 썼다.

갈림길에서 곧장 들어서면 일주문을 지나 야트막한 고개를 넘게 된다. 이 고개를 넘어 조금 안으로 들어가면 주차할 공간이 나오고 다시 경사진 길을 오르면 골굴사 경내로 들어서게 된다. 협소한 골짜기에 요사채, 종무 소, 법당이 줄줄이 눈에 들어온다.

오르막길을 걷다 보면 오른쪽으로 몇몇의 전각과 요사채를 지나게 된다. 앞쪽에 있는 가파른 바위산 꼭대기에 아크릴 보호막이 보이고 조금 아래쪽 왼편에 단청을 입은 작은 전각과 단청이 되지 않아 목질감이 물씬한 또 다른 전각이 한눈에 들어온다.

좀더 안쪽으로 오르막길을 올라가면 멀리서 보았던 바위들이 뚜렷하게 보인다. 깎아세운 듯한 바위가 가파른 경사를 이루는 가운데 제일 꼭대기, 아크릴 보호막 아래엔 마애불이 조각되어 있다. 그리고 산더미같이 커다란 바위는 곳곳이 움푹 파인 동굴 형태로 되어 있다. 굴과 굴 사이에는 쇠파이프로 보호대가 설치되어 있고, 그 굴 하나하나가 법당이며 기도처다.

12개나 되는 석굴 중에서 가장 넓은 관음전은 동굴 입구에 기와 얹은 건물을 덧대어 만들어 관세음보살을 주불로 모셨다. 돌계단을 올라 처음으로 맞는 관음전엔 정면에 모신 관세음보살뿐만 아니라 동굴 벽면에 청동 108 관음보살상이 봉안되어 있다.

낭떠러지에 매달린 듯 가파른 바위굴에 마련된 굴법당을 찾아다니는 길은 만만치 않다. 암벽을 타듯 줄을 잡고 오르기도 해야 하고 바위틈을 지나 아찔한 행보도 해야 한다. 그러나 태산 같은 바위에 지그재그로 만들어진 철제 보호대를 쫓아다니면 웬만한 굴법당은 모두 참배할 수 있고 튼튼하게 만들어진 보호시설이 있어 생각보다 위험하지는 않다.

예부터 굴법당인 관음전에서 잠을 자고 나면 병들고 허약한 이가 생기를 되찾았다 하는데 결코 허무맹랑한 이야기만은 아닌 듯하다. 함월산은 석회암 지층으로 제올라이트 등 광산대가 형성되어 있어 암반 성분이 맥반

아름다운 사찰여행

2 3

1 소나무가 신기하게 몸을 비틀고 있는
  터에서 선무도 수행이 이루어진다.
2 골굴사 마애여래불상은 조각기법이 뛰
  어나 보물로 지정되어 있다.
3 아름다운 감은사지 3층 석탑.

석처럼 인체에 유효한 원적외선을 발산한다 할 수 있으니 충분히 그럴 가능성이 있다는 생각이다. 1천 5백여 년의 신비가 담긴 골굴사 관음굴은 세세생생 많은 중생들에게 불보살님의 가피를 전하는 감로정이 될 것이다.

골굴사에도 우리의 토속신앙이 녹아 있는 전설을 담은 곳이 있는데 바로 산신당이 있는 여궁과 그 앞에 있는 남근석이다. 불교가 들어오기 전에도 분명 우리 조상들이 의지하던 신앙의 대상은 있었으니 그것은 바로 민속신앙이며 자연신앙이다. 전해오는 민족 고유의 민속신앙 중 하나가 남근과 여근을 숭배하는 토테미즘적 자연신앙이다. 자손의 번성과 수명장원을 기원했으며 특히 득남 기도의 중심이 되었던 여궁 터엔 산신당이 마련되어 있다.

깨달음을 위한 이색적인 수련법 선무도

골굴사가 여느 절들에 비해 특이한 것은 아무래도 '선무도(禪武道)'라는 무술을 수행법으로 계승하고 있다는 점이다. 선무도는 흔히 '위빠사나'라고도 불리는 수행법으로, 불교의 『안반수의경(安般守意經)』에 전하는 전통 수행법이라고 한다. 선무도, 무술이라고 하니 일방적으로 격렬한 격투기나 화려한 몸동작이 수반되는, 영화에서 보았던 무술을 연상할지 모르지만 그렇지 않다. 위빠사나 혹은 요가처럼 인도에서 오랫동안 이어져 내려오는 수행법의 하나인 선무도는 깨달음을 위한 실천적 방편으로 남녀노소 누구나 쉽게 배워 익힐 수 있는 수련법이라고 한다.

선무도는 신체의 유연성과 균형을 통해 불교의 이상세계를 구현한다는 수행 과정 중 하나. 고수가 되기 위해서는 다양한 동작을 익혀야 하지만 초보자에게는 명상이나 요가를 통한 정신 수양에 중점을 둔다. 유연공, 오체유법 등을 통해 신체 각 부위를 부드럽게 풀어 생리적 균형과 심리적 안정을 취하게 된다.

아름다운 사찰여행

수행자들이 선무도의 기본 동작을 배우고 익히는 학습의 공간이며 수행의 도장이기도 한 선무대학은 적당한 크기의 운동장을 가로질러 안으로 자리해 있다. 대학 건물을 중심으로 빙 둘러싼 산들이 영화에서 보았던 심산유곡의 소림 도장을 연상하게 한다. 금강장사가 외호하고 있는 건물로 들어서면 넓은 수도장이 맞아준다.

반질반질한 나무 바닥엔 수행자들이 흘린 땀방울과 기합 소리가 층을 이뤄 인고의 각질처럼 반짝이고 있다. 넓은 도장은 숨죽인 듯 고요하나 요동치듯 출현하는 기가 금방이라도 쏟아져 내릴 것만 같다.

선무도의 최고 경지는 입관법에서 터득하는 화려한 동작이나 파괴적인 힘이 아니다. 인간의 신체를 구성하는 물질적 원소와 정신적 차원을 조화시켜 심신의 안정과 건강을 구하고 해탈에 나아가는 경지, 선기공 체조인 행관법 경지를 넘나드는 구도의 길만이 선무도 최고의 경지라 할 수 있을 거란 생각이 스친다.

Travel Information

주소 경북 경주시 양북면 기림로 101-5
전화번호 054-744-1689
홈페이지 www.golgulsa.com
템플스테이 1박 2일 6만 원

찾아가는 길 경부고속도로 경주 IC에서 빠져나와 보문단지 방향으로 우회전하여 보문단지를 지나 불국사와 감포 방향으로 나뉘는 갈림길에서 직진한다. 덕동호수와 추령터널을 지나 감포 방향으로 직전하여 안동 삼거리에서 골굴사 이정표를 보고 좌회전해 2km 정도 가면 좌측에 골굴사 일주문이 나온다.

선무도 수련 체험이란? 골굴사는 한국의 둔황석굴이라 불리는 국내 유일의 석굴사원으로, 경주 주변 여행까지 어우러지기 때문에 여행과 템플스테이를 함께 경험할 수 있는 곳이다. 골굴사의 주변 경관보다 사람들에게 더욱 알려진 것이 바로 선무도다. 선무도는 불교 전통 무예와 참선을 결합한 체험 프로그램으로, 외국인들이 일부러 찾아와 수행할 정도. 하지만 골굴사의 사찰 체험은 엄격하고 지켜야 할 수행법이 많다. 단순한 참선이 아닌 무예를 배우기 때문에 다른 사찰보다 엄격한 규율과 기강을 중요시한 프로그램을 운영한다. 따라서 참선이나 명상을 하면서 휴식을 취한다는 생각은 버리는 것이 낫다. 선무도 수련은 아침에는 울력과 참선, 오후에는 명상과 선호흡을 수련하는 좌선을 하고 저녁에는 선무대학으로 옮겨 저녁 예불 및 선무도 수련을 2시간 정도 진행한다.

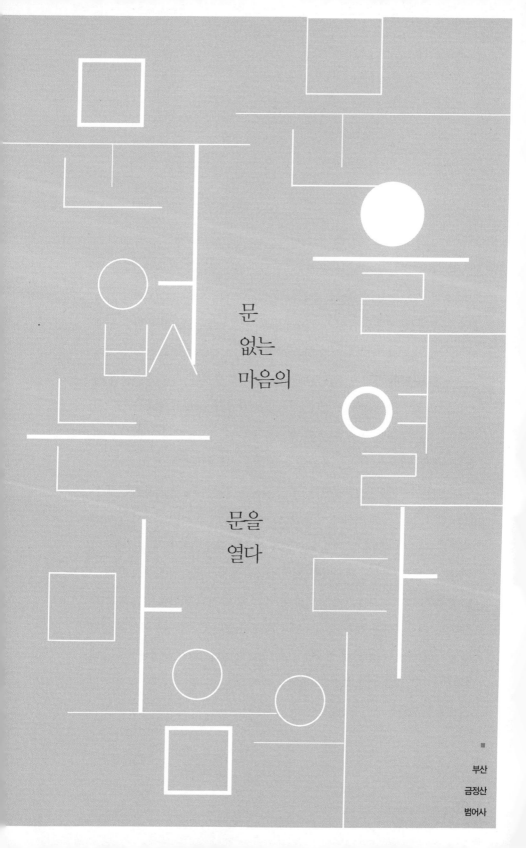

문
없는
마음의

문을
열다

부산
금정산
범어사

선이라고 하는 것은 누구도 가르쳐줄 수 없는 것이다.
더불어 참선에 들면 확실한 믿음이 있어야 한다. 화두를 한번 받으면
생명보다 중히 여겨야 한다. 그런 믿음과 맹세가 없으면
자신과의 싸움에서 절대 이길 수 없다.

항상 마음의 문을 열어두도록 하라. 졸졸 쉴 새 없이 흘러내리는 시냇물이 썩지 않듯 날마다 새로운 것을 받아들이는 사람은 언제나 활기에 넘치고, 열정으로 얼굴에 빛이 난다.

마음을 다잡다 보니 약간의 독설(獨說)이 생긴다. 자신이 하는 일에 열중하고 몰두할 때 행복은 자연스레 따라온다. 결코 아는 자가 되지 말고 언제까지나 배우는 자가 되어라. 고민은 어떤 일을 시작하였기 때문에 생기기보다는 일을 할까 말까 망설이는 데에서 더 많이 생긴다. 마음의 밀물과 썰물을 느껴보라. 밀물의 때가 있으면 썰물의 시간이 있게 마련이다. 삶이란 어쩌면 행복과 불행, 기쁨과 슬픔, 행운과 고난의 연속극인지도 모른다. 부산 금정산의 범어사를 찾을 때 홀연 머릿속을 다시 비집고 드는 생각이다.

범어사는 금정산 동쪽에 있다. 범어(梵魚)는 '하늘나라의 고기'라는 뜻이라고 한다. 따라서 범어사는 마르지 않는 금정에 살고 있는 하늘나라의 고기와 같은 절인 셈이다. 범어사는 신라 문무왕 18년(678년)에 의상대사가 창건한 고찰로 해인사, 통도사와 함께 경남의 3대 사찰로 꼽힌다고 한다.

창건 사적이나 고적기에는 신라 흥덕왕 때 창건된 것이라고도 하고 문무왕 때 의상대사가 창건한 것으로 기록되어 있다. 사적기에 의하면 문무왕 때 창건하여 흥덕왕 때 중창한 것으로 보고 있다. 창건 당시에는 문무대왕의 명으로 대규모의 불사를 하여 요사 360방, 토지가 360결, 소속된 노비가 1백여 호로 국가의 대찰이었다고 한다.

아름다운 사찰여행

원효대사도 이곳 범어사에서 수도했으며, 임진왜란 때에는 서산대사가 의병의 본거지로 삼기도 한 곳이다. 그러나 임진왜란 때 모두 소실되어 거의 폐허가 되었으며, 그 후 광해군 5년(1613년)에 묘전현감스님, 해민스님 등이 법당과 요사 등을 중건, 중수하였다. 현존하는 대웅전과 일주문은 그때 세운 것으로 알려져 있다. 범어사도 창건 이후 소실과 중건을 거듭하다 근세의 고승인 경허스님이 1900년에 범어사에 선원을 개설했다고 한다.

절의 초입부터 범상치 않은 범어사 일주문

규모 있는 대부분의 절에는 일주문이 있다. 절이라는 공통성 때문인지 일주문의 양식 또한 비슷하지만 범어사의 일주문은 한눈에 보아도 특이하다. 일주문은 보통 두 개의 기둥으로 되어 있으며 하나의 출입구를 가지고 있다. 그런데 범어사의 일주문은 네 개의 기둥이 한 줄로 늘어서 세 개의 출입구를 가지고 있다. 이런 형태를 일주삼간(一柱三間)이라고 한다.

또, 일반 일주문들이 나무 기둥만으로 된 것과 달리 돌기둥과 조화를 이루고 있다. 지반으로부터 1.5m 정도의 높이까지는 배흘림 돌기둥으로 되어 있고 그 위로 목조 두리기둥을 세워 만들었다. 세 칸으로 나누어진 각각의 문 위에는 편액이 하나씩 걸려 있다. 중앙 문에는 '조계문(曹溪門)'이란 편액이 걸려 있는데 이는 석가모니 부처님으로부터 마하 가섭존자, 달마대사, 육조 혜능대사의 법맥을 이은 조계종 사찰임을 의미한다.

오른쪽 문의 '선찰대본산(禪刹大本山)' 편액은 범어사가 선종의 으뜸 사찰임을 말하며, 왼쪽 문에는 산 이름과 절 이름이 쓰인 '금정산범어사(金井山梵魚寺)'라는 편액이 붙어 있다. 현재의 일주문은 1781년에 세워진 원형 그대로라고 한다.

일주문을 들어서 사천왕문과 불이문을 지나면 보제루 옆을 돌게 된다. 보제루 오른쪽으로 돌다 보면 벽면에 그림이 그려져 있다. 이 그림을 목우도(牧牛圖)라고 하는데, 송나라 보명이라는 사람이 창안한 선화(禪畵)로 소를 길들이는 과정을 묘사한 것이다. 그림에서 소는 '무릇 생명체들이 본래 갖추고 있는 청정한 성품'의 상징이라고 한다. 그림은 검은 소에서 흰 소로 변하고 더 나아가 마지막 열 번째는 비어 있는 원으로 묘사되어 있다.

대웅전 왼쪽 뒤에 커다란 바위 옆으로 기다란 전각이 있다. 한 지붕 기다란 전각에 팔상전과 독성각 그리고 나한전이 나란히 있다. 위쪽이 둥근 형태를 하고 있는 독성각 출입문이 시선을 끈다.

경내의 울창한 소나무 숲도 좋고, 한쪽을 차지하며 맑은 물이 흐르는 계곡도 좋다. 그리고 시내에서 멀지 않은 곳에 호젓이 사색할 수 있는 명찰이 있다는 것이 부산 사람들에겐 또 다른 행복이다. 범어사는 누구나 언제라도 훌쩍 찾아 심신을 쉴 수 있는 축복받은 공간으로 여겨지고 있는 것이다.

참선은 자기에 대한 물음이다

우리나라 불교를 대표하는 선승들이 전하는 선(禪)의 의미와, 수행을 통해 깨달음에 이르는 삶의 지혜를 듣는 자리가 마련된다. 범어사의 법주스님인 범어사 금어선원 유나(선원장) 인각스님은 대중에 법공양을 펼친다.

"선(禪)이라고 하는 것은 누구도 가르쳐줄 수 없는 것이다. 옆사람이 나를 대신해 음식을 배부르게 먹어줄 수 없듯이 이 공부도 자기가 열심히 해서 이루어야 한다"고 말한 뒤 "참선이라는 것은 희로애락의 파도가 치지 않도록 고요하고 평정하게 안정된 마음의 터를 닦는 것이다. 무명에 가려 스

2

1 부산의 심장으로 불리는 금정산의 품에 안긴 범어사 전경. 가을에는 단풍이 아름답다.
2 맑은 차 한 잔은 마음을 다스리고 자신을 되돌아 볼 수 있는 시간을 갖게 한다.
3 범어사에는 외국인들을 위한 템플스테이 프로그램이 다양하다.

3

스로 깨닫지 못하고 착각 속에 살고 있는 우리지만 어디서든 누구나 열심히 참구한다면 만법을 포용하는 자기 생명을 회복해 참삶을 살 수 있다. 우리는 요즘 '웰빙'을 유행처럼 말하고 실천하려고 한다. 하지만 세상에서 아무리 좋은 웰빙을 해봐도 참선을 통해 자기 마음, 자신을 깨달아 꿈을 깨는 이것이 웰빙이 아닌가 생각한다"고 덧붙였다. 그리고 이어지는 말씀들.

"참선은 자기에 대한 물음이고, 또한 인생에 대한 물음표다. 다시 말해 커다란 의심을 품고 화두를 참구하는 것이 간화선(看話禪)이다. 어떻게 해야만 자기의 자성(自性)을 올바로 알 것인가? 무엇이 과연 내 참마음인가? 이를 항상 궁구(窮究)하는 것이 간화선 수행의 시작이다."

"첫째 참선에 대한 확실한 믿음이 있어야 한다. 화두를 한번 받으면 생명보다 중히 여겨야 한다. 생명을 잃을지언정 화두를 잃어버리면 안 된다는 그 같은 믿음, 그런 맹세가 없으면 아예 안 받는 게 좋다."

"그 다음에는 화두를 의심하지 않으면 안 된다. 모르기 때문에 의심이 없으면 안 된다. 그리고 용맹심이 있어야 한다. 용맹심이 없으면 화두를 뚫고 갈 힘을 쓸 수 없다. (마음의) 틈이 있으면 장애가 생긴다. 우리가 화두를 놓치면 망상이라는 도둑에게 문을 활짝 열어주는 것과 같은 꼴이니 오직 화두 하나에 일념정진하면 나와 우주가 하나가 되는 그런 경지에 이른다. 그런 경지에 다다를 수 있도록 열심히 노력해야 한다."

호국 불교를 잉태한 간화선과 불무도 체험

범어사는 많은 고승들을 배출한 곳으로 유명하다. 임진왜란 때 서산대사가 승병을 이끌고 왜적과 싸운 뒤 호국범맥을 사찰의 기풍으로 삼고 있다. 또 3·1운동 때는 이곳에서 수행하던 승려들이 '범어사 학림의거'라는 독립만세운동을 일으키기도 했다. 근대에는 경허스님, 성월스님, 용성스님, 동산스님, 성철스님 등 선지식들이 머물며 수행한 내력 때문에 선찰대본산이라 부르기도 한다. 특히 범어사에서 수행한 선지식들은 일본 불교의 잔재를 청산하고 한국 불교의 전통을 세우기 위해 정화운동을 이끌기도 했다. 최근에는 부산을 방문하는 외국인들에게 한국 전통 문화 체험장으로 인기가 높다.

범어사의 템플스테이 전용 공간인 휴휴정사는 얼마 전까지 스님들이 수행하던 '평생선원'이었다. 평생선원은 한번 들어가면 견성성불(見性成佛)하기 전까지는 결코 밖으로 나가지 않겠다는 수행자들의 굳은 서원(誓願)과 결의가 서려 있는 곳이다. 범어사는 선원을 신축하면서 이렇듯 선지식들의 체취가 서린 휴휴정사를 템플스테이 전용 공간으로 만들고, 시민과 외국인들이 한국의 정통 간화선을 맛볼 수 있도록 배려하고 있다.

더불어 범어사 템플스테이의 가장 큰 특징으로 불무도 수련을 꼽을 수 있다. 휴휴정사 앞 넓은 잔디밭에서 금정산의 정기를 마시며 수련하는 불무도는 일상에서 움츠러든 몸과 마음의 긴장을 풀고 호연지기를 기르는 체험 수련법이어서 외국인에게도 인기가 많다.

■
Travel Information

주소 부산시 금정구 범어사로 250 범어사
전화번호 051-508-3122
홈페이지 www.beomeosa.co.kr
템플스테이 1박 2일 7만 원

찾아가는 길 경부고속도로 부산 톨게이트를 지나면 범어사 이정표가 나온다. 범어사 로터리를 지나 이정표를 따라가면 범어사. 대중교통은 지하철이 편하다. 지하철 1호선 범어사역에서 내려 5번이나 7번 출구로 나와 두 출구 사이의 길을 따라 5분 정도 올라가면 삼신교통 버스 정류장이 나온다. 여기서 90번 버스를 타면 범어사 매표소 입구에 도착한다.

호국 불교가 잉태한 불무도 체험 범어사의 템플스테이 전용 공간인 휴휴정사는 얼마 전까지 스님들이 수행하던 '평생선원'이었다. 평생선원은 한번 들어가면 견성성불(見性成佛)하기 전까지는 결코 밖으로 나가지 않겠다는 수행자들의 굳은 서원(誓願)과 결의가 서려 있는 곳이다. 휴휴정사를 템플스테이 전용 공간으로 만들어, 시민과 외국인들이 한국의 정통 간화선을 맛볼 수 있도록 배려하고 있다. 더불어 범어사 템플 스테이의 가장 큰 특징으로 불무도 수련을 꼽을 수 있다. 휴휴정사 앞 넓은 잔디밭에서 금정산의 정기를 마시며 수련하는 불무도는 일상에서 움츠러든 몸과 마음의 긴장을 풀고 호연지기를 기르는 체험 수련법이어서 외국인에게도 인기가 많다.

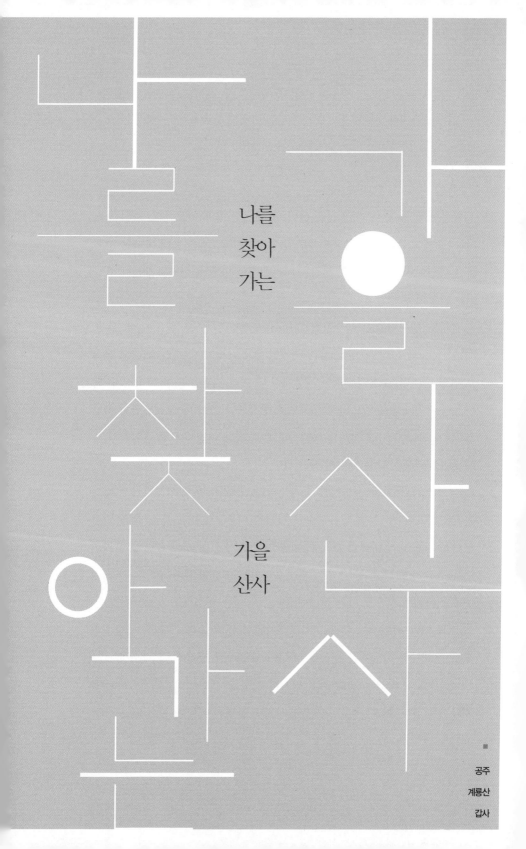

나를
찾아
가는

가을
산사

공주
계룡산
갑사

가을에 공주 갑사 가는 길은 불이 난 것처럼 붉게 타오른다. 회화나무, 비목나무, 고로쇠나무, 당단풍나무 등이 저마다의 색을 뽐내기 때문이다. 금방 낙엽이 되어 늦가을의 서정을 더하겠지만 11월 중순까지 햇빛에 반짝이는 단풍이 천하일색이다.

갑사는 옛사람들이 이상향으로 여겼던 계룡산의 넉넉한 품안에 있다. 계룡산은 조선시대 예언서 『정감록』에서 새로운 도읍지로, 신(神)들의 땅으로 점친 곳이다. 조선 말기, 이 세상에서 더 이상 희망을 찾을 수 없었던 백성들이 후천개벽을 믿으며 이상향으로 생각했던 곳이 바로 계룡산이 아닌가. 신기(神氣)가 서린 계룡산 허리를 반으로 잘라 대전 쪽으론 동학사가 있고 공주지역에는 갑사가 자리 잡고 있다.

여느 산사에 가든 울울창창 숲이 절집을 감싸고 있지만 갑사로 들어가는 길은 느티나무와 여러 활엽수가 터널을 이루고 있다. 군데군데 마련한 벤치는 지친 나그네에게 쉼터를 제공한다. 매표소를 지나 조금 올라가면 길은 두 갈래로 나뉜다. 갑사로 곧장 올라가는 포장된 길과, 철당간과 대적전을 거쳐 대웅전으로 가는 옛길이 있다.

계곡 따라 이어지는 옛길은 소란스러움이 없어 좋다. 그리고 철당간과 부도 등 귀중한 문화재를 감상할 수 있어 새 길보다 정겹다. 그 옛날에는 모두 이 길을 거쳐 갔을 텐데, 야단법석이 있는 날 야단법석을 떨며 이 길을 지나갔을 텐데, 이제는 관심 있는 몇 사람만 들르는 한적한 길이 되었다.

옛길 첫머리에서부터 손님을 반갑게 맞이하는 귀중한 문화재가 있다. 바로 갑사 철당간이다. 옛날에는 절마다 당간(幢竿, 절에서 법회나 큰 행사가 있을 때 행사를 알리는 깃발인 번과 당을 달던 기둥)을 마련하여 법회가 있는 날이면 번(幡)이나 당(幢)을 휘날렸다. 그러나 지금은 당간을 받쳐주던 당간지주만 남아 지난날의 화려했던 시절을 들려준다. 당간지주를 볼 때마다 깃발을 휘날리는 당간을 머릿속으로만 그려보았는데 이제야 갑사 첫머리에서 온전한 당간을 볼 수 있었다.

갑사 당간(보물 제256호)은 지름 50cm 정도 무쇠통을 이어 만든 철당간으로 천 년 이상 그 자리를 지켜왔다. 비록 완전한 모습은 아니지만 현존하는 사찰 당간으로는 유일한 것이다. 네 칸이 떨어져 나갔어도 15m 높이의 당간이 한눈에 들어오지 않을 정도로 높다. 당간지주를 받치고 있는 기단부는 두 개의 돌로 만들어 쇠못을 사용하여 고정시킨 듯 홈이 파여 있다. 당간 꼭대기에 용머리를 올려 법회를 알리는 깃발을 마음속에 달아본다. 호암박물관에 있는 금동 용두보당과 대구 국립박물관 뜰에서 새로 만든 당간지주와 용머리를 올린 당간을 본 기억이 있어 상상하기는 그리 어렵지 않다. 아무튼 생각만 해도 신나는 일이다. 찾는 이 별로 없어 적막하기만 한 이곳에 우리 가족만 남았다. 신기해하며 당간을 한참 바라보는 사이 여행객들은 지루한 듯 다음 길을 재촉한다. 대적전과 부도, 철당간을 거쳐 절 입구로 내려가는 옛길을 놓치면 갑사를 제대로 보지 못한 것이다.

소가 중창을 도운 갑사의 전설

철당간을 지나 한적한 오솔길을 따라 올라가면 대적전 법당 마당에 이름 없는 참한 부도(보물 제257호) 한 기가 있다. 전남 화순 쌍봉사에 있는 철감선사 부도와 닮은 팔각원당형 부도로 하대석에는 용틀임하는 구름과 사자상을 깊이 새겨 입체적으로 보인다. 그리고 몸돌에는 사천왕상(四天王像)

을 새겼다.

철당간, 부도, 공우탑을 보며 한적한 옛길을 걷다 보면 어느덧 갑사 대웅전 경역에 서게 된다. 대웅전 경역에는 새 길을 따라 곧장 올라온 사람들이 북적거려 절집의 조용함은 사라졌지만 사람은 역시 사람 속에 있어야 하는 모양이다. 산사를 찾는 온갖 부류의 사람들이 친근하게 느껴져 반갑다.

해탈문을 지나면 바로 갑사 대웅전 마당인데 해탈문이 여느 절과 달리 행랑채가 딸린 솟을대문이라 조선시대 사대부 집을 들어서는 느낌이다. 해탈문 사이로 계룡갑사(鷄龍甲寺)라고 쓴 추사체 현판이, 이곳은 갑사이니 마음 놓고 들어오라 부르는 듯하다.

행랑채가 딸린 솟을대문과 맞배지붕의 듬직한 강당이 대웅전을 가리고 있고, 좁은 경내에는 여러 전각이 오밀조밀 모여 있다. 축대나 건물 구조로 보아 임진왜란 이후 소실된 절을 중창하며 바삐 만든 흔적이 역력하다. 갑사 중창의 어려움은 공우탑에 얽힌 이야기에 이미 나타나 있다. 임진왜란을 겪은 뒤라 경제 여건이나 사회 분위기 등으로 볼 때 중창이 쉽지만은 않았음을 짐작게 하는 대목이다.

공우탑은 찻집 아래편에 웅크리고 있다. 노란 낙엽과 단풍이 개울을 온통 물들이고 있는 모습을 보면서 차를 마시는 여유도 갑사에서만 맛볼 수 있는 재미가 아닌가 싶다. 찻집에서 조금 더 내려가면 파랗게 이끼가 낀 키 낮은 탑 하나를 만나게 된다. 탑 앞에는 공우탑이라는 이름에 새겨져 있다. 갑사를 지을 때 짐을 실어 나르는 소가 지쳐 쓰러져 죽자 이곳에 탑을 세워 그 공을 기렸다고 전해지는 국내 유일의 소(牛) 탑이다.

탑에서 산 쪽으로 조금 더 올라가면 이번에는 천연의 바위틈에 자연석으로 만든 약사여래가 있고 그 위로 산 중턱에 대승암이 붙어 있다. 갑사에서 동학사로 넘어가는 가장 편하고 빠른 길이 용문폭포와 금잔디고개를 넘어 남매탑으로 내려서는 길이다.

1 계룡산이 품은 갑사는 단풍이 특히 아름답
다. 낮은 절담과 숲이 어우러진 풍경도 호젓
한 여유를 선물한다.

2 계룡산 갑사의 동종. 종을 고정하는 종머리
는 한눈에 봐도 예사롭지 않은 역사를 가지
고 있을 것만 같다.

3 갑사는 대숲을 오르내리며 불무도 수행을 연
습하는 모습을 만날 수 있다.

신령스런 계룡산과 함께 우리의 전통 문화가 생활 속에 살아 숨 쉬는 갑사에서 풍진의 묵은 때를 씻어낼 수 있는 자리를 마련했다. 스님들이 수행하고 생활하는 청정 공간에서 주말마다 템플스테이를 진행한다. 예불로 시작되는 사찰 체험은 공양은 물론이고 불교 무술, 사찰 관광, 월인석보 탁본 등 다채롭게 진행된다. 특히 갑사 진입로인 5리 숲길은 봄에는 황매화가 피고, 여름이면 녹음이 지며, 가을이면 단풍으로 장관을 이루어 추천할 만한 사찰 관광 코스다. 뿐만 아니라 용문폭포와 신흥암을 거쳐 약 9km가량 이어진 갑사계곡은 여름철엔 무더위를 식히기에, 겨울철엔 운치를 즐기기에 제격이다. 해발 620m의 계룡산 금잔디고개를 넘어 동학사에 이르는 산길은 가족과 함께 넘어볼 만하다.

갑사에서 숨은 보물찾기

거창하거나 화려하진 않지만 갑사에는 국보(삼신괘불탱) 1점과 보물 4점, 지방문화재가 10점이나 있다. 먼저 대웅전 왼쪽 구석에 '금고걸이'라는 특이한 유물이 있다. 나무로 다듬은 호랑이 위에 두 마리 용이 여의주를 마주 잡고 타원형 공간을 만들어 징같이 생긴 쇠북을 걸어두었다. 국립중앙박물관에서 똑같은 모조품을 본 기억이 있는데 대웅전에서 진품을 보니 반갑기까지 했다.

갑사에서 그냥 지나치기 쉽지만 꼭 챙겨 봐야 할 것이 바로 동종이다. 갑사 동종(銅鐘) 명문을 보면, 선조 16년(1583년) 여진족의 침입으로 하삼도(전라, 충청, 경상) 사찰의 철기를 거두어 병기와 화포를 만드니 갑사 동종도 징발되는 바람에 주상을 축수하는 대사찰에 종이 없어 모두 탄식하자 이듬해(1584년) 다시 주조했다는 내용이 자세히 기록되어 있다. 갑사 동종은 주조 연대가 확실하고 만든 사연이 명문으로 남아 있어 임진왜란 전후 조선 동종 양식을 살펴볼 수 있는 중요한 유물이다.

산사를 내려오는 길섶에 올망졸망한 부도 20여 기가 모여 부도밭을 이루고 있다. 부도는 생전의 스님 모습처럼 제각각 얼굴 모습이 다르고 느낌도 다르다. 부도밭이 선방의 스님들이 빙 둘러앉아 참선하는 것처럼 느껴진다. 그리고 나지막한 목소리로 '이 세상의 모든 것은 변해가고 너 자신도 변해가는 것 중 하나이니 자신과 사물에 집착하지 말고 부지런히 공부하여 깨달음을 얻어야 한다'는 법문을 전하는 것만 같다.

갑사 템플스테이는 스님과 참가자들의 구분 없이 사찰생활을 같이한다. 새벽 예불부터 공양, 울력, 참선 등을 한데 어울려 진행한다. 스님과 참가자를 나누면 수행의 참맛을 느낄 수 없기 때문이다.

일명 갑사계곡으로 불리는 이 길은 계룡산에서 단풍이 가장 아름다운 길로 손꼽힌다. 갑사에서 세 시간이면 동학사에 이른다. 가을에 이 길을 찾는 여행객이 몰려들 정도로 계곡 단풍이 절정을 이룬다. 갑사에서 금잔디고개에 이르는 갑사계곡 구간이다. 아침에 일찍 출발하면 금잔디고개를 거쳐 동학사로 나서는 가벼운 산행 일정을 잡을 수도 있다. 몸을 부지런히 움직이면서 마음을 추스르는 갑사 템플스테이는 가을이면 소풍을 나선 것처럼 기분 좋은 여유를 선물한다. 템플스테이를 마치고 갑사 옛길을 내려오며 마음을 다독거린다. 가을 낙엽이 사각거릴 때 번뇌를 씻으러 다시 찾아오겠다고. 인연은 마음으로 느끼는 것이지만 발걸음으로 먼저 다가서는 것이라는 생각과 함께.

■
Travel Information

주소 충남 공주시 계룡면 갑사로 567-3
전화번호 041-857-8981
홈페이지 www.gapsa.org
템플스테이 1박 2일 5만 원

찾아가는 길 천안-논산 간 고속도로 남공주 IC로 나와 공주 방향 40번 국도를 이용해 공주 시내까지 간다. 공주 시내에서 32번 국도를 타고 가다 우회전해 23번 국도를 타면 갑사 이정표가 나온다. 계룡면 소재지에서 계룡저수지를 끼고 계속 직진하면 갑사 주차장이다.

맛집 갑사 입구의 소문난 별미집 수정식당(041-857-5164)은 손님이 주문할 때마다 나물을 데쳐서 내놓는 정갈함과 손수 도토리묵을 만들어내는 정성이 그득하다. 도토리전, 게장, 쌈재료, 잡채, 버섯볶음, 닭볶음탕이 나오는 수정별미정식은 풍성한 가짓수만큼 맛도 훌륭하다. 별미정식 2만 2천 원, 도토리묵 1만 원.

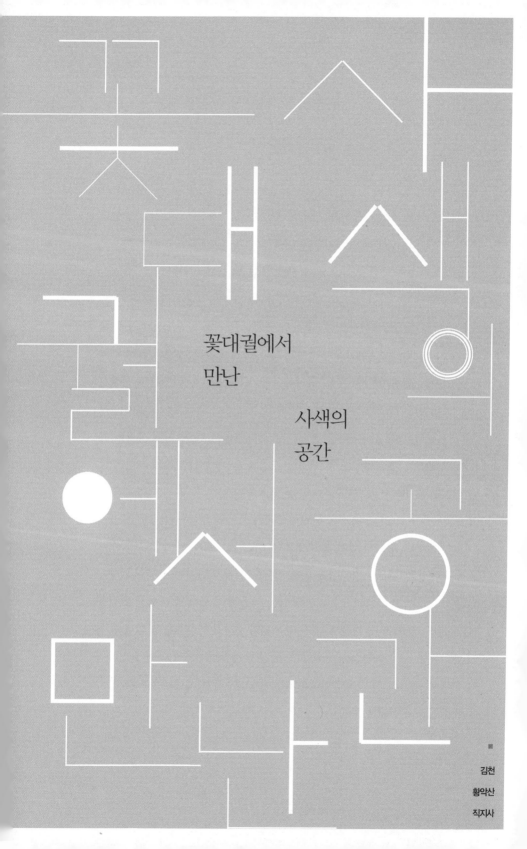

꽃대궐에서
만난

사색의
공간

김천
황악산
직지사

직지사는 외국인들의 단기 출가를 비롯해 외국인 가족들을 위해
특별 프로그램을 운영하고 있을 정도로 전통 불교 문화를 알리는 공간으로
인기가 좋다. 직지사는 전통 불교의 역사와 불교를 공부할 수 있는
프로그램이 많다.

공간은 시간의 일기장이다. 옛집과 옛길엔 그 시대를 살았던 사람들의 삶이 묻어난다. 오래된 공간일수록 더욱 그렇다. 그래서 오래된 공간으로 대표되는 절집은 건물 자체로도 소중한 문화유산으로 기록되지만 스님들이 사는 집이라는 생활 공간으로도 의미가 깊다.

한반도의 줄기를 이루는 백두대간이 태백산을 거쳐 한반도 중심부로 들어오면서 그 기세를 낮춘 곳이 추풍령이고, 추풍령을 지나면서 다시 힘차게 일어서는 형국의 산이 바로 황악산이다. 직지사를 품고 있는 황악산은 김천시 대항면과 충북 영동군 매곡면의 경계에 자리해 있다. 수림이 울창하고 산 동쪽으로 흘러내리는 계곡은 곳곳에 폭포와 소를 이뤄 그윽한 운치를 더해준다. 여기에 절을 품고 있는 황악산은 해발 1111m의 높은 산으로 최고봉인 비로봉의 억새밭은 숨은 명소로 소문난 곳이다. 해마다 가을이면 억새밭을 보기 위해 전국에서 등산객이 찾아올 정도이다.

또한 예부터 김천의 산과 들은 산세가 아름답고 품이 넓어 승려들의 수도처로 각광받아왔다. 직지사는 다친 짐승들도 낫게 한다는 충전의 기운을 느낄 수 있고 소나무와 어우러진 절경을 연출해 속세에서 묻혀온 티끌을 금방이라도 씻어낼 수 있을 것 같은 분위기다. 봄에는 진달래, 벚꽃, 산목련이 한꺼번에 피어나 절집을 수놓는다. 공간이 시간의 기록임에는 분명하지만 생명과 충전의 기운까지 기록하지는 못한다. 직접 그곳에서 느끼고 호흡해야 전달되기 때문이다.

아름다운 사찰여행

아도화상이 손가락으로 가리켜 잡은 절터

직지사는 신라의 아도화상이 신라 19대 눌지왕 2년(418년)에 창건한 고찰이다. 아도화상은 본래 고구려 사람으로, 다섯 살 때 어머니의 뜻에 따라 출가했다. 그 뒤 열여섯 살 때엔 위나라로 유학해 불교를 공부했고, 열아홉 살에 귀국했다. 그때 아도의 어머니가 당부했다.

"이 나라(고구려)는 지금까지 불법을 모르지만 이후 3천 몇 달이 지나면 신라에 성군이 나서 불교를 크게 일으킬 것이다. 그 나라 서울 안에 일곱 곳의 절터가 있는데 모두 전불(前佛) 시대 절터이며 불법이 길이 유행할 곳이다."

아도는 대궐로 나아가 임금에게 불교를 널리 전하기를 청했는데, 그 당시 조정에선 불교를 일찍이 보고 듣지 못했으므로 완강히 거부했다. 뿐만 아니라 그를 죽이려는 사람까지 있었으므로 아도는 선현 모례의 집으로 가서 몸을 숨겼다. 그때 모례 장자는 아도스님께 공양을 올리고 불교를 배웠다. 이로써 이 땅에 불교의 싹이 트기 시작했는데, 훗날 아도스님은 지금의 경북 구미에 도리사를 짓고 나서 손을 들어 멀리 서쪽의 황악산을 가리키며 "저 산 아래에도 좋은 절터가 있다"고 하여 그곳에 절을 짓게 함으로써 오늘날의 직지사가 있게 되었다.

직지사란 이름은 '직지인심 견성성불(直指人心 見性成佛)'이란 말에서 유래되었다. 이는 모든 사람이 참된 마음을 깨치면 부처가 된다는 뜻이다.

통일신라시대에는 선덕여왕 14년(645년) 자장율사와 경순왕 4년(930년) 천묵대사에 의해 중창되었다. 후삼국시대의 왕건은 견훤과의 싸움에서 불리하자 신통력 있는 직지사의 능여스님을 궁으로 초청하여 법문을 듣고, 능여스님이 적을 무찌를 만한 시기를 미리 알려주어 결국 왕건이 승리하였다. 고려시대에는 태조 19년(936년) 능여대사에 의해 사세가 크게 확장되었다. 조선시대에 들어와서는 학조대사와 사명대사가 머물면서 절 이름을 크게 떨쳤고, 임진왜란 때에는 사명대사가 출가한 절이라 하여 왜군에게 혹

1 직지사 대웅전은 정원을 바라보는 것처럼 가람구조가
  아늑하다. 대웅전을 중심으로 양쪽에 탑이 서 있고 천
  불전과 성보박물관 등의 전각이 자리 잡고 있다.
2 대웅전의 불상과 탱화. 고려시대의 자비로운 모습을
  닮아 있다.
3 직지사의 사천왕상. 솔숲을 지나자마자 나오는 천왕
  문은 직지사의 위엄을 느낄 수 있다.

독한 보복을 받아 40여 동이 불타고 일주문과 천왕문, 비로전만 남는 재난을 겪기도 했다. 이후 직지사는 대찰의 명맥만 유지되어 오다 1960년대부터 복원 불사를 기울여 오늘에 이르고 있다.

숲길 너머 펼쳐진 웅장한 꽃대궐

직지사 경내로 들어서려면 전나무와 소나무, 단풍나무까지 초록의 신록을 이룬 숲길을 먼저 만나야 한다. 직지사 사찰 경내는 3만여 평에 이를 정도로 거대하다. 여기에 울창한 노송, 깊은 계곡의 맑은 물 등이 황악산과 어우러져 사계절 내내 여행객이 끊이질 않는다.

큰 사찰을 찾아갈 때 숲은 보되 나무를 보지 못하는 우를 범하는 경우가 많다. 사찰의 규모와 역사에 의미를 두다 보면 절집 주변의 풍경이나 자연 경관을 느끼지 못할 때가 생긴다. 그러나 직지사는 짧은 숲길임에도 울창하게 우거진 숲과 작은 계곡에서 산중에 들어섰다는 희열을 먼저 느끼게 한다. 거대한 경내와 절집보다 먼저 나무와 계곡이 마중을 나오는 직지사는 그래서 상념을 잊게 만든다. 속세의 복잡한 생각은 일주문에 도착하기 전에 모두 털어버리라는 것만 같다. 한쪽은 칡나무, 한쪽은 싸리나무라고 전해지는 일주문의 두 기둥은 1천여 년을 묵었다고 한다. 직지사는 우리나라의 중심부에 자리 잡은 으뜸가는 절이란 뜻에서 동국제일가람(東國第一伽藍)으로 전해진다.

일주문을 통과하면 대양문, 금강문과 천왕문을 차례로 네 개의 문을 지나게 된다. 직지사는 짧은 거리지만 사찰로 들어오면서 모든 문을 만날 수 있는 곳이다. 문을 통과하면 2층 누각 형태로 솔숲에 둘러싸여 있는 만세루가 나타난다. 만세루를 지나야 직지사의 중심 법당인 대웅전을 만날 수 있다. 대웅전과 비로전 사이에 관음전, 사명각, 응진전, 명부전, 약사전 등 경내 주요 건물이 자리 잡고 있다.

이것만은 꼭! 일주문을 지나 경내로 들어설 때 반드시 만나는 사천왕상. 눈을 우락부락 치켜뜨고 칼을 들거나, 비파를 들거나, 마귀를 발로 누르고 있는 사천왕상은 각기 역할을 맡고 있다.

증장천왕 자신의 위덕을 널리 알려 만물을 소생시키는 덕을 베푼다.

광목천왕 악인에게 고통을 주어 구도심을 불러일으키게 한다.

다문천왕 부처님의 설법을 잘 듣는다 하여 다문이라고 하며, 어둠 속에서 방황하는 중생을 제도한다.

지국천왕 착한 이에게는 복을, 악한 이에게는 벌을 주면서 인간을 보살핀다.

직지사의 대웅전은 조선 초기, 적어도 정종 때까지는 2층 다섯 칸의 건물이었던 것으로 추정된다. 사적기에 대웅대광명전이라 했는데, 명칭부터 특이하여 혹시 당시에는 석가모니불과 비로자나불을 동시에 봉안했는지 추측할 뿐이다. 대웅전은 임진왜란 때 소실되었지만 영조 11년(1735년)에 중건되었다. 최근에는 녹원스님이 다시 중수하고 부분적으로 고색금단청을 했다. 대웅전에는 삼존불과 후불탱화를 봉안했는데, 이 중에서 중앙의 영산회상도, 좌우의 약사불회도, 아미타불회도의 후불탱화 3점은 보물 제670호로 지정되어 있다. 내부 벽에는 불보살도를 비롯해 기용관음도, 용왕도, 동자상 등 채색 벽화로 가득 차 있다. 절을 가더라도 대웅전에 들어가보지 않고 지나치는 경우가 많은데, 직지사에 갔다면 대웅전에 들어가 숨은 그림 찾기를 하듯 보물과 지정 문화재 벽화들을 찾아보는 것도 좋다.

직지사 비로전에는 재미있는 이야기가 전해진다. 천 개의 불상 중에 벌거숭이 동자상이 하나 있는데 이 불상을 찾아내면 아들을 낳을 수 있다고 한다. 믿거나 말거나 우스갯소리 같지만 득남을 기원하지 않더라도 천불전에서 벌거숭이 동자상을 찾으며 소원을 빌어도 좋을 것이다. 비로전 건물은 정면 일곱 칸, 측면 세 칸의 맞배지붕이며 가로로 길게 늘어선 것이 특징이다. 법당 안에 있는 천불상도 같은 시기에 조성되었으며 비로전 앞에는 수령 5백 년이 넘은 측백나무가 있다.

성보박물관과 불교 역사 문화 강의 인기

직지사는 템플스테이 참여 만족도가 높다. 템플스테이와 수련회를 별도로 진행할 수 있는 요사채와 최신식 시설까지 갖추고 있다. 최근에 들어선 만덕전, 설법전도 옛집들과 조화를 이루고 있다. 만덕전은 5백여 명의 인원을 한꺼번에 수용할 수 있을 정도로 거대한 규모다. 국제 세미나장을 방불케 할 정도로 최신 시설을 갖추고 있어 2002년부터 주한 외국인 공관들을 초청한 템플스테이를 개최하기도 했다.

특히 외국인들의 단기 출가를 비롯해 외국인 가족들을 위해 특별 프로그램을 운영할 정도로 전통 불교 문화를 외국에 알리는 공간으로도 인기있다. 직지사는 불교의 예절보다는 대중울력, 탁본, 인경 등 전통 불교의 역사와 불교를 공부할 수 있는 프로그램을 운영하고 있다.

■
Travel Information

주소 경북 김천시 대항면 직지사길 95
전화번호 054-429-1716
홈페이지 www.jikjisa.or.kr
템플스테이 1박 2일 7만 원

찾아가는 길 경부고속도로 김천 IC로 나와 톨게이트 앞 삼거리에서 우회전. 500m 정도의 사거리에서 다시 우회전해 10분 정도 달리다가 대항농협이 있는 곳에서 좌회전한 뒤 903번 지방도로를 따라 4km 정도 달리면 직지사 주차장이 나온다.

맛집 봄철이면 황악산에서는 산나물이 많이 난다. 그래서 직지사 입구 식당들은 산채 요리를 주로 하는 40여 곳이 성업 중이고 푸짐한 산채정식을 맛볼 수 있다. 이 중에서도 뉴서울식당(054-436-6045)은 가족 단위나 소모임별로 식사할 수 있게 작은 방으로 공간을 나눠 놓은 것이 특징. 음식맛도 정갈하고 담백하다. 각종 산나물을 들기름에 무쳐 내오기 때문에 고소하고, 콩비지와 더덕무침도 곁들여 내는데 집에서 먹는 밥상을 받는 느낌이다.

불교 역사 문화 강의 프로그램 직지사는 불교의 예절보다는 대중울력, 탁본, 인경 등 전통 불교의 역사와 불교를 공부할 수 있는 프로그램을 운영하고 있다. 스님이 직접 문화재를 안내하면서 설명을 곁들이고 별도로 토론시간을 만들어 궁금증을 문답식으로 쉽게 설명해준다. 성보박물관은 경내 중앙에 위치해 어느 동선을 잡아도 반드시 볼 수 있는 곳에 있다. 내부에는 전시관이 별도로 있어 불교 관련 유적과 불화를 상설 전시한다.

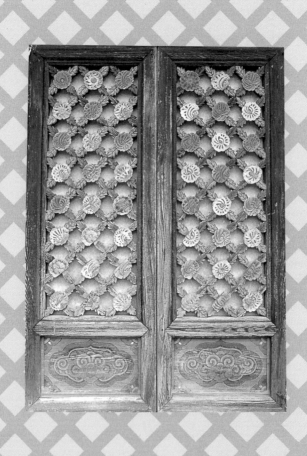

인연

나는 인연이라는 말을 즐겨 쓴다. 세상을 살아가며 다양한 인연을 맺고 그 인연으로 해서 여러 갈래 인생길이 펼쳐진다는 것을 알고 있다. 구불구불 포장도로를 따라 절집을 향하다 보면 어김없이 식당가가 먼저 마중을 나온다. 사하촌(寺下村)은 다왔구나 하는 안도감과 함께 절에 들어서는 시작점이 되곤 한다.

여행자가 가장 행복할 때는 언제일까? 그것은 오로지 자신을 위한 여행을 떠날 때다. 바로 그런 여행을 떠나고 싶다면 사찰에서 하룻밤을 묵어보자.

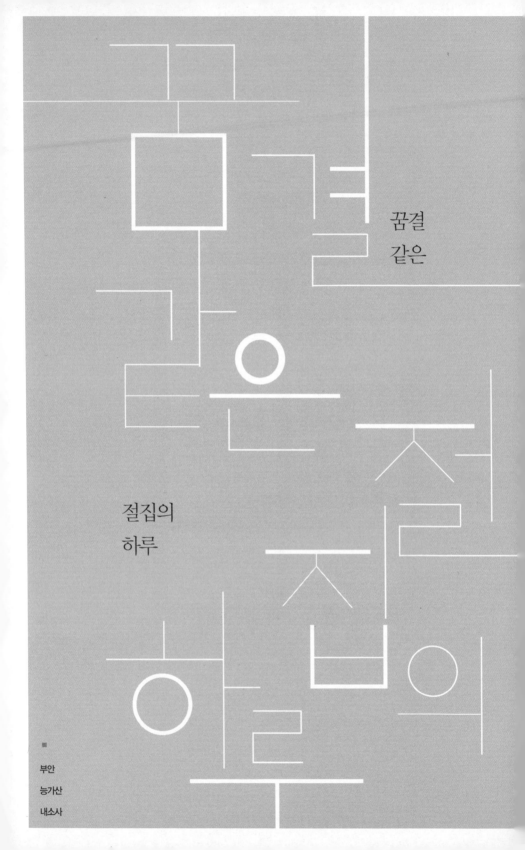

꿈결
같은

절집의
하루

부안
능가산
내소사

절집의 미학을 이야기하면 가장 아름다운 절로 내소사를 꼽는다.
절집의 아름다움을 말할 때 건축의 미학도 중요하지만 일주문에서 시작되는
절집의 전체 구조 또한 주변이 신세와 조화를 이루어야 절의 미학이 완성된다
는 것이다. 내소사는 이러한 여백과 조화를 살린 아름다운 절집이다.

내변산 등산로 입구이기도 한 내소사는 채석강과 더불어 변산반도 국립
공원에서 가장 명성 높은 곳이다. 게다가 곰소와 모항이라는 천혜의 바다
까지 끼고 있어 변산의 길목이자 중심인 셈이다.

투명해서 아름다운 것들

유홍준 교수는 절집의 미학을 이야기하면서 가장 아름다운 절로 내소사
를 꼽은 적이 있다. 선조들은 건물의 미를 생각하면서 건물 자체의 완성보
다는 주변의 산세와 집의 어울림이 조화를 이루어야 건축미를 완성했다고
보았다는 것. 건축의 미학은 절집에서도 중요한 부분이다. 절집의 독특한
구조도 중요하지만 일주문에서 시작되는 절집의 전체 구조 또한 주변 산세
와 진입로와 절집이 조화를 이루어야 절의 미학이 완성된다는 말일 터. 실
제로 내소사 일주문 앞에 서면 유홍준 교수가 내소사를 가장 아름다운 절
로 극찬한 이유를 알 수 있다. 내소사의 일주문에 도착하면 하얀 이마를 빛
내며 마중하는 변산이 눈에 들어오고 일주문 너머 전나무 숲에 들어서면
마음이 자연스레 열린다.

내소사 경내는 일주문 겸 매표소를 지나면서부터 시작된다. 일주문 앞
에서 대웅전 앞까지 500m의 진입로가 전나무 길이다. 전나무 숲길 안에는
야영장도 있고 끝머리에는 부도탑도 있다. 특히 화사한 벚꽃이 수놓은 봄
날의 내소사는 투명한 매력을 느끼게 하는 절집이다. 미완성이어서 더욱

화려한 원색을 허공에 털어버린 내소사를 찾아가는 여정은 꿈꾸는 것처럼 가슴 찡한 감동을 경험하게 한다.

또한 투명해서 더욱 아름답다는 사실을 느끼게 된다. 투명해서 더욱 아름답게 빛나는 것들을 꼽으라면 무얼 들 수 있을까? 문득 내소사를 찾아가며 떠올린 질문이다. 세월의 흔적을 고스란히 바람에 날리고 인공적인 색깔을 벗어버린 내소사의 대웅보전에 대한 잔상이 기억되기에 저절로 질문이 떠오른 것일 게다. 꽃, 꽃, 꽃문살이 휘파람처럼 휘익 입속에 머문다.

벚꽃이 만개한 내소사를 찾았을 때 가장 먼저 감동을 주는 것은 바로 나무다. 일주문에서 천왕문 사이 500m가량 이어지는 전나무 터널이 바로 그 주인공이다. 하늘 끝을 향해 팔을 벌리고 서 있는 모습은 매료되기에 충분하다. 그래서 전나무 숲길을 걸을 때는 잠시 말을 잊고 오로지 몸으로 느끼면서 걷게 한다. 때문에 전나무 숲길은 예쁜 산책 코스로 사랑받고 있다. 월정사의 전나무 숲처럼 울창하진 않지만 세월의 흐름이 느껴질 만큼 장엄함이 배어나 일찍부터 변산 8경 중 하나로 꼽혔다. 이 길은 사계절 푸름을 자랑하기에 계절마다 안겨주는 맛이 다르다. 특히 봄엔 연분홍 벚나무와 대비되는 신록이 한결 정취를 풍긴다. 전나무 숲을 막 벗어나면 벚꽃나무 터널 사이로 바위산과 천왕문이 보인다.

전나무 숲을 지나 만나는 내소사는 거대한 나무 조각처럼 섬세한 아름다움이 느껴진다. 야트막한 석축과 계단이 나아갈수록 조금씩 높아지는 절 마당에는 대웅보전을 비롯해 설선당, 봉래루가 아기자기한 자태를 들춰 보인다. 단아한 경내가 어린아이의 미소처럼 화사하게 빛난다.

꽃대궐 이루는 화사한 절집

내소사는 백제 무왕 34년(633년)에 창건되었다고 전한다. 백제의 고승 혜구두타 스님이 이곳에 절을 세워 큰절을 대소래사, 작은 절을 소소래사

가끔 바람 소리 혹은 숲 속에 묻혀 지내고 싶은 때가 있다. 이럴 때 내소사 템플스테이는 가장
적격이다. 내소사 템플스테이는 연등 만들기, 스님과 함께하는 다도, 108배와 새벽 예불, 직소
폭포 산행 그리고 눈물이 날 만큼 맛있는 공양까지 풍성한 프로그램을 갖추고 있다. 이 중에서
도 내소사에서 청련암까지의 산책길은 명상의 시간을 갖기에 안성맞춤이다. 더불어 시간 여유
가 있다면 내변산의 보석인 직소폭포까지 등산하는 것도 좋다. 다소 험하지만 변산의 바다가
한눈에 펼쳐지는 풍경도 만나고 울창한 원시림 같은 계곡길을 트레킹하는 기분도 일품이다.

라고 하였는데 대소래사는 불타 없어지고 지금의 내소사가 소소래사이다.

절의 내력을 뒤로하고 봉래루에 시선을 맞춘다. 봉래루 앞에서 꽃대궐을 이룬 주인공은 왕벚나무. 작은 군락을 이룬 커다란 벚나무가 꿈결처럼 화사하게 절집을 수놓는다.

벚나무를 지나면 바로 봉래루다. 아래는 매점, 위는 누각인 이곳을 지나야 비로소 대웅전 안마당에 들어서게 된다. 장식을 하지 않은 봉래루는 소박한 구조가 보는 이의 마음을 맑게 한다. 봉래루를 자세히 살펴보면 24개나 되는 기둥의 길이가 제각각이다. 그래서 주춧돌의 높이도 들쭉날쭉 자연스러운 멋이 묻어난다.

대웅전에 닿기 전에 큰 나무 하나가 앞을 가리고 있는데 이 마을의 당나무였다고 전해진다. 본래 당나무는 두 그루여서 하나는 할아비 당나무요 하나는 할미 당나무가 있는 법인데, 내소사 대웅전 앞의 나무가 할아비 당나무이고 일주문을 들어서서 바로 만나게 되는 작은 당나무가 할미 당나무다. 가을이면 이 할아비 당나무에 단풍이 들어 내소사를 온통 노랗게 물들인다. 당나무 앞에는 3층 석탑이 하나 서 있고 그 뒤로 능가산(변산)의 큰 바위 봉우리를 병풍 삼아 대웅전이 서 있다. 화려하지도, 볼품없거나 천해 보이지도 않고 단아하면서도 위엄 있는 풍경이다. 자연스런 봉래루를 지나 계단을 오르면 쇠못 하나 쓰지 않고 나무로만 이음새를 맞춘 대웅보전이 축대 위에 앉아 경내를 그윽하게 내려다보고 있다.

대웅보전의 아름다움을 더욱 신비스럽게 하는 건 대웅보전을 중건할 당

1 내소사 꽃문살은 아름다운 대웅전을 화려하게 수
  놓는다. 단청이 없이 투명한 대웅전에 꽃을 조각
  해 놓은 듯 정교하다.
2 대웅전 천장에 조각된 보살. 근엄한 표정을 짓고
  있지만 찬찬히 보고 있으면 익살스런 악동의 모
  습이 느껴진다.
3 내소사 대웅전 뒤편에 능가산의 바위 봉우리가
  절을 호위하고 있다.

시의 이야기. 대웅보전을 지을 도편수가 기둥은 세우지도 않고 3년 동안 나무를 목침덩이만하게 깎기만 했다고 한다. 이를 본 사미승이 장난기가 동해 몰래 나무토막 하나를 감추었다. 드디어 도편수가 나무 깎기를 마치고 토막을 세기 시작했다. 세고 또 세도 숫자가 맞지 않자 주지스님에게 찾아가 자신은 아직 법당을 지을 실력이 되지 않으니 포기하겠다고 간곡하게 말했다. 이 말에 놀란 사미승이 감추었던 나무토막을 내놓아 일은 다시 진행되었지만 목수는 그 나무토막을 부정한 재목이라 하여 끝내 사용하지 않고 대웅보전을 완공했다. 이야기야 허구이겠지만 내소사 대웅보전은 지금도 오른쪽 천장에 나무 하나만큼의 빈자리가 있다. 대웅보전은 유난히 정성을 들여 가꾼 전각이라 그런지 단청과도 관련된 설화를 비롯해 네 가지의 이야기가 더 전한다.

더불어 대웅보전에서 가장 눈길을 오래 끄는 것은 정면 여덟 짝의 꽃무늬 문살이다. 연꽃, 국화, 해바라기 등 각기 다른 꽃무늬가 꼼꼼하게 수놓여 문짝 하나가 그대로 꽃밭 같다. 계속 쳐다보고 있으면 문 전체가 하나의 투명한 꽃밭 같은 착시가 생길 정도다. 처음에는 원색의 꽃을 피웠겠지만 세월에 씻기고 빛 바랜 나뭇결이 잎이 떨어진 꽃처럼 꽃문양을 가다듬고 있다. 수려한 아름다움을 간직한 덕분에 보물 제291호로 지정된 내소사의 대웅보전은 수수한 외관이 매력을 더한다. 여기에 날아갈 듯 하늘거리는 처마선과 꽃무늬 창살을 지닌 문짝은 이 전각의 아름다움을 더해준다.

또한 내소사 봉래루 앞마당에는 수령 3백여 년으로 추정되는 보리수나무가 하늘을 찌를 듯이 서 있다. 내소사 경내와 이웃한 직소폭포와 개암사 역시 한 번쯤 들러볼 만한 곳이다.

곰소의 맛과 변산의 노을에 취하다
30번 국도를 따라 가며 변산반도의 아름다움을 충분히 느낀 후 곰소항

아름다운 사찰여행

을 찾는다. 우리나라 갯벌 중에서 가장 크고 이용 가치가 높은 곳이 채석강과 곰소, 고창을 꼭짓점으로 하는 곰소만의 갯벌이다. 변산반도 여행에서 흔히 놓치고 오지만 정작 가장 먼저 보고 와야 할 곳은 바로 이곳 갯벌이다. 채석강을 기점으로 곰소까지 30번 국도를 따라 가다 보면 끝없이 펼쳐진 갯벌을 만나게 된다. 이렇게 아름다운 갯벌은 어디서도 볼 수 없다.

갯벌 위로 한줄기 햇살이 내리비치고 왕포처럼 갯마을이 갯벌 앞까지 발을 담그고 있는 풍경도 포근한 여행지의 만족감을 선물한다. 갯벌 위로 경운기가 달리는 모습도 이곳에서만 볼 수 있는 진풍경이다. 이 갯벌 끝에는 곰소항이 자그맣게 매달려 있다.

곰소항에 도착하자 바닷가의 짠 냄새가 코를 후비며 곰삭은 젓갈 냄새가 진동한다. 젓갈이 특별히 유명한 이곳엔 곰소염전이 있다. 곰소는 예부터 소금 생산의 최적지여서 염전이 발달했다. 낮은 지형과 적당한 일조량이 만나 최고 품질을 만들어 내는 것이다. 이 소금과 연안 어선들이 잡아오는 싱싱한 해산물이 만나 곰소 특유의 젓갈을 만들어낸다. 전라도 음식은 곰소항에서 나온다는 말이 있을 정도로 질이 좋고 젓갈의 양도 풍부하다.

■
Travel Information

주소 전북 부안군 진서면 내소사로 243
전화번호 063-583-3035
홈페이지 www.naesosa.org
템플스테이 1박 2일 6만 원

찾아가는 길 서해안고속도로 줄포 IC로 나와 부안 방향으로 좌회전하면 영전 삼거리가 나온다. 여기서 좌회전하면 곰소항이 나오고 격포 방향으로 더 달리면 석포 삼거리가 나온다. 삼거리에서 우회전하면 내소사 입구 주차장. 템플스테이 참가자임을 밝히면 입장료가 면제된다.

맛집 곰소항수산물센터에 맛집이 몰려 있다. 곰소수정횟집(063-581-8060)은 곰소 일대에서 소문난 맛집이다. 각종 활어회와 해산물 요리가 가득하다. 곰소항 일대에서 나는 소금과 젓갈이 특산품이다. 곰소쉼터휴게소(063-584-8007)도 곰소항에서 젓갈정식의 대명사로 꼽히는 맛집이다.

단아한
절집의

매력에
빠지다

해남
달마산
미황사

미황사는 웅장하거나 화려하진 않지만 편안하다.
절집이 뒤편 산자락과 잘 어울리는 산 중턱에 아담하게 자리 잡고 있다.
대웅전과 응진전은 보물로 지정된 건물들이다.

매서운 바람 끝에서 피는 꽃이 선명하듯 바위가 병풍처럼 두르고 있는 미황사엔 소박한 아름다움이 배어난다. 동백보다 소박하고, 깊은 속내를 품고 있는 미황사는 봄바람을 따라 맑은 미소를 건네는 절집이다.

봄이 되면 어김없이 땅끝엔 동백꽃 물결이 수놓는다. 새빨간 꽃봉오리가 봄보다 먼저 찾아와 송이 목을 떨구고 인사를 건넨다. 겨울꽃이긴 하지만 입춘을 넘긴 후에 만개하는데, 11월부터 4월까지 피고 지기를 거듭하는 남도의 동백은 짙푸른 잎새와 붉은 꽃잎과 샛노란 수술이 선명한 대비를 이뤄 정열적이고 강렬한 인상을 준다. 여심화라는 별칭을 얻은 것도 그런 연유에서다. 겨우내 남도의 섬에만 머물러 있던 동백꽃은 입춘을 시작으로 육지까지 붉은 물결로 수놓는다.

그러나 동백꽃 구경은 흐드러지게 핀 꽃을 관람하는 꽃놀이가 아니다. 상록 활엽수인 동백나무 잎은 짙고 푸르러 듬성듬성 맺힌 붉은 꽃봉오리를 가려버린다. 겨우내 피어 있지만 사람들의 눈길을 잡아끌지 못하는 것도 이 때문이다. 대신 꽃이 떨어진 자리에는 어김없이 붉은 꽃길이 생긴다. 그래서 혹자는 동백은 피었을 때와 떨어졌을 때 두 번 보아야 제대로 된 운치를 느낀다고 강조하기도 한다.

대부분 남도에 둥지를 튼 동백 군락지는 바다를 향해 목을 떨구고 있는 경우가 많아 묘한 여운을 더한다. 한반도 남쪽 끝 달마산의 천년 고찰 미황사도 그런 곳이다. 그곳에 가면 눈부시게 하얀 이마를 드러낸 병풍바위와

1 달마산의 바위 봉우리와 미황사 대웅전의 기와가 산수화처럼 화려하다.

2 미황사 부도비는 동물이 새겨져 있어 독특하다. 남방불교에서 전래된 흔적이 남아 있다는 설도 있다.

3 미황사 입구부터 시작되는 동백숲은 달마산 중턱까지 숲길을 만든다.

처절하게 아름다운 낙조와 붉디붉은 동백꽃을 볼 수 있다. 주차장에서 일주문으로 오르는 언덕길에 수십 척 높이의 동백나무가 서 있다. 고찰과 역사를 함께한 수령 1백 년 이상의 동백나무. 군락이라 하기에는 규모가 작지만 절을 향하는 길에 핀 새빨간 동백은 여행객의 마음을 경건하게 한다.

절에서 산 정상까지는 약 한 시간 거리로 기암괴석이 들쭉날쭉 장식하고 있어 거대한 수석을 세워 놓은 듯 수려하다. 달마산 정상으로 이어지는 등산로 중간에서도 동백나무 군락을 만날 수 있다. 미황사에서 보는 다도해와 서해의 낙조는 무척 아름답다.

달마산을 병풍처럼 두른 미황사

삐죽삐죽 돋아 있는 바위들이 인상적인 달마산. 달마산을 처음 대한 느낌은 남쪽의 작은 금강산처럼 화려한 산세의 오묘함이다. 원시림에 가까운 나무들이 빽빽하게 자리 잡은 가운데 굽이굽이 길을 내준 미황사 길은 편안하면서도 긴장된 즐거움을 선사한다.

미황사는 웅장하거나 화려하진 않아도 찾은 보람이 크다. 우선 뒤편 산자락과 어울리는 산 중턱에 아담하게 대웅보전이 앉아 있다. 대웅보전과 응진전은 보물로 지정된 건물들이다. 세월의 흐름에 단청의 화려한 색깔을 털어버린 나무들의 색감은 단아하다 못해 투명하다. 대웅보전 앞마당 한가운데서 찰랑찰랑 물을 쏟아내는 약수는 달마산의 암반을 뚫고 나온 천연 약수라고 한다.

미황사는 신라 경덕왕 8년(749년)에 세워져 많은 대선사들을 배출한 절이다. 그 절의 내력을 보려면 부도전으로 가라는 말이 있다. 숲 속으로 난 길을 들어, 소나무와 동백나무 길을 따라 10분 정도 가면 부도밭에 닿는다. 부도마다 거북, 게, 새, 연꽃, 도깨비 얼굴 등이 새겨져 있어 익살스럽고 꾸밈없는 표정들을 만날 수 있다. 미황사의 최대 자랑인 부도전은 동부도전

이것만은 꼭! 미황사는 땅끝마을의 아름다운 절집으로 유명하다. 하지만 절집의 풍경에 기대하기보다는 달마산 등산이나 부도전 산책 같은 자유시간을 활용하는 것이 더 큰 감동을 선물한다. 미황사가 아름다운 절집으로 불리는 데는 웅장하지도 작지도 않은 아담한 절집에 하늘을 향해 삐쭉삐쭉 솟은 달마산의 암벽이 빚어내는 운치가 더해지기 때문이다. 외형상의 아름다움도 크지만 투명한 나뭇결을 품은 대웅보전과 각양각색의 바다생물이 새겨진 미황사 부도전을 꼼꼼히 둘러보는 것도 소중하다. 알지 못하면 보이지 않는 것처럼 마음을 열고 작은 미물과 문답하듯 절 구석구석을 돌아보면 알찬 템플스테이가 될 것이다. 또한 미황사는 주지스님과의 수행 문답이 프로그램에 포함되어 있다. 자아를 찾아가는 참선과 수행 문답을 병행하노라면 자신을 반추해보는 소중한 시간이 된다.

과 서부도전으로 나뉘는데, 대흥사의 부도전보다 예술적으로 뛰어나다.

특히 대웅보전 주춧돌에는 다른 데선 보기 드물게 거북, 게 등 바다생물이 새겨져 있다. 또한 가뭄이 들 때 걸어 놓고 기우제를 지내면 비를 내리게 한다는 괘불(보물 제1342호)과 대웅보전이나 응진전 안 벽과 천장에 그려진 18세기의 벽화들도 세심하게 관찰해야 한다. 특히 응진전과 명부전 안에 모신 보살, 나한, 동자, 신장상 등 조각을 살펴보는 재미가 크다. 대웅보전 앞마당에는 긴 석조(큰 돌의 내부를 파서 물을 담아 쓰거나 곡물을 씻는 데 쓰는 돌그릇)가 있다. 대중들이 목을 축일 수 있는 샘터이다.

풍경 소리처럼 맑은 금강스님과 차 한 잔

미황사 이곳저곳을 누비다 시선을 떼지 못할 정도로 인상 깊었던 것은 한옥으로 신축한 절집들이다. 기품 있는 기와지붕의 맵시가 단박에 시선을 잡는다. 소나무 냄새와 무늬가 온전히 살아 있는 문간 겸 신발장인 마루는 아름다울 뿐만 아니라 기능적인 외풍 방지용 이중문이 됐고, 방 안을 여러 곳으로 나누어 따로따로 조절할 수 있는 조명은 효과적인 에너지 절약 장치다. 요사채 밑으로 경사진 지형을 이용해 샤워 시설까지 갖춘 세면장은 절집의 생활이 불편할 거라는 편견을 단숨에 없애준다.

금강스님이 퇴락한 절집을 지금과 같은 미황사로 만들어 놓았다. 손수지게를 지어 돌을 나르거나 굴착기를 직접 운전해 흔적만 남거나 다 쓰러져가던 전각들을 복원했던 것이다. 오죽했으면 그곳의 주민들이 '지게스님'이라는 별명을 붙여주었을까.

　미황사 템플스테이의 숨은 매력은 스님의 방에 초대되어 차를 마시는 행운. 물론 부지런해야 이것도 가능하다. 스님의 방에 초대되면 작은 도서관처럼 금강스님이 꾸민 방의 아기자기함에 입이 벌어질 정도. 못자국 하나 없이 구멍을 뚫어 이은 나무로 된 기다란 책장은 빼곡하게 꽂혀 있는 책들을 튼실하고 위엄 있게 받치고 있었다.

　금강스님의 안목과 정성은 자연과 전통, 현대 과학 기술이 어우러진 절집으로 태어났고, 잘 지어진 절집은 아름다운 유산을 남겨주려는 배려와 조화, 서로 다름에 대한 이해와 관용의 눈과 마음을 열어주는 마당이 됐다.

　미황사의 매력은 달과 별이 뜨는 저녁에서 새벽까지의 고요함이다. 기회가 된다면 미황사에서 하룻밤을 묵으며 새벽 예불에 참여해보자. 주지스님의 맑은 염불 소리가 풍경 소리처럼 귓전을 울린다. 또한 미황사는 조계종에서 실시하는 템플스테이 사찰로 지정되어 사찰 체험을 할 수 있다. 물

론 템플스테이가 아니어도 언제든 다도, 발우공양, 저녁 예불 등 사찰 체험을 경험할 수 있다. 운이 좋으면 금강스님이 직접 달여주는 차를 한 잔 마시며 이야기도 나눌 수 있다. 미황사에 가기 전에 종무소에서 시간을 확인하고 여행 코스를 잡는 것도 시간을 아끼는 방법이다.

땅끝에서 나를 돌아보다

미황사까지 갔다면 한반도의 끝에 서볼 일이다. 흔히 여행을 떠날 때 여행이란 왜 하는지를 묻는 경우가 많다. 그러나 대부분 딱히 이렇다 할 대답을 내놓지 못한다. 하지만 땅끝에 설 때만은 다르다. 여행이란 삶 속에 잠들어 있는 여러 감성들을 일깨우는 데 필요한 자극제다. 특히 한반도의 땅끝에서 내면의 울림이나 다도해에 시선을 두면 무한한 사색에 빠져들고 만다.

땅끝마을은 오래전부터 인기를 누리고 있는 여행지로, 매년 해맞이축제가 펼쳐지며 일출 명소로도 각광받고 있다. 땅끝전망대. 이곳에선 일출과 일몰의 장관을 동시에 볼 수 있다.

■

Travel Information

주소 전남 해남군 송지면 미황사길 164
전화번호 061-533-3521
홈페이지 www.mihwangsa.com
템플스테이 1박 2일 5만 원

찾아가는 길 서해안고속도로에서 목포 대불공단을 지나 영산강 하구언을 넘어 영암 강진 방면으로 30km쯤 가다가 우측에 해남 방향 갈림길 성전을 지나 고개를 넘으면 해남읍. 해남읍에서 완도 방면으로 가면 월송 삼거리가 나온다. 삼거리에서 이정표를 따라가다 월송 버스 정류장 우측으로 6km 올라가면 된다.

맛집 해남은 바다와 육지가 만나는 곳이라 별미가 가득하다. 대한민국 최고 해물탕의 명가로 손꼽히는 용궁해물탕(061-536-2860). 이 집은 목포와 완도에서 신선한 재료를 구해오기 때문에 청정 바다에서 생산되는 해산물로 유명하다. 해물에서 우러나는 국물맛은 이 집에서만 맛볼 수 있는 별미. 또한 대흥사 입구에 위치한 전주식당(061-532-7696)은 남도에서 소문난 별미집. 두륜산 일대에서 생산되는 표고버섯과 산채비빔밥은 깔끔한 입맛을 보장한다.

청아한
강물에

마음을
씻다

청학항
강물에
마을을
씻다

여주
봉미산
신륵사

굽이굽이 물길을 돌던 남한강이 물길을 늦추는 여주에
천년 고찰 신륵사가 있다.
가람이 크지는 않지만 명찰답게 흐트러짐 없이 단아하다.
산보다는 강줄기에 뿌리를 둔 신륵사는
청아한 신록이 어우러져 절집의 아름다움을 더한다.

서울에서 동남쪽으로 약 2백 리, 여주읍에서는 동쪽 강변에 위치한 신륵사(神勒寺). 신라시대에 창건되어 천 년을 훌쩍 넘긴 오랜 역사를 간직한 가람(伽藍), 신륵사는 조포나루가 있는 천송리의 아담한 봉미산 끝자락에 자리를 틀고, 뒤편으로 아스라이 다가드는 산세의 윤곽을 뒤로한 채 남한강을 굽어보고 있다. 신록의 청아한 빛이 남한강 굽이에 실려 여간한 절경이 아니다. 그래서인지 이름난 시인과 묵객들이 즐겨 찾았다고 한다.

"들은 평평하고 산은 멀다". 목은 이색이 여주를 표현한 말이다. 여주는 목은이 태어나고 말년을 보낸 곳으로 유명할 뿐 아니라, 명성황후가 태어난 곳으로도 이름 높다. 얼핏 지나치기 쉽지만 일주문에서 대웅전으로 가는 중간에 있는 목은 이색의 문학비도 눈여겨볼 것 중 하나다. 신륵사는 신라 진평왕 때 원효대사가 창건하고, 나옹선사가 입적한 사찰로, 나옹선사는 공민왕과 한양을 점지했다는 무학대사의 스승이다. 고려 말 가장 이름난 선종의 고승이었던 나옹선사는 왕명을 받고 밀양으로 떠나던 중 신륵사에서 열반했다. 강월헌 뒤 전탑이 있는 자리는 나옹화상의 다비를 했던 곳이다.

왕실의 원찰로 거듭나다

굽이굽이 물길을 돌던 남한강이 서울로 흘러들기 전에 물길을 늦추는 여주에 천년 고찰 신륵사가 있다. 가람이 크지는 않지만 명찰답게 흐트러

아름다운 사찰여행

짐 없이 단아하다. 사찰의 규모가 크진 않지만 조선 왕실이 영릉과 가까운 신륵사를 영릉의 원찰로 삼는 바람에 신륵사는 왕실의 후광을 입고 번창했다. 그래서 한때 임금의 은혜를 갚는다는 뜻의 보은사(報恩寺)로도 불렸다. 신륵사란 이름은 남한강과 관련 있다. 남한강에 용마가 나타났지만 매우 거칠어 다룰 수 없었는데 인당대사가 나서서 고삐를 잡으니 순해졌다고 한다. 신륵사(神勒寺)의 륵(勒)자가 바로 말고삐를 잡는다는 뜻이다. 신륵사는 우리나라에서는 유일하게 강변에 자리 잡은 사찰이다. 절 앞에는 남한강이 굽이를 돌면서 넓은 모래톱을 만들어 놓았다.

신륵사 입구는 도자기엑스포 행사장과 유흥업소가 들어서서 번잡하다. 하지만 넓은 마당 중간에 덩그러니 서 있는 일주문을 지나면 번잡함은 꼬리를 감춘다. 새로 지은 일주문 왼편에 템플스테이 생활관이 ㄱ자 한옥으로 들어서 있다.

신륵사 경내에는 사연을 품은 나무들이 많다. 우선 이성계가 심었다는 향나무가 중앙에 자리 잡고 있고, 절 입구에는 나옹선사의 지팡이가 자랐다는 은행나무가 연륜을 자랑한다.

조선 왕실이 신륵사를 원찰로 삼은 것은 자연의 절경과 함께하고 있기 때문이다. 조선 초 문인인 김수온(金守溫)은 "여주는 국토의 상류에 위치하여 산이 맑고 물이 아름다워 낙토(樂土)라 불리는데, 신륵사가 이 형승(形勝)의 복판에 있다"고 칭송하였다.

여주는 강을 끼고 있어 쌀이 많이 나고 그 맛이 좋기로 정평이 나 있다. 그래서 예부터 왕이 먹던 쌀은 이천이나 여주 것이라야 했고, 쇠냄새가 나지 않도록 곱돌에다 넣어 밥을 지었다고 한다. 이때 연기 냄새가 밥맛을 그르치지 않도록 뽕나무를 때게 했다는 말이 전해온다. 여주에서 마밥이며 떡 종류가 가지가지인 까닭은 곡창지로서의 배경 때문이다. 신륵사로 향하는 여주의 너른 들판은 한 해 농사 준비로 분주하다.

문화해설사가 안내하는 신륵사 보물 여행

신륵사 경내에는 다층 석탑, 조사당, 석종, 석종비, 석등, 전탑 등 7점에
달하는 국가 지정 보물이 있다. 선인의 발자취가 보물급 유물들 속에 남아
행객의 마음을 경건하게 한다. 극락보전 앞에 있는 다층 석탑은 우리나라
석탑으로는 드물게 대리석으로 만들어져 있는데, 모서리가 닳거나 부서졌
다. 임진왜란 때 승군 5백 명을 조직, 왜병에 맞서 싸울 당시 건물 대부분이
불에 탔고 석탑도 많이 상했다. 다층 석탑이란 이름이 붙은 것은 층수를 알
수 없다는 뜻. 탑의 꼭대기 일부가 없다. 기단면석에는 구름 속을 헤집고
노니는 용의 형상을 한 운용문과 하얗게 부서지는 파도를 형상화한 파도
문, 그리고 상하대석의 연화문이 입체감 있게 새겨져 있다.

연꽃에 눈을 맞추고 있노라니 부처님의 너그러운 미소가 떠오른다. 부
처님이 영산회상의 법좌에 올라 청초한 연꽃을 들어 스님들을 바라본다.
경내의 스님들은 분주히 움직이지만 여기에 응하는 이가 아무도 없다. 사
람들은 구차한 말로 서로의 마음을 표현하고 읽으려 한다. 하지만 자신의
이익을 챙기느라 삭막해져 대화는 단절되고 만다.

신륵사는 물을 끼고 있는 까닭에 연잎으로 밥을 지어 먹는 전통이 있다.
아침 이슬에 새촘한 빛을 띠는 넓적한 연잎에 불린 찹쌀과 연씨, 그리고 연
뿌리를 썰어 넣는다. 이것을 곱게 묶어 찐 후 연잎을 헤쳐 먹는 것인데, 그
이름은 '연잎밥'이라 하는 것이 정확할 것이다. 다층 석탑 기단에 화려하게
조각된 연꽃의 아름다움은 이렇듯 운치 있는 식생활에서 비롯되었는지도

1 신륵사 전탑에서 내려다본 절 마당. 마당에서 한강이 바로 보인다.

2 신륵사 극락보전의 보살과 천장을 장식한 닷집. 바닷가에 위치한 절에서 볼 수 있는 닷집이 신륵사 극락보전에 만들어져 있다.

3 극락보전 문살에 비천상이 정교하게 조각되어 있다.

모른다.

다층 석탑 바로 앞에는 극락보전(極樂寶殿)이 있다. 내부의 삼존불은 광해군 2년(1610년) 때 조성하였고, 뒷면의 탱화는 광무 4년에 제작되었다고 한다. 꼭 다문 부처님의 입술에 떠도는 미소와 엄숙한 분위기를 자아내게 하는 향이 은은하다.

숲길 따라 솟아나는 푸른 생각

조사당에는 지공화상, 나옹화상, 무학대사를 모시고 있는데, 원래는 세 화상의 영정만 모셨으나 현재는 나옹화상의 목조상까지 봉안되어 있다. 조사전에 모신 세 분 중에서도 나옹화상은 신륵사에서 열반했다. 때문에 강변에서 수습한 스님의 사리를 봉안한 석종부도(石鐘浮屠)가 울창한 소나무 숲 속에 안치되어 있다. 보주(寶珠) 위에 조각된 불꽃 무늬는 하늘로 치솟을 듯 살아 있는 느낌을 준다. 그리고 8각 기단 위에 8각의 화사석과 옥개를 덮은 나옹화상의 석종부도가 있다. 거기에는 용무늬와 비천상(飛天像)이 새겨져 있는데, 하늘과 땅의 조화에서 자연의 섭리를 깨닫던 선조의 의식세계가 흐르는 옷깃에 내려앉는다.

조사당 앞에 서 있는 향나무는 이성계를 도와 조선 왕조를 개국한 무학대사가 심었다고 한다. 그런 구전을 믿기에 의심이 가지 않는 것은 아니지만, 그 수령이 약 6백 년 정도로 추정되고, 나뭇등걸의 붉은빛과 잎새의 푸른 기운이 드센 걸로 미루어 사실일 성싶기도 했다. 신륵사 뜰에는 사철나무들이 옹기종기 자라고 있다.

남한강은 나더러 잔돌이 되라 하네

강가 절벽에 세워 놓은 강월헌 위에 올라앉으면 남한강의 물굽이가 한눈에 들어온다. 또 강월헌 옆에는 절벽 위로 넓게 바위가 이어져 있어 연인

아름다운 사찰여행

들이 함께 앉아 사랑을 나누는 장소가 된다. 그리고 강월헌 뒤에는 남한강을 내려다볼 수 있는 암벽에 우아한 자태로 서 있는 다층 전탑이 있다. 다층 전탑은 현재 보수 공사를 끝내고 깨끗하게 단장했다.

먼산 능선이 파도처럼 물결치다 신륵사 은행나무에 엉겨붙고, 남한강 위로 금빛 햇살이 물 위에 미끄러지며 일렁이고, 새롭게 등장한 황포돛배는 유유히 흘러간다. 이포나루를 오가는 황포돛단배는 봄날의 느린 가락을 실은 채, 강심에 갇혀버린 연약한 역사를 떠올리게 한다. 남한강 줄기가 훤히 내려다보이는 강월헌 석탑 앞에 서면 누구나 시인이 된다. 어떤 시인의 서정이 그대로 다가온다. 봉미산은 나더러 들꽃이 되라 하고, 남한강은 나더러 잔돌이 되라 한다. 강월헌의 정취에 빠져 있자니 목은의 한시가 강물을 타고 흐른다.

■
Travel Information

주소 경기도 여주시 신륵사길 73
전화번호 031-885-2505
홈페이지 www.silleuksa.org
템플스테이 1박 2일 6만 원

찾아가는 길 영동고속도로 여주 IC를 빠져나와 여주 시내버스 터미널 사거리에서 양평, 문막 방향으로 우회전한 뒤 계속 직진하여 여주대교를 건너고 여주일성콘도에서 우회전하면 바로 신륵사 입구. 목아박물관은 신륵사 입구에서 약 10분쯤 42번 국도를 달리면 길 오른쪽으로 주차장이 있다.

맛집 목아박물관 옆에 사찰 음식 전문점 걸구쟁이네(031-885-9875)도 유명한 맛집. 사찰 음식과 도토리수제비 등의 음식을 내놓는다. 사찰 음식 중에서도 '표고버섯 찹쌀 전병 무침'과 '우엉구이'가 별미. 표고버섯 찹쌀 전병무침은 표고버섯과 애호박, 그리고 찹쌀을 넣어 전병을 만들어 양념에 무쳐 낸다. 화학 조미료를 사용하지 않기 때문에 버섯의 향이 입맛을 돋운다.

장인의 혼이 느껴지는 목아박물관 신륵사를 나서서 10분 정도 이포나루 쪽으로 가면 목아박물관이 나온다. 목아박물관은 목조각 부문의 무형 문화재 제108호인 목아 박찬수 선생이 제작하고 수집한 6천여 점의 불교 관련 작품들을 전시하고 있는 박물관. 목아박물관은 전시관과 야외 조각공원으로 구분된다. 박물관의 정문을 들어서면 먼저 만나는 것이 야외 조각공원이다. 목아박물관에서 전시관과 몇몇 건물을 빼면 나머지 야외 공간이 모두 조각공원으로 활용되고 있다. 여러 조각상들과 석탑 그리고 연못과 수목들이 조화를 이루고 있어, 잘 꾸며진 작은 공원에 온 것 같은 느낌이다.

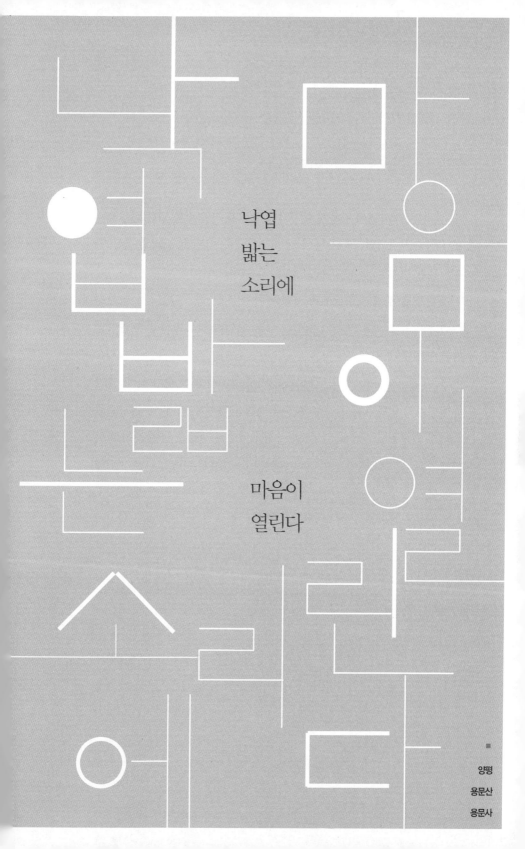

낙엽
밟는
소리에

마음이
열린다

양평
용문산
용문사

단풍이 한 차례 전국 산하에 붉은 융단폭격을 하고 지나갔지만
만추를 느낄 수 있는 낙엽 길이 아직 남아 있다.
수도권에서 인기 높은 여행지 용문산 일대는 가을의 끝자락에
낙엽 길을 감상하기 좋은 절이다. 소리 없이 지나가는 가을의 끝에서
그동안 아름다움을 잊고 지냈던 곳들로 발걸음을 옮기며 망중한을 느껴본다.

바스락거리는 낙엽이 가을의 끝자락을 알린다. 미완성을 위한 변주곡처
럼 조금은 휘청거리면서 나뭇잎의 말에 귀를 기울여본다. 그리고 붉은 손
바닥을 펼친 것처럼 조용히 가을 햇살을 받아내는 낙엽을 바라본다. 지나
다가 슬쩍 손을 건네는 바람에게 자신의 몸을 흔들어주는 낙엽. 성숙해진
다는 건 완성된 마침표를 찍는 것이 아니라 천천히 자신과 주변을 돌아볼
줄 아는 마음일 것이다.

낙엽은 그동안 잊고 지냈던 감성을 슬며시 꺼내게 하는 힘이 있다. 앞만
보고 정신없이 살아가면서 문득 놓쳤던 것들을 다시 살려내는 매력. 조금
은 느리게 걸으면서 마음을 열어본다. 낙엽 여행은 시간을 들여 계획성 있
게 하는 것도 좋지만 준비 없이 떠나보는 것도 즐겁다. 여행을 나서기 위해
준비를 한다면 그 마음을 비우는 것이 아니라 욕심이 더해지기 때문이다.
아무런 준비를 하지 않고 훌쩍 떠나도 산책을 할 수 있는 곳이 바로 양평의
용문산 일대다. 소리 없이 지나가는 가을의 끄트머리에서 그동안 잊고 지
냈던 아름다움을 찾아 발걸음을 옮겨본다.

붉게 타들어가는 단풍 산행이 기다리는 늦가을의 템플스테이

가을의 추억을 아름답게 장식하는 양평 용문사는 템플스테이와 더불어
가볍게 단풍 산행을 즐길 수 있는 곳이다. 용문사 낙엽 길은 일주문에서 용
문사까지 약 2km 구간. 이 길은 계곡을 따라 가벼운 산행을 즐기는 마음으

아름다운 사찰여행

■
**이것
만은
꼭!** 용문사에 가면 은행나무와 절만 구경하고 돌아오는 일이 많은데 용문사 주변의 바위와 암자를 찾아 낙엽 산행을 즐겨보자. 대웅전이 있는 경내에서 3km 이내에 용각바위, 마당바위, 정지국사 부도 등이 있고 오솔길을 수북하게 덮은 낙엽이 사람의 발길을 타지 않아 늦가을의 서정을 더해준다.

로 다녀올 수 있다. 길 중간에 매점이 있는데 이곳에서 잠시 휴식을 취하며 낙엽을 밟는 것도 좋다. 매점 인근에는 커다란 나무가 여러 그루 있어 유독 낙엽이 많이 쌓여 있다. 이곳 주변에는 벤치도 놓여 있어 계곡 위에 둥둥 떠다니는 단풍 낙엽을 만날 수도 있다. 매점에서 1km 남짓 더 올라가면 하늘을 찌를 듯 높이 솟은 은행나무가 마중 나온다.

용문사 앞뜰에 있는 이 은행나무는 암나무다. 수령은 약 1천 1백 년, 높이 60m로 한국에서 가장 큰 은행나무(천연기념물 제30호)다. 줄기 아랫부분에 큰 혹이 나 있는 것이 특징이다. 한국의 나무 중 우람하고 당당한 위엄을 풍기는 대표적인 명목이라 할 수 있다. 이 나무는 신라 경순왕의 세자였던 마의태자가 나라 잃은 슬픔을 안고 금강산으로 가는 길에 심었다고도 하고, 신라의 고승 의상대사가 그의 지팡이를 꽂은 것이라고도 한다.

이 나무가 자라는 동안 많은 전쟁과 화재가 있었으나 이 나무만은 그 화를 면했다고 한다. 사천왕전이 불탄 뒤부터는 이 나무를 천왕목으로 삼고 있다고 한다.

이 나무에 얽힌 이야기는 많다. 나라에 큰일이 있을 때는 소리를 내어 그 변고를 알렸다고 할 정도로 신령스런 나무로 인식되어 숭배의 대상이 되고 있다. 조선 세종 때는 정삼품보다 더 높은 관위를 하사받은 나무다. 은행나무의 사연이 하늘을 향해 뻗은 가지처럼 무성하다. 머릿속이 가지 끝에 걸친 것처럼 나무의 기세에 목이 얼얼해진다.

발걸음을 옮겨 대웅전이 있는 전각으로 향한다. 용문사는 신라 신덕왕 2년(913년) 대경대사가 창건하였다고 전한다. 수양대군이 세종 29년(1447년)에 모후인 소헌왕후를 위해 불상 2구와 보살상 8구를 봉안한 일도 있었다. 그러나 6·25전쟁 때 절이 모두 불타버려 이 불상이 본래의 용문사 보살상인지 아닌지 확인할 방법은 없다. 이후 어떻게 이곳에 봉안되었는지에 대한 아무런 기록이 남아 있지 않기 때문이다.

이왕 대웅전에 들어섰다면 불상에 섬세한 눈인사를 건네도 좋을 듯싶다. 불상의 양식으로 보아 전형적인 고려 후기 보살양식을 계승한 조선 초기의 작품으로 판단된다. 금동관음보살좌상은 보존 상태가 매우 좋은 편이다. 얼굴에 미소는 없어 보이나 이목구비가 모두 자그마하고 양 볼에 탄력이 있는 원만한 상이다. 어깨선은 완만하고 가슴은 당당하며 상체를 다소 뒤로 젖힌 모습이다.

보물 제531호로 지정된 정지국사 부도비도 놓치지 말자. 부도 높이 2.15m, 비 높이 1.2m이다. 부도는 화강암, 비는 점판암이다. 정지국사는 태조 4년(1395년) 천마산 적멸암에서 입적·다비를 하였으며, 이때 찬연한 사리가 많이 나오자 태조가 이를 듣고 정지국사를 추증하였다고 한다. 지대석은 4각이며 4매의 기다란 판석을 놓았고, 단판 26엽(葉)의 꽃부리가 아래로 향한 연꽃으로 장식되었다. 상대석은 8각으로 단판 16엽의 복련, 그 위에 8각의 탑신을 얹었으며 문비가 새겨져 있다. 옥개석도 8각이며 끝부분에 퇴화된 귀꽃이 새겨져 있다. 비는 비신만 남아 있다.

고행과 치유의 시작, 산행

경내에서 5분쯤 걷다 보면 마당바위 계곡 길과 상원사 방면 능선 길과의 갈림길이 나온다. 마당바위 쪽으로 방향을 잡고 오르길 20여 분. 가을임에도 여전히 넉넉한 인심을 자랑하는 계곡의 물소리에 맞추어 걷다 장승 하나를 만난다. 장승이 있는 곳에서 계곡 너머 하늘을 쳐다보면 용각바위가 있다. 하지만 울긋불긋 나뭇잎들에 가려 그 모습을 찾아보기가 힘들다. 시

1 용문사 처마가 용문산과 주변 산을 떠받들고 있
 는 모습처럼 보인다.
2 용문사 은행나무. 수령이 천 년이 넘었을 정도로
 웅장하고 거대하다.
3 용문사 일주문. 유원지에서 경내로 들어서는 경
 계를 알리는 문이다.

원하던 바람이 차게 느껴져 눕힌 몸을 추슬러 일어나게 한다.

마당바위를 조금 지나고부터는 경사가 다소 심해진다. 2km 남짓한 계곡 길은 끝나가고 너덜겅을 올라서야 하는데 허벅지가 당길 정도로 경사가 급하다. 걸을수록 몸이 힘들어지고 잡념이 바람에 흔들리는 낙엽처럼 머릿속을 헤집는다. 떨쳐두고 와야 했던 일상의 짐들이 너덜겅의 바위 조각들처럼 마음을 짓누른다. 잡다한 상념과 뒤죽박죽된 몸으로 꾸준히 오르니 상원사와 정상으로 가는 갈림길이 나온다. 정상으로 서둘러 발걸음을 옮기지만 섣불리 재촉하다간 부상당할 수도 있다. 간간이 로프를 잡고 올라야 하는 구간이 나온다. 경사가 30~40도 이상 되는 바위에 올라서면 또다시 바위를 만난다. 힘이 든다. 팔도 다리도 잔뜩 긴장한다. 하지만 바위에 올라서면 모든 걸 잊게 만드는 풍경이 마음을 사로잡는다. 어느새 잡념도 붉은 단풍처럼 불타 사그라진다. 갈림길에서 한 시간 가까이 오르니 드디어 정상이다(실제 정상은 군부대 안에 있어 오를 수 없다). 진짜 정상이 가로막고 있는 서쪽을 제외하고는 사방이 확 트였다.

하산은 올라왔던 길로 되돌아가 상원사 갈림길 쪽으로 향했다. 마당바위 계곡 길과는 달리 상원사쪽 능선 길은 가파른 길의 연속이다. 로프를 부여잡고 한 발 한 발 조심스레 내려간다. 템플스테이 참가자들도 산행이 고행임을 푸념처럼 말하지만 그 보람은 몸이 먼저 느낀다. 땀을 흘리며 불꽃처럼 타오르는 용문산의 가을산을 마음에 담으면서 세상의 잡념을 불태워버리는 지혜를 몸과 마음이 먼저 느끼고 반응하기 때문이다.

보통 용문사에 가면 은행나무와 절만 구경하고 돌아올 때가 많은데 용문사 주변의 바위와 암자를 찾아 낙엽 산행을 즐겨도 좋다. 대웅전이 있는 경내에서 3km 이내에 용각바위, 마당바위, 정지국사 부도 등이 있고 오솔길을 수북하게 덮은 낙엽이 사람의 발길을 타지 않아 늦가을의 서정을 더해준다. 하지만 주말엔 사람에 치일 정도로 북적거린다. 낙엽 밟는 소리를

아름다운 사찰여행

제대로 듣고 싶다면 아침 일찍 다녀오거나 주중이 훨씬 낫다. 경내의 감로수 한잔은 산책 뒤의 갈증을 씻어내기 충분하다. 경내 입구의 전통찻집에서 차의 깊은 향을 음미하는 것도 좋다.

용문사 은행나무를 바라보며 따끈한 찻잔을 손에 쥐고 있으면 센티멘털한 시심이 솟구친다. 수많은 시 중에서도 최영미 시인의 「용문사 계곡에서」가 제격이다.

시 구절을 되뇌면 마음을 움직이는 운율처럼 낙엽이 두런두런 속삭이며 마음속으로 들어오는 것만 같다. 땀을 뻘뻘 흘리다 보면 머릿속이 텅 빈다. 풍경에 빠져 있다 보면 잡념이 비집고 들어올 틈조차 없다. 산을 오른다는 것은 잠시 망각으로 가는 길일지도 모른다. 하지만 반대로 산에서 마주치는 모든 것들이 잊고자 하는 현실을 떠오르게 만들 수도 있다. 시인이 떨어지는 낙엽을 보며 지치고 멍든 마음을 치유한 것처럼 말이다.

■
Travel Information

주소 경기도 양평군 용문면 용문산로 782
전화번호 031-775-5797
홈페이지 www.yongmunsa.biz
템플스테이 1박 2일 6만 원

찾아가는 길 서울─홍천 간 6번 국도를 타고 가다 용문터널을 지나 '용문사' 입간판을 보고 빠지면 된다. 이후 331번 도로를 따라 용문사 입구까지 6.5km 정도 가면 된다. 차는 주차장에 세워두고 휘영청 허리 굽혀 인사를 건네는 솔숲을 걸어보자.

맛집 용문사 입구의 용문산중앙식당(031-773-3422)은 45년 이상 대를 이어온 산채전문점이다. 20여 가지에 이르는 산채정식의 반찬은 기본이고, 음식 맛이 깔끔하고 정갈해 한번 찾은 손님은 결코 이 맛을 잊지 못한다. 맛의 비결은 된장. 실제로 간장과 된장을 담은 항아리가 엄청 많다. 산채 고유의 투박한 맛과 향을 지속시키기 위해 음식을 주문하면 바로바로 들기름을 살짝 두르고 산채를 무쳐 낸다. 더덕 산채정식 1만 4천 원, 산채비빔밥 8천 원.

몸을
낮추면

절집이
크게
보인다

전등사의 주말이 분주하다. 신록이 물오른 산사에서 수행을 체험하려는 사람들의 관심이 높아지고 있는 것이다. 도량석에서 저녁 예불에 이르기까지 사찰 체험을 통해 여가와 휴식을 즐길 수 있는 템플스테이를 만나보자.

강화도는 지붕 없는 박물관으로 불릴 정도로 수많은 역사적인 사건과 유적을 간직한 곳이다. 당연히 강화도에는 볼거리가 다양하지만 전등사는 강화도의 상징처럼 여겨진다. 과연 신록이 떠다니는 봄에 전등사를 찾으면 모든 시름을 잊게 해줄 만큼 밝고 아늑하다. 또한 전등사는 국내 템플스테이 사찰 중에서도 외국 여행객들에게 최고 인기사찰이다. 강화도의 대표적인 관광지로만 인식되던 전등사의 템플스테이를 통해 사찰의 또 다른 모습을 만나볼 수 있다. 불교신자가 아니어도 템플스테이를 할 수 있다. 전등사는 무엇보다 보물 제178호로 지정된 대웅전의 아름다움이 돋보인다. 이곳에는 사람인지 원숭이인지 모를 살색의 나무 조각상이 네 귀퉁이의 처마를 받들고 있다. 나녀상이라 일컬어지는 이 목상에는 전해 내려오는 이야기가 하나 있다.

전등사의 명물, 나녀상과 범종

사찰을 창건할 때 공사를 맡았던 도편수는 아랫마을 주모와 정을 나누었다. 불사가 끝나면 부부의 연을 맺기로 약속한 도편수는 불사에만 전념하였는데 완공을 얼마 앞둔 어느 날 그 여인은 도편수를 기다리지 못하고 돈을 모두 챙겨 다른 남자와 도망을 가고 말았다. 이 사실을 알게 된 도편수는 어떤 이유에서인지 네 개의 나녀상을 깎아 대웅전의 귀공포마다 하나씩 달아 놓았다. 속세에서 지은 죄를 뉘우치고 무거운 처마를 평생 받들며 부

■
이것
만은
꼭!
강화도 해안도로에 가면 싱그러운 바다 냄새를 맡으며 페달을 밟을 수 있다. 강화역사관 주차장이 바로 이곳 자전거도로의 시작이다. 강화역사관 앞에서 광성보까지 이어진 해안 자전거 전용도로 9km 구간은 강화도에서만 경험할 수 있는 특별한 곳. 해안도로에 자전거도로를 별도로 개설해 새로운 테마 여행지로 인기를 얻고 있다. 특히 썰물 때는 마치 바다를 가로질러 달리는 듯한 착각이 들 정도로 매력적이다. 강화역사관 주차장 매점에서 자전거 대여를 할 수 있다. 대여료 1시간 3천 원, 문의 032-933-3692.

처님의 설법을 듣고 개과천선하라는 뜻이 담겨 있다고 한다. 아마 그녀는 그다지 미인은 아니었던 모양이다. 모질게 처마를 떠받치고 있는 여인의 인상이 잔뜩 울상을 짓고 있으니 말이다.

전등사에서 꼭 봐야 할 것 중에서 놓치기 쉬운 것이 있다. 바로 범종이다. 현재 범종각을 차지하고 있는 범종은 일제강점기 때 강제 공출 당했다가 전등사 신도가 일본에 가서 수소문 끝에 되찾아온 것이다. 종 모양을 유심히 살펴보지 않더라도 약간 낯선 양식이지만 자세히 보면 볼수록 모양이 화려하다. 종의 아랫부분이 전등사 대웅전의 처마처럼 우아하게 들려 있는 것도 특징이다. 새벽이나 저녁 종소리가 아니더라도 종소리가 맑고 청아하다 하니 상상 속의 소리에 귀를 쫑긋거려 본다.

범종각을 보고 절마당 쪽으로 돌아서는데 삼랑성을 품은 종족산의 산세가 기묘하다. 문화해설사가 전등사를 찾는 여행객들에게 전등사의 내력을 설명한다.

삼랑성을 울타리로 남문루와 동문지, 서문지, 북문지를 입구로 삼고 있는 전등사는 고구려 소수림왕 11년(372년)에 아도화상이 진종사라는 이름으로 창건했다고 전해진다. 전등사는 서기 381년에 창건된 절이다. 우리나라에 불교가 들어와 국교로 인정받게 된 것이 고구려 소수림왕 2년(서기 372년)이다. 그런데 불교가 전해진 지 9년 만인 서기 381년, 강화도에 전등사라는 절이 세워졌으니 전등사의 역사가 얼마나 오래되었는지 짐작된다.

1 전등사는 대웅전을 중심으로 전각이 나란히 배치되어 있다. 돌담과 전각이 어우러진 풍경이 정취가 느껴진다.

2 전등사 범종각의 종.

3 나한전의 나한상. 도깨비 방망이를 들고 있는 모습이 인상적이다.

4 대웅전의 나녀상. 네 기둥 위에 벌을 서고 있는 것처럼 처마를 받들고 있다.

3 4

우리의 역사와 생사고락을 함께한 호국 기도도량

유수한 역사와 이야기를 품은 것처럼 전등사는 템플스테이 참가자들 또한 끊이지 않는다. 대부분의 템플스테이 참가자들은 대웅전의 화려함에 눈길을 주기보다 법당에 들어서는 순간 눈을 동그랗게 치켜뜬다. 처음 들어가 보는 법당 안의 모습이 낯설고 어색한 눈치다. 참가자 중 몇 명을 제외하곤 대웅전에 처음 들어왔다고 한다. 하지만 스님이 절에서 지켜야 할 예절과 전등사 템플스테이를 차근차근 설명하자 이내 안심한다.

참가자들의 템플스테이 첫날은 입소식과 전등사에 대한 안내를 받은 뒤 9시에 잠자리에 드는 것으로 마무리된다. 그리고 다음 날 새벽 4시부터 분주한 하루가 시작된다. 잠자리에서 일어나면 범종 타종, 참선, 도량 청소 등을 통해 마음과 정신을 깨끗이 가다듬은 뒤 아침공양을 하게 된다. 천자문을 배우는 서예교실, 다도체험 등 문화 강좌도 진행된다.

전등사 템플스테이는 새벽예불과 숲길 산책, 참선과 차 마시기 등 도시에서는 좀처럼 체험하기 어려운 프로그램으로 구성되어 있다. 새벽예불은 우주 만물의 청신한 기운이 일어나는 새벽녘에 들려오는 범종과 목탁 소리에 어두운 생각을 내려놓고 내면의 참 모습을 관조하는 시간이 된다.

서해바다를 품은 약사전, 철제 종, 대조루

전등사는 공을 들여 살펴봐야 할 것들이 많다. 보물로 지정된 약사전과 중국에서 만들어진 철제 종, 입구의 누각인 대조루가 유명하다. 대조루는 아침저녁으로 해가 뜨고 지는 풍경을 감상하거나 서해바다를 관망할 수 있도록 만들어진 곳이다. 현재 이곳에서는 불교용품과 불서 등을 판매하는데 천장에 주렁주렁 매달린 물건들 가운데에는 아직도 법고와 목어가 있고 선원보각과 장사각 등 영조의 친필로 쓰인 몇 개의 현판도 남아 있다. 선원보각은 왕실의 족보를 보관했던 건물이고, 장사각은『조선왕조실록』의 사고

였으나 이 두 건물은 소실되었다가 새로 복원되어 있다. 숲길을 따라 걸으며 새소리도 들어보고 외규장각에 보관하던 정족산 사고까지 가볍게 산책한다. 안개가 온통 사위를 감싼 자연의 품안에 고즈넉하게 안긴 절에서 명상에 잠겨보면 금세 일상을 훌훌 털어낼 수 있지 않을까.

새벽예불을 마치고 시작된 참선은 집중과 관조를 통해 참나를 찾게 한다. 번뇌가 사라지면 부처의 마음이 된다하지 않던가. 바람이 쉬면 파도 그대로가 고요한 물이듯이, 산사의 정적을 깨우는 죽비 소리에 잃어버렸던 또 다른 나를 만난다. 30분 가량 좌선하면서 잡았던 화두에 몰두하면 마치 공중에 떠 있는 느낌이 든다. 마음을 비우면 온갖 걱정이 사라지는 묘한 매력을 체험할 수 있다. 참선을 마치면 고요하고 평화로운 마음과 함께 한잔의 맑은 차를 마시며 스님과 산중한담도 나눈다. 신록을 배경으로 청정한 산사의 기운을 얻어갈 수 있는 템플스테이는 온전히 자신을 위한 여행이다. 참선과 산책을 통해 마음속 깊은 곳까지 자신을 들여다볼 수 있는 소중한 기회가 된다.

■
Travel Information

주소 인천시 강화군 전등사로 37-41
전화번호 032-937-0125
홈페이지 www.jeondeungsa.org
템플스테이 1박 2일 5만 원

찾아가는 길 올림픽대로 끝 지점에서 강화 방향 제방도로로 진입한다. 강화도 이정표를 보고 직진하다가 양촌 사거리에서 대명포구 이정표를 보고 직진하면 초지대교가 나온다. 다리 건너 우회전 후 삼거리에서 전등사 이정표를 보고 직진하면 온수리를 지나 전등사 입구 주차장에 도착한다.

맛집 갯벌을 낀 해안선이 발달된 강화도는 먹을거리가 풍부하다. 4월경에는 담백하고 부드러운 밴댕이회, 몸에 좋은 장어구이, 인삼 맛이 나는 순무가 유명하다. 초지진 앞 사거리에서 초지대교 쪽으로 직진하면 좌측에 대선정(032-937-1907)이 있다. 순무깍두기 맛이 일품이고 시래기 밥과 메밀칼국수도 별미. 강화경찰서 맞은편에 별미집으로 소문난 우리옥(032-934-2427)은 가정식 백반을 알차게 내놓는다. 허름한 백반집이지만 어머니가 손수 해주는 것같은 음식을 맛볼 수 있다.

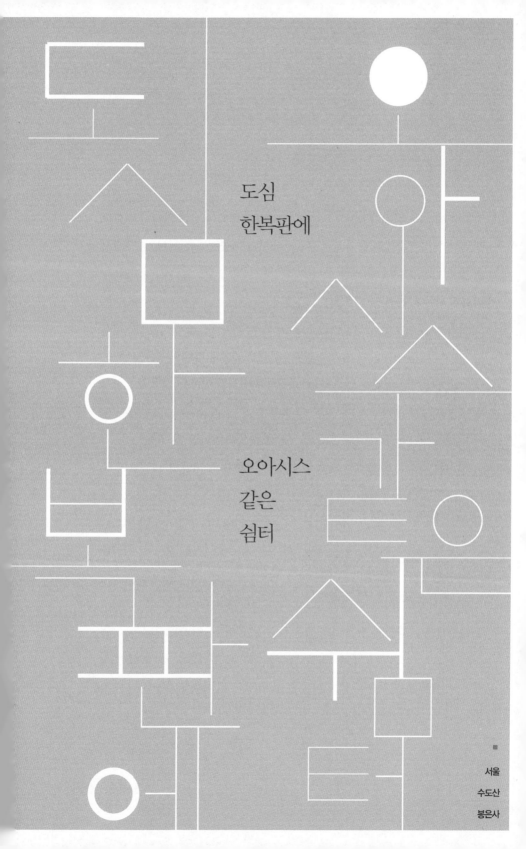

도심
한복판에

오아시스
같은
쉼터

서울
수도산
봉은사

고층 빌딩으로 둘러싸여 있지만 한국의 전통을 간직하고 있는 봉은사.
도시의 중심에서 호젓한 산사 풍경을 감상할 수 있다.
전통과 현대를 넘나드는 도심 속 사찰에서 나를 위한 보물 찾기를 즐겨보자.

서울에 전통 사찰이 몇 개나 있을까. 도로를 벗어나 산에 자리한 절만도 60여 개. 잘만 찾으면 한나절의 템플스테이가 가능하다는 이야기다. 도시는 몸과 마음을 쉬게 할 만한 곳이 없을 만큼 삭막한 곳으로 생각되지만, 둘러보면 나무 그늘이 있고 조용한 공간도 있다.

살아온 흔적이 문득 덧없거든 어느 날 훌쩍 찾아가도 좋다. 고요한 절집을 찾아 오솔길을 오르지 않아도 좋다. 빛바랜 불상과 땅에 발을 묻고 있는 주춧돌에서 지난 천년을 느끼지 않아도 되고 훤칠한 이마를 드러낸 불상에 삼배를 올리지 않아도 좋다. 그냥 훌쩍 봄바람에 귓볼을 적실 요량이면 매화 향기가 경내를 감싸는 도심 속의 사찰 봉은사를 찾아볼 일이다.

호기심 가득한 역마살을 품은 눈동자가 동행하고, 마음만 내려놓을 준비가 되어 있다면 상관없다. 절은 그런 곳이다. 도심 속의 사찰도 마찬가지다. 절로 절을 찾고 절로 합장을 하게 하는 곳이다. 인연이든 우연이든 절을 향해 발걸음을 내딛는다면 그때부터 새롭게 만들어지는 것이다. 일주문에 도착해 합장(合掌) 한번 올려보면 알 수 있다.

봉은사는 자동차 소음을 완전히 묻지는 못할지라도 쉬어갈 여유가 있고 옷매무새를 가다듬게 하는 경건함을 주는 곳이다. 특별히 출입 통제하는 곳은 없으므로 불자가 아니더라도 들러서 마음을 정리할 만하다. 조계사, 봉은사, 능인선원 같은 대규모 사찰은 그 규모와 위용이 좋기는 하지만 정취는 산사만 못하다. 그러나 봉은사는 서울 강남의 큰길에서 약간 벗어난

아름다운 사찰여행

곳에 산사(山寺)라는 이름을 붙여도 좋을 아름다운 사찰이다. 강남은 끊임없는 개발로 이루어진 신도시이며, 한국의 부를 상징하는 곳이다. 새로운 신분으로 격상된 강남은 현재 새로운 문화를 창출하고 있다. 그 변화와 역동의 중심에 자리 잡은 도심 사찰이 바로 봉은사다.

과거에는 추사 김정희가, 오늘날에는 외국인들이 즐겨 찾는 절

도로변에 위치해 무심코 지나치기 쉽지만 입구에 들어서는 순간 세종대왕 때 선종 제1의 본찰이었던 품격이 고스란히 드러난다. 또한 유배에서 돌아온 추사 김정희가 세상에 환멸을 느껴 자주 찾았던 절도 봉은사로 현재 대웅전과 불경목판본이 소장된 판전의 현판이 추사의 글씨다. 웅장한 대웅전으로 향하는 길목에는 유서 깊은 사천왕상과 봉은사에 기여한 사람들을 기리기 위한 부도탑이 있다. 대웅전에서 판전에 이르는 흙길을 밟다 보면 커다란 미륵대불이 서 있는 미륵전에서 소원을 비는 사람들이 눈에 띈다. 봉은사 경내에는 2백~3백 개나 되는 나이테를 가진 떡갈나무와 보리수들이 빽곡하다.

봉은사는 '공부하는 도량, 기도하는 도량, 이웃과 함께하는 도량'으로 거듭나고 있다. 빌딩 문화에서 비롯된 외롭고 공허하고 삭막한 심정과 닫힌 마음을 열어주기 위해 문화센터 공간을 최대한 활용하고 있다. 대웅전을 비롯한 여러 전각들은 전통의 향기가 가득하고, 기도하고 수행하는 대중들에게서는 인간미를 찾을 수 있는 문화적인 공간이다.

1천 2백 년의 역사와 전통이 개발과 변화에 아랑곳하지 않지만, 분주한 도시인들에게 본래 나를 찾을 수 있는 시간과 과거를 돌아볼 수 있는 공간이 있어 자본주의와 물질문명을 대표하는 강남에 봉은사는 정신문화를 제공해주는 감로수인 것.

봉은사 일주문을 지나면 곧바로 진여문이 나온다. 진여(眞如)란 사물의 있는 그대로의 모습, 사물의 본체로서 영원불멸한 것을 말한다. 그러므로 진여는 우주 어느 곳에서나 존재하는 본체를 뜻하고 이는 거짓이 없는 진실이라는 말과 변하지 않고 머물러 있다는 뜻이 어우러져 있다. 진여문에 들어선다는 것은 곧 진리를 찾아감을 의미한다. 진여문은 2002년 서울시 지방문화재 160호로 지정된 사천왕을 모시고 있어 그 가치가 더욱 크다. 봉은사 진여문은 창건 당시부터 있었으나 1939년 대웅전과 함께 소실되었다가 1982년 다시 세워졌다.

문정왕후의 발원과 보우대사의 정진

봉은사의 유서 깊은 역사도 잠시 들여다보자. 봉은사는 신라시대의 고승 연회국사가 원성왕 10년(794년)에 견성사(見性寺)란 이름으로 창건했다. 그 후 연산군 4년(1498년)에 정현왕후가 성종의 능인 선릉을 위해 이 절을 중창하고 봉은사로 이름을 바꾸었다. 명종 6년(1551년)에 문정왕후가 수렴청정을 하면서 보우선사를 이 절의 주지로 삼았다. 이때 경기도 양주의 회암사(檜巖寺)를 전국 제일의 수선도량으로 삼는 동시에 봉은사는 선종수찰(禪宗首刹)로, 남양주의 봉선사(奉先寺)는 교종갑찰(敎宗甲刹)로 하는 승과(僧科)를 부활하여 불교재흥정책을 폈다. 이때 봉은사는 승과시험을 치르던 사찰이었다. 1562년 보우선사가 중종의 능인 정릉(靖陵)을 선릉의 곁으로 옮기고 절을 현재의 위치로 옮겼다고 한다.

『삼국유사』에 의하면 연회국사는 영축산에 은거하면서 『법화경』을 외우며 보현행을 닦았던 신라 원성왕대의 고승이다. 또한 『삼국사기』 권38, 「잡지(雜誌)」 제7에는 봉은사에 관한 또 다른 기록이 실려 있다. 이른바 성전사원에 해당하는 일곱 사찰 가운데 하나로 봉은사가 언급된 것이다. 그 일곱 사찰은 사천왕사, 봉선사, 감은사, 봉덕사, 영모사, 영흥사 그리고 봉은사다. 성전은 왕실에서 건립한 사찰의 조성과 운영을 위해 설치한 일종의 관

1 봉은사 누각 뒤로 아파트가 기둥처럼 솟아 있다.
2 판전 앞에 있는 범종각. 봉은사에서 가장 오래
 된 전각이다.
3 봉은사 템플라이프는 외국인들이 반나절이나
 하루 정도 한국의 불교문화를 경험하는 프로그
 램으로 인기가 좋다.

부였다. 또한 일반 행정 관청과는 다른 특수 관청으로 그 관원 조직도 일반적인 관직 이름과 다른 호칭의 관원들이 왕실 사원의 행정과 업무를 도맡고 있었다.

당시에 성전이 설치될 정도의 사찰은 신라사회에서 대단히 큰 비중을 차지하던 곳이다. 실제 봉은사만 하더라도 신라의 왕인 진지왕의 추복을 위해 건립되었다는 점, 그리고 이를 위해 이미 혜공왕때부터 사찰 조성을 시작하여 선덕왕을 거쳐 원성왕대에 이르러 완성되었다는 점 등이 각종 문헌에 의해 확인되고 있다.

우리 역사에 등장하는 봉은사라는 이름을 가진 명찰은 세 곳이 있다. 각각 신라, 고려, 조선시대에 불교사적으로, 국가적으로 중요한 역할을 담당했던 사찰들이다. 먼저 신라시대의 봉은사는 앞서 말했듯이 혜공왕대에 시작하여 원성왕대에 완성한 성전사원이다. 고려시대의 봉은사는 수도 개성에 위치했던 사찰로 태조 이래 역대 왕실에서 매우 중시하였던 곳이다. 봉은사는 선종 계통 사찰로 유명하였고, 대대로 국사·왕사의 책봉이 이루어지기도 했다. 마지막으로 조선시대의 봉은사는 바로 문정왕후의 발원과 보우대사의 정진이 살아 숨 쉬는 서울의 봉은사이다.

고려의 흔적은 사료적으로 찾기에는 부족한 부분이 많이 잔존하고 있다. 그러나 고려시대의 대표적 유물인 충혜왕 5년(1344년)에 조성된 은입사 향로에 관련한 내용은 봉은사의 고려 때 발자취를 알 수 있는 자료이다. 현재 보물 제321호로 지정되어 있는 이 향로는 최근까지 봉은사에 있다가 지금은 불교중앙박물관에 소장되어 있다.

현재 서울에는 글로벌한 도시답게 많은 외국인들이 살고 있다. 그들이 불교를 알고 싶어도 쉽게 다가갈 수 있는 정보와 계기가 부족했던 것이 사실이다. 봉은사는 도심 속의 오아시스처럼 불교를 쉽게 접할 수 있는 공간으로 다가서고 있다. 그 일환으로 불교 문화를 직접 체험할 수 있는 템플스테이와 템플라이프를 운영한다. 템플스테이는 1박 2일, 10명부터 30명까지를 대상으로 한다. 짧은 시간이지만 사찰 생활을 체험하는 템플라이프도 제법 인기가 좋다. 발우공양, 참선, 예불, 인경 등을 체험할 수 있다. 매주 목요일 오후 2시부터 4시 30분까지는 '템플라이프'를 진행하고 있다. 템플라이프의 전체 프로그램은 영어로 진행한다. 봉은사는 외국인을 대상으로 하는 템플스테이 또는 템플라이프의 원활한 운영을 위해 유창한 영어실력과 불교예법을 알고 있는 신도들로 구성된 자원봉사자를 활용하고 있다. 외국인들뿐만 아니라 현대를 살아가는 도시인들에게도 한국불교의 향기를 전하고 있다.

■
Travel Information

주소 서울시 강남구 봉은사로 51
전화번호 02-3218-4800
홈페이지 www.bongeunsa.org
템플스테이 1박 2일 7만 원, 목요일 템플라이프 2만 원

찾아가는 길 지하철 9호선 봉은사역 1번 출구

혼자 여행하

혼자
여행하기
좋은

숨은 작은
절집

작은
절집

완주
종남산
송광사

벚꽃 길을 한참 걷다 보면 몸과 마음이 가벼워진다.
풍경에 빠져 있다 보면 허튼 생각이 비집고 들어올 틈조차 없다.
산을 오른다는 것은 현실을 뒤편에 잠시 내려놓는 일인지도 모른다.

여행은 많은 것들을 남긴다. 그러나 똑같은 여행일지라도 사람에 따라 남겨지는 것은 각기 다르다. 막연히 떠나고 싶은 충동으로 출발했다면 그냥 자연에 취해 돌아오는 정도로 그치고 만다. 그렇다면 여행자가 가장 행복할 때는 언제일까? 그것은 오로지 자신을 위한 여행을 떠날 때이다. 바로 그런 여행을 떠나고 싶다면 완주 송광사에서 하룻밤 묵어보자. 잊고 지냈던 서정을 마음껏 풀어 놓을 수 있는 곳이다. 아담하고 고즈넉해 저절로 닫혀 있던 마음의 문을 열게 하는 사찰이 바로 완주 송광사다.

하심으로 지내는 도시 수행자의 하루

호젓한 산사만큼 봄과 궁합이 딱 맞는 여행지가 또 있을까? 산자락 곳곳에 둥지를 튼 산사는 화사한 햇볕 한 줌에 마음을 들뜨게 하는 힘이 있다. 절에 가면 차분해지고 내면을 반추하게 되는 것도 그런 연유다. 바쁜 현대인에게 꼭 필요한 휴식처인 셈이다. 그렇게 본다면 수천 개의 절과 암자를 가진 우리는 행복한 여행자라 할 수 있다. 절은 떼를 지어 다니기보다 연인이나 가족 여행에 잘 어울린다.

하지만 절집 여행은 혼자 떠난다면 더욱 좋다. 혹 볼거리에 무게를 둔 여행일지라도 절에 들어섰을 때는 최대한 눈을 감고 자연을 음미하는 것이 좋다. 풍경 소리며, 바람 소리, 산새 소리에 나를 맡긴다. 꽃잎이 날리고 하늘 그림자 내려앉는 그런 곳이 있다면 아예 주저앉아 몇 시간을 보내도 좋다. 명찰, 대찰, 삼보 사찰보다는 작은 규모의 절이 더욱 고즈넉하고 운치 있게 마련이다. 그래서 작은 절을 찾는 길은 절 여행의 백미라 할 수 있다. 작은 절은 산문으로 들어가는 시간이 한참 걸린다. 산속에 콕 안긴 절이 많기 때문이다. 산속 오솔길을 걸으며 자연스럽게 그 고요함과 경건함에 머리가 숙여지고, 자신을 되돌아볼 시간을 갖게 된다. 그런 절을 찾아간다는 것 자체가 어쩌면 '구도의 여정'인 셈. 절에 가서 스님에게 말 붙이기가 쉬운 것은 아니지만, 작은 절에서는 자연스럽게 다가갈 수 있다.

이제 더 이상 절은 멀찍이 떨어져 관조하는 대상이 아니다. 도시인들이 즐겨 찾는 휴식처인 셈이다. 불가에서는 '마음을 낮춘다'는 뜻으로 하심(下心)이라는 말을 쓴다. 절을 하는 것은 자신을 가장 낮추는 자세다. 이왕 일주문 안으로 들어섰다면 법당에 들어가 가족과 이웃을 위해 기도하고 본래 나를 찾아볼 수 있는 '하루 수행자'가 되어보는 것도 뿌듯한 경험이 될 것이다.

나라가 어려울 때면 땀을 흘리는 신비로운 부처, 소조 좌불

완주 송광사는 전주 시민이 가장 즐겨 찾는 벚꽃 명소다. 벚꽃이 만개할 즈음, 관광객은 차량이 4차선 도로를 가득 채우는 전주-군산 간 도로보다는 아담한 멋이 더해지는 송광사를 찾는다. 전주에서 진안으로 이어지는 26번 국도를 따라 12km가량 가면 송광사에 닿는다. 소양면 시내를 지나 송광주유소 앞에서 마수교를 건너면 송광사 입구까지 약 2.5km. 수령 40년 남짓한 아름드리 벚나무 4백여 그루가 그야말로 벚꽃 터널을 이루며 하늘을 덮는다. 차를 몰고 지나가기보다는 마을 어귀 주차장에 차를 세워 놓고 천천히 걸어보기를 권한다. 사랑하는 사람이 곁에 있다면 더할 나위 없이 황홀한 축복의 길이다.

송광사 대웅전에는 국내 최대 크기의 소조 좌불이 모셔져 있다. 이 좌불은 나라에 어려움이 있을 때마다 땀을 흘리는 신비로운 불상으로 유명하다. 국내 유일한 아(亞)자형 지붕을 갖춘 2층 종각과 섬세한 목조 사천왕상도 특이한 볼거리다.

송광사는 신라 경문왕 7년(867년)에 구산선문의 개산조인 보조 체징선사가 개창하였다. 원래의 절 이름은 백련사로 현재의 일주문이 3km 밖 나들이라는 곳에 서 있던 대찰이었으나 역사의 변천 속에 거의 폐찰이 된 것을 순천 송광사의 보조국사 지눌스님이 중창을 발원하셨다. 현재의 도량 전각들은 1600년대 보조 지눌국사의 법손들이 대대적인 불사를 진행한 것이다.

대웅전(보물 제1243호)에는 국내 최대 크기의 석가여래·약사여래·아미타여래좌상이 봉안되어 있고, 좌우에 목패, 천장에 주악비천도 11폭이 장엄하게 조성되어 있다. 초창기에는 2층이었으나 1857년에 1층으로 중창되었다. 현판은 조선시대 서예가이며 선조임금의 아들인 의창군 이광의 필체로 조각되어 있다. 날렵하고 강렬한 필체가 느껴지는 현판이다. 대웅전에 모셔진 부처님(보물 제1274호)은 국내 최대 크기인 소조 좌불로, 부처님의 가호로 부국강병과 나라의 안녕과 중국에 볼모로 끌려간 두 분 왕자의 무사귀환을 발원하기 위하여 조성되었다. 석가모니부처님의 화신이라고 불리는 진묵스님께서 점안하신 것으로 유명하며 나라에 어려움이 있을 때마다 땀을 흘리는 이적을 보이는 부처님이다.

특히 대웅전의 불상은 KAL기 폭파사건, 12.12사건, 강릉 잠수함출몰 그리고 1997년 12월 2일부터 13일까지 엄청난 양의 땀과 눈물을 흘려 IMF 한파를 예견했다고 한다. 전국 4대 지장기도 도량답게 송광사의 대웅전 부

1 임진왜란 등 나라의 위기가 있을 때마다 땀을 흘려
 알렸다는 송광사의 땀 흘리는 부처.
2 극락전 문 옆에서 잡귀가 들어오지 못하게 지키고
 있는 나한상. 무섭다는 생각보다 표정이 익살스럽다.
3 밀랍인형의 동자승들. 표정이 귀엽고 천진난만하다.

처님은 나라에 안 좋은 일이 있기 전에는 이틀씩이나 땀을 흘린다고 한다. 1984년 개금을 하고 나서부터 생긴 현상이라고 하는데, 그간 몇 차례 땀을 흘려 나라의 변고를 알렸다는 것이다. 참으로 기구한 역사를 살아온 민족의 안위를 생각건대 발현의 부처님이 아닌 구제의 부처님이 간절히 기다려진다.

국내 유일의 아자형 종각과 천왕문

아(亞)자형 종각(보물 제1244호)은 자세히 살펴볼수록 묘한 기운이 느껴진다. 학(鶴)이 내려앉은 듯한 아(亞)자형 평면 위에 다포계 팔작지붕을 교차시켜 십자형으로 짜 올린 2층 건물이다. 종루나 종각은 보통 사각형 건물인데 완주 송광사의 종각은 적멸보궁에 즐겨 쓰는 특수한 평면형식 즉, 아(亞)자형을 택하고 있어서 무척 흥미롭다.

위층의 마룻바닥은 계단이 있는 쪽만 개방하였으며, 아래층은 흙바닥이며 완전히 개방되어 있다. 2층 누각 안에는 중앙에 범종을 걸고, 사방으로 돌출된 칸에 범종·법고(북)·목어·운판을 걸어서 기본 사물을 모두 갖추고 있다. 칸 사이는 모두 똑같이 8.15자(2.5m)로 작은 편인데, 기둥을 짜 올려 빈틈없이 지붕을 받게 하였다. 겹처마 밑의 서까래와 부연 또한 다른 건물에 비해 가늘고 섬세하다. 아름답게 치켜 올라간 추녀 곡선은 이 건물이 누각임을 그대로 보여준다. 2층 내부의 천장은 네 귀에서 짜 올라간 공포로 가득 채워져 있어서 특이한 분위기를 연출한다. 내부 천장 가구는 대들보

없이 창방이 대들보의 구실을 하고 있다.

송광사 천왕문은 대웅전 남쪽에 위치해 있다. 천왕문은 정면 3칸, 측면 3칸인 단층 익공맞배집 건물이다. 내부 좌우 칸에는 천왕 2구씩을 서로 마주보도록 배치하고, 통로로 사용할 수 있도록 평면을 구성하였다. 정면에서 보면 2짝 판문이 달려 있어 여닫을 수 있도록 했다. 문인방 위에 홍살을 설치하였다. 천왕문은 통로 좌우에 사천왕상이 2구씩 모셔져 있는데 모두 소조로 조성되었다. 4구의 사천왕상은 각기 이름이 다른데 삼지창을 들고 있는 사천왕은 동방지국천왕, 용과 보주를 들고 있는 사천왕은 남방증장천왕, 당과 탑을 들고 있는 사천왕은 서방광목천왕, 기타처럼 생긴 악기인 비파를 들고 있는 사천왕상은 북방다문천왕이다. 송광사 사천왕상은 1997년 6월 12일에 4구 모두 보물 제1255호로 지정되었다.

사실 완주 송광사를 중심으로 짜는 여행 코스는 마땅한 '코스가 없는 코스'가 제일이다. 머물고 싶은 만큼 머무는 게 좋다. 또한 작은 절을 찾아 마음을 열고 싶다면 반드시 책을 챙겨라. 이왕이면 시집이 더욱 좋다. 절에서 읽는 한 줄의 시는 가슴 깊은 울림을 준다.

■

Travel Information

주소 전북 완주군 소양면 송광수만로 255-16
전화번호 063-243-8091
홈페이지 www.songgwangsa.or.kr
템플스테이 1박 2일 5만 원

찾아가는 길 호남고속도로를 달리다가 전주 IC로 빠져나와 진안 방면 우회전 도로를 타고 계속 직진하다 아중리 사거리에서 진안 방면으로 좌회전한다. 전주에서 진안으로 이어지는 26번 국도를 따라 12km 가량 가면 송광사에 닿는다. 소양면 시내를 지나 송광주유소 앞에서 마수교를 건너면 송광사 입구까지 약 2.5km이다.

맛집 전주에서 소양 쪽으로 달리다 보면 화심온천 이정표와 함께 화심순두부촌이 나온다. 26번 국도를 사이에 두고 두부전문점이 수십 곳이나 자리 잡고 있다. 화심손두부(063-243-8268)는 예부터 전주의 3대 음식에 손꼽힐 정도로 담백하고 고소한 것이 특징. 100% 국산 콩을 사용하고 이 지역의 물이 좋아 두부 맛을 좌우하는 간수가 맛있기 때문이다. 또한 두부와 버섯, 고기를 섞어 부쳐낸 두부빈대떡도 일품이다.

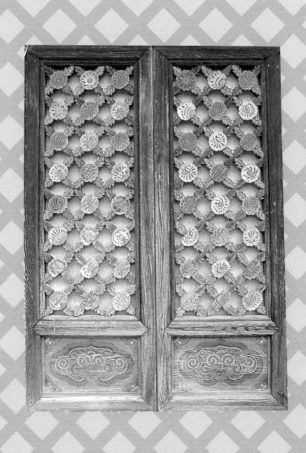

여행

'일망무제'의 장엄한 풍광이 펼쳐진다. 소백산의 웅장하고 거대한 덩치에 지레 겁먹을 필요는 없다. 소백산은 웅장하면서도 부드러운 산세를 지녀 어린아이도 쉽게 오를 수 있기 때문. 특히 가을에 단풍과 만추의 풍경이 둥둥 떠다니는 부석사에 오랜 시간 머물다 보면, 노을이 펼쳐지는 낭만에 흠뻑 취할 수 있다.

산사에 노을이 내리면 누구나 시인이 되고 싶어진다. 고즈넉하고 고요한 자연의 순리를 온몸으로 받아들이고 싶어진다. 천천히 느리게 여행하다 보면 얻게 되는 보너스다.

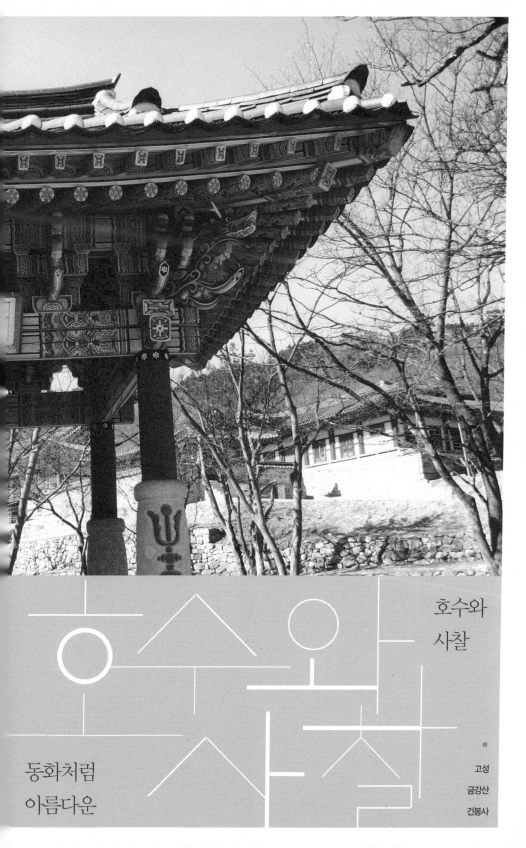

호수와
사찰

동화처럼
아름다운

고성

금강산

건봉사

건봉사는 금강산의 3대 사찰 중 하나로
한때는 신흥사, 낙산사, 백담사를 말사로 거느릴 정도로 큰 절이었다.
6·25 때 모두 불에 타버려 주춧돌의 흔적만이
옛 영화를 쓸쓸하게 떠받치고 있다.

고성은 설악산을 등에 지고 동해바다를 품고 있는 전형적인 강원도 지형이다. 보통, 진부령을 넘어 7번 국도에 내려서면 여정이 시작된다. 고성의 관광지 중 가장 비경을 자랑하고 시대를 풍미했던 인물들의 별장이 자리 잡은 곳이 화진포다. 1950년대 당대의 최고 권력자들인 김일성, 이승만, 이기붕 등의 별장이 몰려 있는데 직접 화진포에 서 보면 그 이유를 금방 알 수 있다.

TV드라마 〈가을동화〉로 더 유명한 화진포해수욕장

금강산이 지척인 동해안 북단에 위치한 화진포해수욕장은 맑고 푸른 바닷물과 송림이 울창한 해변의 정취가 해수욕을 즐기기에 그만인 곳이다. 특히 화진포해수욕장 건너편에 있는, 둘레가 16km나 되는 화진포호수는 신라시대 화랑들이 머물며 풍류를 즐겼다는 전설이 전해 내려올 정도로 뛰어난 절경을 자랑한다.

수심이 얕고 경사가 심하지 않아 어린아이도 안심하고 물놀이를 즐길 수 있으며, 길고 넓은 백사장이 죽 뻗어 있어 모래찜질을 하기에도 좋다. 곁에는 송림이 있어 따가운 햇살을 피할 수도 있다.

솔숲과 화진포호수의 갈대숲에 둘러싸인 화진포호에는 한가롭게 노니는 물오리떼와 병풍처럼 주위를 감싸고 있는 잘생긴 소나무숲이 일품이다. 특히 겨울이면 고니, 흑고니, 청둥오리 등 겨울 철새들이 몰려들어 더욱 인

아름다운 사찰여행

1 드라마 〈가을동화〉의 마지막 장면을 촬영하
  면서 유명세를 타게 된 화진포해수욕장. 물
  이 깨끗하고 수심이 얕아 한적한 해수욕을
  즐길 수 있다.
2 건봉사의 부도전은 한때 대찰이었음을 알리
  는 표지석처럼 이끼를 틀고 있다.
3 화진포 해수욕장 옆에 해양박물관이 있다.
  동해안의 바닷속 생태계를 공부할 수 있다.

상적인 곳이기도 하다. 이승만 별장의 소나무 사이로 내려다보는 경치가 제일이다.

호수의 평화로움을 맛보고 바닷가로 내려가면 강원 제일의 쪽빛 바다가 시선을 끈다. 잉크빛 바다라는 표현이 제일 정확한 화진포 바다는 활처럼 길게 늘어선 백사장에 물감을 들인 듯 찰랑거리는 모습이 너무도 아름답다.

남북 권력가들의 별장 탐방

화진포 앞바다가 훤히 내려다보이는 절벽에 서 있는 그림 같은 하얀 집이 김일성 별장이다. 6·25 이전에는 북한 지역이었던 화진포의 가장 전망 좋은 곳에 자리를 잡은 것. 실제로 1948년부터 1950년까지 김일성이 그의 처 김정숙, 아들 김정일, 딸 김경희와 함께 이곳에서 여름휴가를 보냈다. 그동안 일반인 통제구역이었지만 1999년에 일부 모습을 복원하고 사진자료, 김일성 가족이 사용했던 유물들을 전시하는 공간으로 새롭게 꾸며졌다.

김일성 별장이 바다를 내려다보는 절벽에 있는 것과 달리 이승만 별장은 조용한 호숫가에 자리 잡고 있다. 별장이 호수 쪽에 둥지를 튼 것은 이승만 전 대통령이 낚시를 즐겨 호수 쪽을 택했기 때문이라고 한다. 노년의 이승만 전 대통령 부부는 수시로 이곳에 와서 휴식을 취했다. 이곳 또한 1960년대 이후 크게 훼손되면서 군사지역으로 방치되어 있다가 1999년 이승만 전 대통령 부부의 유품들을 모아 거실과 침실을 비롯해 실제 생활하던 당시의 주거공간을 그대로 옮겨 재현해 두고 둘러볼 수 있게 했다. 더불어 김일성과 이승만 별장 사이 솔숲에 이기붕 별장이 자리하고 있다.

아름다운 사찰여행

바다를 보고 진부령 쪽으로 들어서 간성읍을 통과하면 금강산 건봉사 표지석이 나온다. 북녘의 금강산 마지막 남쪽 자락에 자리해 절 이름 앞머리에 금강산이 붙은 의미 깊은 사찰이다. 38선이 그어지기 이전에는 금강산 3대 사찰의 하나로 한때는 신흥사, 낙산사, 백담사를 말사로 거느릴 정도로 큰 절이었다.

그러나 3천여 칸이 넘던 경내 건물들은 6·25 전란 당시 모두 불에 타버려 주춧돌의 흔적만이 옛 영화를 쓸쓸하게 떠받치고 있다. 건물은 사라졌지만 세월이 거듭되면서 더욱 건봉사의 내력을 전하는 것이 있으니 부처님 진신 치아사리를 모신 적멸보궁과 부도전이다. 건봉사에 들어서기 500m 전 도로 왼편에 자리한 부도전은 여느 절과는 다른 경건함이 느껴진다.

이끼가 석탑의 글씨를 덮고 세월에 묻혀버린 기단석들이 건봉사의 내력을 그대로 전하는 것만 같다. 건봉사를 찾아가는 길이 험해 비교적 알려지지 않은 여행지였지만 군부대 옆으로 도로가 닦이면서 찾아가기도 쉬워졌다. 이곳을 찾는 이들은 젊은 답사객이 많은데 38선 안쪽 내륙에 자리 잡은 절인지라 뭔가 특별한 여행목적이 있어 보인다. 그건 다름 아닌 답사여행.

젊은 여행객들이 답사로 이곳을 많이 찾지만 건봉사만의 특별한 봄날 정취가 있다. 주춧돌이 자리 잡은 넓은 대지에 쑥이며 나물을 캐는 여행객들이 유독 많아 옆에 다가가 물어보니 '작년에도 이곳에 와서 쑥과 나물을 뜯어서 국을 끓여 먹었는데 너무 맛있어서 또 쑥을 캐고 있다'는 아주머니의 말이 평화로운 봄날의 풍경을 제대로 전하는 것 같아 살짝 미소로 답례를 대신하고 돌아선다.

금강산 일원의 대찰이 지금은 그 자리를 내어주고 이렇게 봄날의 풍경을 선물한다는 생각을 추스르고, 주춧돌과 여러 가지 기단석들을 카메라에 담고서 마지막으로 아치형 다리의 아름다움을 눈으로 담는다.

Travel Information

주소 강원도 고성군 거진읍 건봉사로 723
전화번호 033-682-8100
홈페이지 www.geonbongsa.org
템플스테이 1박 2일 4만 원

찾아가는 길 A | 홍천 - 인제 - 원통 - 한계리민예단지 - 미시령 방향 용대 - 진부령 - 간성 - 화진포
B | 서울양양고속도로 - 양양 IC - 7번 국도 - 속초 - 간성 - 화진포

맛집 화진포 주변의 음식은 단연 활어회가 대표적이다. 7번 국도에서 화진포로 진입하기 전 간성읍 외곽에 먹거리촌이 형성되어 있다. 주로 바닷가에 자리 잡은 횟집촌이 대규모로 조성되어 있다.

잠자리 동해안 여행의 성공포인트는 잠자리. 콘도는 성수기에 회원들의 이용률이 높아 비회원은 이용하기 어려우니 호텔이나 모텔, 민박을 일찌감치 예약하는 것이 좋다. 민박이나 모텔도 깨끗한 곳이 많다.

화진포해수욕장 간이방갈로와 낙후된 민박집을 제외하고는 별다른 숙박시설이 없다. 화진포해수욕장에서 해수욕을 즐긴 후 바로 아랫마을인 반암해수욕장 민박집을 이용하는 것도 좋다.

계곡에
그림처럼

앉아
있는
절집

울진
천축산
불영사

하늘을 머리에 이고 달릴 정도로 산마루와 눈을 맞추고 한참을 달리
는 불영사 계곡길. 울진읍에서 봉화와 영주를 거쳐 영남 내륙으로 이어
지는 36번 국도는 하늘을 머리 위에 이고 가는 고갯길이다. 이 길은 장장
100km가 넘게 이어지는 국내 제일의 산악 드라이브 코스로 '한국의 그랜
드캐니언'이라 불린다. 그중에서도 울진읍에서 진입해 선유정, 불영정에
이르는 약 10km가 절경으로, 2층 팔각정인 선유정, 불영정에서 내려다보
는 불영계곡 경치는 뒷덜미가 서늘할 정도로 아슬아슬하다.

꽃대궁을 내민 창포꽃이 인사하는 불영사

불영계곡 중간에 불영사가 그림처럼 앉아 있다. 불영계곡은 불영사를
중심으로 광대코바위, 주절이바위, 창옥벽, 명경대, 의상대, 산태극, 수태극
등 명소가 30여 곳에 이른다. 절벽은 흰빛을 띠는 화강암이 풍화되어 갖가
지 형상으로 맑은 물과 어우러져 아름다운 경치를 이룬다. 설악산의 천불
동계곡, 오대산의 무릉계곡, 보경사계곡에 비해 웅장하거나 화려하지는 않
지만 오밀조밀한 경관이 천축산을 배경으로 펼쳐져 있다.

경내에는 응진전, 대웅보전 등 12채의 당우가 자리 잡고 있다. 보물 제
730호인 응진전을 비롯한 4점의 문화재가 있다. 이 중 불영사 경내에서 가
장 오래된 건물은 응진전으로, 조선 태조 6년(1397년)에 화재로 불타버린
것을 소운대사가 중건하였다. 현재의 응진전은 1500년에 다시 중건한 건

1 한국의 그랜드캐니언이라 불리는 불영계곡. 백두대간
  의 큰 줄기가 깊고 아름다운 계곡을 탄생시켰다. 절벽
  과 소가 많아 절경이 많다.
2 불영계곡에서 만난 불영사 안내판.
3 불영사는 천축산 아래 그림처럼 앉아 있다. 절 한가운
  데 연못이 있어 운치 있다.

1 불영정에서 내려다보는 불영계곡 경치는
  뒷덜미가 서늘할 정도로 아슬아슬하다.
2 사진작가들이 자주 찾는 불영사. 연못과
  정자를 함께 찍으면 멋진 각도의 사진이
  탄생한다.
3 불영계곡 가는 길에 울진 민물고기전시
  관이 있다.

물이다. 다른 불영사의 건물들은 임진왜란 때 병화를 입었으나 이 응진전만은 피해를 입지 않고 지금까지 남아 있다. 응진전의 특징은 정면 3칸, 측면 2칸의 맞배형 기와지붕으로 다포집이다. 측면 지붕 마구리의 박곡 처리, 삿갓천장, 부연이 없는 광창 등 특이한 형식이다.

불영사에서 거듭 느끼는 감회지만, 우리나라 여느 고찰에서 쉽게 만날 수 없는 아름다운 풍경들을 대하곤 한다. 불영사 대웅보전 축대를 천 년이 넘게 짊어지고 있는 한 쌍의 거북돌이 그것. 소소하지만 진심으로 부처님의 법신을 호위하는 모습은 세월을 잊은 것만 같다. 도보로 20분 정도 거리의 오솔길에는 일주문 앞에서부터 길을 빽빽이 메운 적송이 고즈넉한 숲을 이룬다. 이 역시 찾는 이의 마음을 흐뭇하게 만드는 불영사의 명물이다. 오솔길 굽이를 돌아서면 태극 모양의 연못이 있고 그 연못 안에 작은 동그라미 연못이 포개져 있다. 독경이 한낮의 졸음을 꾸짖는 것처럼 연못가의 보라색 창포꽃이 수북이 눈을 찌른다.

부처님의 그림자를 일으킨 의상대사

불영사는 진덕여왕 5년(651년) 의상대사가 창건하였다. 유백유가 지은 '천축산불영사기'에 "의상이 경주로부터 해안을 따라 단하동에 들어가서 해운봉에 올라 북쪽을 바라보니 서역의 천축산을 옮겨온 듯한 지세가 있었다. 맑은 냇물 위에서 다섯 부처님 영상이 떠오르는 모습을 보고 기이하게 여겨 내려가서 살펴보니 독룡(毒龍)이 살고 있는 큰 폭포가 있었다. 의상은 독룡에게 법을 설하며 그곳에다 절을 지으려 하였으나, 독룡이 듣지 않았으므로 신비로운 주문을 외워 독룡을 쫓은 뒤 용지를 메워 절을 지었다. 동쪽에 청련전 3칸과 무영탑 1좌를 세우고 천축산 불영사라 하였다"라고 전해진다.

'자비 명상 템플스테이'는 서로의 마음을 나눔으로써 나의 마음을 반추해보는 프로그램이다. 자연에 안긴 산사에서 잊고 있던 자신의 참모습을 되찾는 과정인 것이다. 그래서 자비 명상에 임할 때는 '내가 무엇을 얻겠다'는 욕심을 버리라고 한다. 자신과 주변을 돌아보면서 마음을 비우는 것이 궁극적인 자비 명상의 완성인 것이다. 그렇다고 반드시 그래야 한다는 목적을 가지라고 강요하진 않는다. '자신을 비우겠다'는 목적을 정하면 그것은 이미 명상이 아닌 집착이 되기 때문이다.

살아 있는 물고기 전시관, 민물고기전시관

국내 최초로 살아 있는 민물고기를 전시해 놓은 곳이다. 이름도 잘 알 수 없는 사라지고 잊혀져 간 국내의 여러 민물고기들을 관찰하면서 우리나라 각종 토종 물고기와 어류의 생태를 공부할 수 있다. 전시관 실내외에는 각각의 전시장과 학습장 등이 마련되어 있으며, 환경과 어자원 보호의 중요성 등 환경생태적인 교육 효과도 기대할 수 있다.

빛 물감을 풀어 놓은 동해바다 망양해수욕장

울진읍에서 동남쪽으로 5km 떨어진 곳에 망양정을 중심으로 펼쳐진 해수욕장. 관동팔경의 하나인 망양정에서 바라다보면 동해가 한눈에 훤히 펼쳐지는 풍경이 한 폭의 그림처럼 아름답다. 망양해수욕장은 비교적 수심이 얕고 해안가 뒤편에 무성한 송림이 있어 산책하기 좋아 가족 단위로 머물면 좋다. 해수욕장 앞으로는 불영계곡의 하류인 왕피천이 있어 담수욕도 할 수 있고, 성류굴이 가까운 곳에 있어 같이 구경할 수 있다. 울진읍에서

7번 국도를 타고 영덕 방면으로 5km쯤 가면 수산교가 나오고 동쪽 산포리 길로 진입하면 된다.

해수욕장 바로 앞 민박집은 오래된 집들이 많지만 최근에 신축한 집을 찾아 숙박을 청하면 된다. 피서철에도 바가지 요금을 받는 경우가 거의 없을 정도로 인심이 훈훈하고, 민박집에서 소반에 차려주는 백반도 반찬이 제법 거하고 담백한 해산물이 입맛을 당긴다.

현지인들이 더 좋아하는 후정해수욕장

외지 여행객에게는 그리 많이 알려지지 않았지만 현지 사람들이 즐겨 찾는 곳이다. 해안선을 따라 펼쳐진 백사장과 소나무숲, 커다란 바위섬이 어우러져 시원함을 더해주는 해수욕장이다. 파도가 심하게 일지 않아 아이들과 함께 해수욕을 즐기기에 안성맞춤이다. 방갈로와 야영장, 주차장, 화장실 등 각종 편의시설이 완비되어 있어 불편함 없이 머물 수 있다. 죽변항이 가까이에 있어 싱싱한 해물을 즉석에서 즐길 수도 있다.

■

Travel Information

주소 경북 울진군 금강송면 불영사길 48
전화번호 054-783-5004
홈페이지 bulyoungsa.kr
템플스테이 없음

찾아가는 길 중앙고속도로 영주 IC-영주를 거쳐 봉화에 닿는다. 봉화에서 36번 도로로 32km 가면 현동이고 38km 더 가면 현동터널-회고개재-답운재를 넘어 불영사 입구에 닿는다.

맛집 삼오정 | 가정식 백반이 그리울 때 좋은 유명 맛집. 맛깔스러운 반찬, 찌개, 젓갈, 생선구이, 오징어 회무침 등이 올라온다. 성류식당 | 문을 연 지 20년이 넘은, 손맛이 푹 익은 집으로 맛깔스러운 한정식이 별미다. 얼큰한 매운탕과 회 백반도 인기가 좋다. 사동횟집 | 회무침으로 전국에 명성을 날린 집. 주인 할머니가 직접 물가자미, 소가자미, 오징어, 한치회 등 여러 가지 잡어에 각종 야채를 넣어 달콤하면서도 매콤한 초고추장으로 무쳐준다. 양도 푸짐해 1만 원이면 두 사람이 충분히 먹고도 남는다.

잠자리 백암한화콘도 | 249실의 대규모 온천 콘도. 유황온천탕을 갖추고 있어 온천욕을 겸해 휴가를 즐길 수 있다. 덕구온천관광호텔 | 덕구온천은 신생 온천단지로 좋은 평가를 받고 있다. 107실을 갖춘 덕구관광호텔(1급)은 100% 땅에서 끌어올린 자연 온천수를 이용한 대중탕을 갖추고 있으며, 주변에 응본산 등산로가 있어 휴식을 취하기에 더없이 좋다.

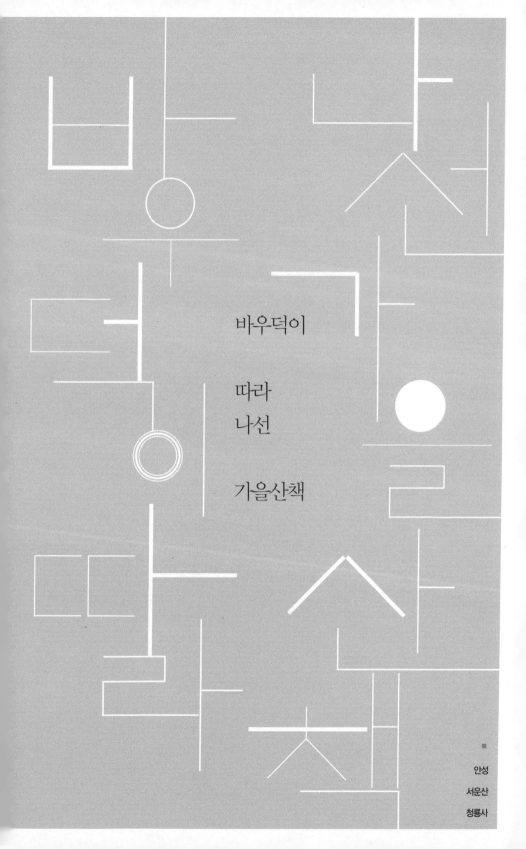

바우덕이

따라

나선

가을산책

안성

서운산

청룡사

안성의 서운산은 서울 등 수도권에서 1시간 정도면 충분히 도착할 수 있을 정도로 교통이 편리하다. 주말이면 가볍게 산행을 즐기기 위해 서운산을 찾는 가족여행객들이 많다. 더불어 10월 중순경에 열리는 '안성 남사당 바우덕이 축제'에서 이 시대 최고의 풍물 명인들을 만나볼 수 있다. 가을 풍경을 화폭에 옮기듯 여유롭게 안성으로 가을산책을 나서보자.

부드럽고 유순해 가을산행으로 안성맞춤, 서운산

경기도와 충청도의 경계 지역에 위치한 서운산은 경기도 안성시에서 남쪽으로 약 12km 정도 떨어진 곳에 있다. 해발 547m로 아담하고 바위도 거의 없는 유순한 산세에 포근히 안겨 가족들끼리 가볍게 산행하기에 좋다.

청룡사 쪽에서 오른다면 절 왼쪽 등산로를 따라 20분 정도 오르면 개인농장을 지나 왼쪽에 나옹선사가 기도했다는 토굴암이 있다. 울창한 숲길을 헤치고 40분쯤 오르면 차령산맥 산등성이가 한눈에 내려다보이는 좌성사가 나온다. 좌성사는 백 년의 역사를 지닌 비교적 근래에 지어진 기도도량이다. 좌성사에 오르면 반드시 대웅전 뒤편의 바위샘물을 마셔보자. 바위틈에서 솟아나는 물맛이 달다.

좌성사 위쪽 요사채를 지나 오솔길을 오르면 새로 지은 듯한 서운정이 나온다. 여기서 정자 난간에 걸터앉아 바람도 쐬고 땀을 식히노라면 가히 신선이 된 듯한 기분에 취한다. 다시 오솔길을 올라 토성 앞 갈림길에서 왼쪽으로 급경사를 오르면 가슴을 씻어낸다는 탕흉대가 나온다. 탕흉대는 서운산 최고의 전망대로 손색이 없다. 이곳에 오르면 안성, 평택, 성환, 천안까지 시야에 잡힌다. 올라온 길을 돌아나와 토성을 따라 산길을 산책하듯 걷는 기분은 오묘한 즐거움이 있다. 정상에서 땀을 식힌 후 은적암을 보고 울창한 숲길을 따라 내려오면 청룡사에서 오르던 길과 다시 만난다. 이곳저곳 가을 산세를 감상하며 둘러봐도 2시간이면 넉넉한 거리. 정상에서 청룡사쪽 길을 접고 동북 기슭으로 내려가면 석남사 마애여래좌상 앞쪽으로 내려갈 수 있다.

서운산의 단풍숲에 등을 기댄 아담한 청룡사

서운산 자락이 단풍세상으로 변했다는 소문을 듣고 찾은 여행객들은 소박하고 아담한 청룡사의 인상에 정겨움을 먼저 느낀다. 아담한 경내에 유독 크게 보이는 것은 마당 귀퉁이를 지키고 있는 커다란 보리수나무와 웅장한 대웅전. 보물 제824호인 대웅전은 건축학적으로도 흥미롭다.

기둥 하나하나가 이리 휘고 저리 휘어 무거운 기와지붕을 떠받치고 있다. 이렇게 칸칸을 받치고 있는 큰 기둥을 자연목 그대로 세운 것은 청룡사에서만 볼 수 있는 매력이다. 세월의 무게를 굽은 등으로 떠받친 노송은 대웅전의 웅장함을 여유 있고 아담하게 보여준다. 청룡사 대웅전은 해방 전까지만 해도 한강 이남에서 단일 건물로 가장 큰 건물이었다는 기록이 있다.

청룡사는 고려 원종 6년에 명본국사가 지어 대장암이라고 했다. 이후 고려 말 공민왕 때 나옹선사가 이 절에 머물면서 지금의 청룡사와 서운산이

1 안성시는 청룡사에 머물며 광대를 이끈 바우덕이를 기념하는 축제를 연다. 전통 공연과 남사당놀이, 줄타기 등 흥미로운 공연이 이어진다.

2 기둥이 자연스럽게 휘어서 더 정감이 가는 청룡사 대웅전

3 남사당패의 꼭두쇠였던 바우덕이는 광대로 전국을 돌며 웃음바다로 만들곤 했다.

4 안성은 한우와 설렁탕이 유명하다. 보기만 해도 먹음직스러운 음식을 맛볼 수 있다.

라는 지명으로 명명되었다. 또한 조선 효종 때부터는 왕비나 궁궐의 도움을 받는 은종 사찰로 지정되어, 영산회상과 감로탱 등 불교의식과 민중예술이 발전하는 토대가 되기도 했다. 바로 안성 남사당패의 부활은 청룡사의 막강한 후원과 상부상조가 있었기에 가능했다.

사찰 경내에는 대웅전, 관음전, 봉향각, 명부전 등이 있고 내웅전 앞에는 5톤 무게의 청동종이 있다. 2.2m 높이의 아담한 청룡사 삼층석탑은 대웅전에 비해 상대적으로 작게 보인다. 법당 안에 있는 종은 표면의 문양이나 양식이 조선시대의 전형적인 범종이다.

이곳은 안성남사당패의 본거지이기도 했다. 남사당패는 인근 불당골에 살면서 전국을 돌다가 겨울에는 돌아와 기예공부를 익혔던 것. 청룡사 사적비에서 부도군을 지나쳐 시멘트길을 따라 올라가면 제법 산중의 운치를 느낄 수 있는 불당골과 만난다.

안성에 '바우덕이'라는 한국 최초의 여성 남사당이 있었다. 사내 마음을 사로잡는 뛰어난 미모와 옹골찬 소리가락, 산들산들 바람에 휘날리는 줄타기 재주가 당대 최고의 경지에 달했다고 한다. 그녀의 자태가 너무 고와 시름시름 가슴 앓은 남정네가 양반, 상민 할 것 없이 허다했다고 한다. 지금으로 말하면 당대 최고의 인기를 한몸에 받았던 스타인 셈.

남사당 제일의 꼭두쇠 바우덕이(성은 김(金)이고, 이름은 암덕(岩德)이기 때문에 岩을 바위로 풀어 바우덕이라고 불리웠다고 한다)는 여자의 몸으로 꼭두쇠를 맡아 안성 남사당패가 오늘날까지 전국에서 제일 가는 기예단으로 성장하는 밑거름이 되었다. 그녀의 삶에 관한 자료는 거의 전해지지 않고 있지만, 어느 천민의 자식으로 남사당패에 들어와 남사당 최고의 꼭두쇠가 된 이야기가 지역 어른들에 의해 구전되고 있다. 바우덕이가 숨진 후 남사당 패거리들은 서운면 청룡사 부근 개울가에 장사지냈으며 그 자리는 지금까지 그녀의 묘소로 알려져 오고 있다.

바우덕이에 얽힌 이야기들이 아름아름 모아져 안성시는 바우덕이를 최고의 대중예술가로 조명하기 위해 국악과 대중예술의 모든 장르를 망라해 10월 초 '안성 남사당 바우덕이 축제'를 개최한다. 축제는 남사당 최고의 꼭두쇠 바우덕이를 기리고 남사당 풍물놀이를 세계적으로 알리는 대규모 행사. 축제기간 중 주요 행사로는 뮤지컬, 풍물놀이, 풍물 경연대회, 풍물 명인전, 아시안 드럼 페스티벌 등이 있으며, 남사당의 옛 명성을 살려내는 축제의 장으로 마련된다. 광대를 역사의 한 페이지로 올려놓은 바우덕이를 새롭게 조명하는 안성 남사당 바우덕이 축제는 다채로운 전통가락과 춤, 소리의 세계를 체험하고 신명을 느낄 수 있다.

■
Travel Information
───────────────────────────────
주소 경기도 안성시 서운면 청룡길 140
전화번호 031-672-9103
홈페이지 www.cheongryongsa.or.kr
───────────────────────────────

찾아가는 길 경부고속도로 안성 IC를 나와서 38번 국도를 10분쯤 달리면 안성 시내가 나온다. 안성 시내에서 서운면 방향으로 다리를 건너 청룡사 이정표를 따라 직진한다. 서운면 소재지 지나 34번 국도가 나오면 좌회전해 2km 정도 고개길을 오르면 좌측에 청룡호수. 둑방길을 지나 산으로 들어가면 길 끝에 청룡사가 있다.
───────────────────────────────

맛집 민물새우매운탕과 민물매운탕 | 민물새우매운탕은 민물새우를 듬뿍 넣어 미나리, 양파 등 야채를 넣고 끓인 것으로 맛이 달콤하고 시원한 꽃게탕과 비슷하다. 청룡사 주차장 인근에 매운탕을 내놓는 집이 여러 곳이며 서운산 등산을 끝낸 뒤 시장기를 달랠 수 있는 동동주와 파전을 파는 곳도 많다. 안일옥 | 안성시내 국민은행 뒤편에 있는 안일옥은 소문난 맛집. 40년을 한결같이 한우탕을 고집하고, 주인이 직접 음식을 내온다. 곁들여 나오는 반찬은 곰삭아 알맞게 배어 나오는 맛이 일품이다.

애기단풍이

마중나오는
숲길

순창
강천산
강천사

물이 좋아 맛도 좋고, 사람도 좋아 인심이 넘치는 순창.
직접 그 맛과 인심을 느껴보는 것이 순창 여행법이다.
만추의 넉넉한 단풍을 여유 있게 감상할 수 있는
순창 강천산은 웰빙 산책로가 유명하다.

물이 좋아 맛도 좋은 가을 여행지

만추의 서정을 제대로 느끼려면 사람이 몰리지 않는 순창을 찾아보자. 순창의 강천사는 이웃한 내장산에 비해 단풍객들이 크게 붐비지 않아 넉넉하게 단풍의 자태를 감상할 수 있다.

또한 담양과 순창을 잇는 24번 국도에 사열하듯 서 있는 메타세콰이어 가로수는 파란 가을 하늘을 찌르듯 삼각형으로 치솟아 있다. 노랗고 빨간 단풍과 극명하게 대비되는 녹색의 건강미는 명화의 한 장면처럼 뚜렷하다.

순창에 가면 명물 중의 명물로 통하는 전통 고추장마을을 들러보아야 하고, 순창읍내에서 전통 한정식을 반드시 먹어봐야 한다. 물이 좋아 맛도 좋고,여기에 사람도 좋아 인심이 넘치는 순창에서 직접 그 맛과 인심을 느껴보는 것이 순창의 비경과 명물을 제대로 감상하는 여행포인트.

덜 알려진 가을 비경, 강천산

국립공원이나 도립공원은 이미 그 유명세로 인해 잘 알려져 있지만 군립공원은 그다지 잘 알려지지 않아 익숙한 여행지는 아니다. 그러나 강천산군립공원은 익숙함보다는 아름다움을 느끼게 하는 가을 여행지로서 손색이 없다. 강천산의 산길 따라 기암괴석이 가득찬 비경을 감상하고 나면 유명 여행지에 대한 기대 이상의 선호가 공허한 바람이었다는 것을 확인하게 되기 때문이다.

아름다운 사찰여행

1 순창과 이웃한 담양은 선비들이 학문을 논하고 후학을 양성하던 정자가 유독 많다.

2 순창읍에서 강천산으로 가는 길에 메타세콰이어 길이 펼쳐진다.

3 물이 좋아 음식 맛이 좋은 순창은 임금님께 진상했다는 고추장으로 유명하다.

1 순창 고추장마을은 수많은 장독에서 직접 발효시켜 만든 고추장과 음식을 맛볼 수 있고 즉석에서 구입도 가능하다.
2 강천산은 단풍이 만발할 때면 한적한 단풍구경 명소로 유명하다. 강천산의 명물 구름다리에서 보는 단풍세상도 아름답다.

강천산의 단풍 비경은 순창읍내에서 정읍 쪽으로 8km 정도를 달리면 만날 수 있다. 아담한 산세와 울창한 숲, 절경을 두루 갖춘 강천산군립공원은 문화재나 관광명소보다는 자연공원 자체로 여행객들에게 만족감을 선사한다. 비록 산은 낮아도 깊은 계곡과 형형색색의 단풍, 기암절벽이 병풍을 둘러친 듯 늘어선 모습은 자연스레 감탄사를 자아낸다. 그중에서도 강천산의 최고 명물은 바로 애기단풍. 긴 계곡을 따라 흐트러지지 않고 차분하게 산을 감싸는 애기단풍은 찾는 이들의 마음을 사로잡기에 충분하다.

강천산은 등산보다는 왕복 1시간 정도 가볍게 산책하는 느낌으로 찾으면 더욱 좋다. 특히 산길 곳곳에 놓인 벤치는 제일 멋있는 단풍을 감상할 수 있는 공간이다. 연인 혹은 가족들과 단풍나무 아래서 이야기꽃을 피우는 광경은 한 장의 엽서를 보는 듯한 단아한 행복을 만날 수 있게 해준다.

애기단풍이 먼저 마중나오는 강천사

강천사까지 가는 길은 지루할 새가 없다. 숲 사이로 부는 맑은 바람에 몸을 적시고 울긋불긋 새색시처럼 옷을 갈아입은 산세에 눈과 귀를 씻으며 걷다보면 어느새 강천사가 나온다. 굽이굽이마다 아름다운 경관을 자랑하는 강천계곡에 둘러싸인 강천사는 고려시대에는 천여 명의 승려가 머물던 큰절이었다고 한다. 그러나 조선시대 이후 쇠락하기 시작해 6·25전란 당시 재가 되어버렸다. 지금은 몇 명의 비구니가 절을 지키고 있는 작은 암자에 가깝다. 강천사는 규모가 크지는 않지만 단풍나무로 둘러싸여 있는 아기자기한 사찰 건물이 오히려 정겹기만 하다.

구름다리까지 가는 강천산 계곡길은 행복한 산책길. 강천사 앞길은 300m 정도 양쪽으로 홍단풍, 수양단풍 등 다양한 단풍나무가 하늘을 덮어 단풍터널을 이룬다. 바람이 불면 단풍잎과 은행잎이 눈송이처럼 휘날리며 한 폭의 수채화를 연상시킨다. 오솔길은 낙엽이 수북하게 쌓여 있어 걸으면 푹신푹신하다.

강천산의 단풍은 내장산보다 늦은 매년 11월 초순에 절정을 이룬다. 특히 강천산만의 자랑인 애기단풍이 곱게 물들 때면 가족여행객들이 소소하게 찾아온다고 한다.

명물 중의 명물, 순창 전통고추장

순창의 명물은 널리 알려져 있는 것처럼 전통고추장이다. 순창에 가서 고추장을 처음 맛본 사람은 설탕을 타지 않았나 하는 의문이 생긴다. 짠맛이나 매운맛이 거의 없기 때문이다. 알싸하면서도 연한 단맛이 감도는 것이 일품이다. 이처럼 순창고추장 맛이 다른 지방과 크게 다른 이유에 대해서 어떤 사람은 메주콩과 고추의 품질이 좋기 때문이라고도 하고, 어떤 이는 물맛 또는 기후 덕분이라고도 한다.

순창의 천연적인 기후 덕분이기도 하지만, 순창고추장은 이 지방만의 독특한 재래식 비법에 의해 제조된다. 고추장의 검붉은 색깔, 은은한 향기와 감미로운 손맛이 대를 이어 전수되고 있는 것이다.

순창고추장의 맛이 유명해지게 된 데에는 계기가 있다. 고려 말 이성계가 스승인 무학대사의 거처인 순창군 구림면에 있는 만일사를 찾아가던 중 한 농가에서 요기를 달래게 되었다. 농가의 아낙은 맛있는 반찬을 준비할 겨를이 없어 평소 먹던 고추장에 밥상을 내놓았는데 이성계가 진수성찬을 받은 것보다 맛있게 먹었다고 한다. 이성계는 훗날 조선을 창건한 후에도 그 맛을 잊지 못해 순창고추장을 진상하게 했다고 전해진다.

아름다운 사찰여행

순창군에서는 여러 군데 흩어져 있는 고추장 제조 농가를 고추장 민속 마을에 모아 전통고추장마을 단지를 만들었다. 각 집들은 기와집들로 지어져 마을 풍경이 제법 운치 있다. 고추장 민속마을에 들어서면 집집마다 장독대가 가지런히 정렬되어 있고, 메주가 처마 밑에 대롱대롱 매달려 있어 여행자들의 눈을 즐겁게 한다.

물론 고추장마을에서 된장, 쌈장, 장아찌를 그 자리에서 시식하고 구입할 수도 있다. 값은 어느 집이건 동일하며 전화를 하면 택배로 보내주기도 한다. 전통고추장 가격은 1kg에 2만 원, 3kg에 6만 원, 된장은 1kg에 1만 4천 원, 3kg에 4만 2천 원이다. 고추장 민속마을은 담양 방면으로 3km 지점 삼거리를 지나 24번 국도변에 자리하고 있다. 순창 전통고추장 영농조합(063-653-4333).

■

Travel Information

주소 전북 순창군 팔덕면 강천산길 270
전화번호 063-652-5420
홈페이지 tour.sunchang.go.kr

찾아가는 길 A | 호남고속도로 정읍 IC-담양 방면 29번 국도-내장사 입구를 지나 부전동 삼거리에서 개운치고개 방면으로 좌회전-천치재-용치리 삼거리에서 좌회전-오정자재 넘어 자양리 삼거리에서 우회전-강천산군립공원 B | 88고속도로-순창 IC-순창읍내-담양 방면-용치리 삼거리(좌측에 순창전통고추장마을) 우회전-자양리 삼거리에서 우회전-강천산군립공원

맛집 순흥즉석순두부가든(063-652-3636)은 강천사 입구의 소문난 맛집이다. 즉석에서 두부를 만들고 메뉴는 단 2가지다. 두부요리만 전문으로 하는 식당이다. 두부버섯전골과 순두부백반이 특히 맛있다. 식당 앞의 주차장도 넓은 것도 장점.

잠자리 순창읍내 숙박시설로는 강천산군립공원 단지 내의 강천각호텔(063-652-9930)이 있고, 순창군 구림면 안정리의 회문산 자연휴양림(063-653-4779)이 가을 잠자리로 좋다.

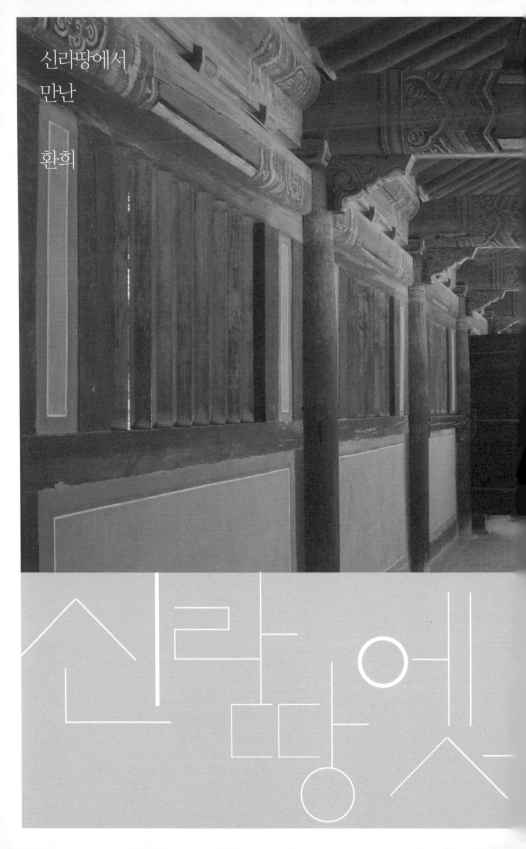

신라땅에서
만난

환희

신라땅에ㅅ

만남 ・ 하 ・ 하 ・ 원

천 년 전부터 부처의 나라가 완성된 토함산 정상에 서면 냉기가 몸을 감싸지만 금세 온몸에 미열이 일어난다. 동해부터 밀려오는 해돋이의 환희를 느끼려는 몸 안의 촉수들이 손을 뻗는다. 토함산의 어깨를 지그시 다독거리며 일어서는 태양의 엷은 미소가 가슴 벅찬 감동을 선사한다.

불국사를 떠올리면 대부분 수학여행을 떠올리는 사람들이 많을 것이다. 하지만 수학여행 때 만난 불국사와 오로지 여행으로 찾은 불국사는 천지차이다. 아는 만큼 보인다는 말을 강조하지 않더라도 궁궐의 건축양식의 불국토의 이상향을 재현한 불국사는 정말 볼수록 신기하고 감탄사가 나오는 사찰이다.

시대를 초월한 아름다운 감동, 불국사

목탁소리가 은은하게 들려오는 새벽 3시 30분에 불국사 일주문을 넘었다. 도량석을 도는 스님의 청아한 독송이 들리는 쪽으로 귀를 열어두고 걸음을 옮긴다. 천왕문을 지나면서 마음보다 몸이 움츠러드는 나도 역시 속인(俗人)임을 자조해본다.

반야교를 지나면 큰 석축이 나타난다. 대웅전으로 발걸음을 옮기자, 마치 궁궐에 들어선 듯한 착각이 든다. 불국사는 여전히 부처님이 살고 있는 왕궁처럼 주변 건물이 대웅전을 감싸고 있고 모든 문이 대웅전으로 연결된다.

잘생긴 석가탑과 아름다운 다보탑이 미명을 받아 조금씩 몸체를 드러내자 대웅전 안으로 들어선다. 법당 작은 종의 타종과 함께 30여 명의 스님들이 합장을 하고 부처님께 절을 하면서 자연스레 새벽예불이 시작된다. 특별히 불교신자가 아니더라도 경건하고 맑은 정신을 만나보는 기회는 누구에게나 소중한 시간으로 기억될 터.

1 불국사는 신라를 대표하는 사찰이다. 당시 궁궐의 건축양식을 도입해 지은 대찰이다. 청운교와 백운교는 궁궐처럼 단을 만들어 불국토의 이상을 보여준다.

2 불국사 다보탑은 10원짜리 동전에 등장한 탑이다. 건축양식이 화려하고 우아한 것이 특징이다. 백제의 석공들이 신라에 가서 지었다는 전설이 전한다.

3 감포 앞바다에 떠 있는 문무대왕 수중릉. 감은사지와 감포 앞바다는 수로로 연결되어 있고, 문무대왕이 신라를 지키기 위해 외적이 침입하는 길목인 감포에 묘를 세워 달라는 유언을 남겼다고 한다.

1 불국사 청운교 계단을 돌아가면 긴 석축이 이어진 건물
  이 나온다. 이 건물은 자연석을 조합해 만들어 아름다운
  건축물로 평가받는다. 석축 위에는 궁궐처럼 회랑이 연
  결되어 있는 것도 불국사만의 특징이다.

2 감은사지 석탑은 신문왕이 아버지인 문무대왕을 기리기
  위해 지은 사찰이다. 지금은 동탑과 서탑만 남아 있지만
  신라에는 커다란 사찰이었음을 알 수 있다.

3 불국사 대웅전의 본존불은 신라시대 불상의 전형을 알
  수 있다. 불상 뒤편의 탱화도 눈여겨볼 만하다.

30분 정도 청아한 기운을 선사한 새벽예불은 반야심경으로 마무리되고 이제부터 불국사 곳곳에 눈길을 던져본다. 대웅전 앞 좌우에는 석가탑과 다보탑이 있는데 두 탑을 마주하도록 배치한 것은 경전의 내용을 반영한 것이다.

석축의 서쪽은 아미타여래의 세계인 서방정토를 상징하는 구역. 연화교와 칠보교를 올라 안양문을 들어서면 극락전이다. 극락전 안에는 통일신라시대에 만든 금동아미타여래상이 있다.

불국사 곳곳을 둘러보면서 불국사 가람을 떠받치고 있는 대석단을 눈여겨보자. 대석단은 건물의 단순한 석축이 아니라 그 자체로 신라 건축의 아름다움과 견고함을 보여주는 유산이다. 일찍이 일연스님은『삼국유사』에서 '불국사의 구름다리나 돌탑, 돌을 새기고 나무를 맞물린 기교는 동쪽의 여러 절로서 이보다 나은 것이 없다'고 언급했다.

불국사의 맑은 감동을 가슴에 안고 토함산 아흔아홉 고개를 오르면 경주로 내려 뻗은 산등성이들과 멀리 동해의 푸른 바다가 보이는 정상에 다다른다. 통일신라 문화와 과학의 결정체인 석굴암 순례에 앞서 따뜻한 차나 커피를 마시며 새해 새날 일출을 맞아보자. 토함산 정상 중에서도 해맞이가 가장 좋은 위치는 매표소 전망대와 석굴암 앞마당. 특히 석굴암 본존불은 동해를 바라보며 앉아 있고 부처님의 아름다움이 온화한 표정에 가득하다. 또한 금강역사상과 보살상 등이 자연스런 자태로 눈인사를 건넨다. 불국사와 석굴암을 거닐면서 공간 속에 담긴 의미와 시대를 초월한 아름다운 감동을 느껴보는 것도 여행을 즐기는 또 다른 방법이다.

감포-이견대-문무대왕 수중릉

이른 새벽부터 움직인 탓에 시장기가 몰려든다. 시장기를 30분 정도 다스린 후 바다가 있는 감포로 떠나보자. 석굴암에서 추령고개 너머 산자락

이것만은 꼭!

불국사에서 석굴암으로 올라가는 길은 원시림보다 울창한 숲길이 이어진다. 왕복 1시간 30분 정도로 새벽 산책이나 아침 산책 코스로 찾아가면 좋다. 삼림욕장을 능가하는 숲길이 펼쳐지고, 산새들이 우짖는 사색의 공간으로 인기가 좋다. 불국사 템플스테이 프로그램에도 포함되어 있을 정도로 만족도가 높고 석굴암의 영험한 기운을 몸으로 느낄 수 있다. 혼자 걸어도 좋고, 연인과 함께 걷는다면 금상첨화다.

이 끝나면서 바다가 시작되는 감포가 나온다. 감포의 눈부신 바다색에 취해 그동안 참아왔던 시장기 해결을 잊어버리는 건 금물. 감포항 인근은 유명한 맛집과 싱싱한 횟감들이 많기로 소문난 곳이다. 늦은 아침 식사를 마쳤다면 겨울바다가 베푸는 여유와 낭만에 취해보는 것도 좋다. 감포에서 지척인 문무대왕 수중릉까지는 어디 특별한 곳을 추천하지 않더라도 멋진 드라이브 코스가 된다. 또한 해안선을 따라 자리 잡은 아름다운 찻집에서 바다를 감상하는 것도 좋다.

감포에서 10분 정도 거리에 위치한 이견대에서 잠시 차를 멈추자. 이견대는 신문왕이 동해의 용이 된 문무대왕의 모습을 친견했다고 전하는 곳으로, 봉길해수욕장과 바다를 동시에 즐길 수 있는 정자다. 이견대에서 2시 방향으로 고개를 돌리면 여러 개의 바위가 꽃처럼 무리 지어 있는 문무대왕 수중릉이 보인다. 문무대왕 수중릉이 바다 한가운데 위치해 가까이 접근할 수 없는 아쉬움을 조금이나마 달래려면 봉길해수욕장으로 내려가 보자. 문무대왕의 음성처럼 웅웅거리는 파도소리가 귓전에 맴돈다.

아! 감은사지

가을바람에 옷깃을 여밀 정도로 한기가 찾아들면 감은사지로 발걸음을 옮겨 보자. 감은사는 불력(佛力)으로 왜구의 침입을 막고자 했던 문무왕의 뜻에 따라 지어진 절이다. 그러나 정작 문무왕은 감은사의 완성을 보지 못하고, 그의 아들 신문왕이 부왕의 뜻을 받들어 절을 완성했다. 신문왕은 유해가 동해에 뿌려진 부왕이 절에 수시로 드나들 수 있도록 절 밑에 바다와 연결된 수로를 만드는 효심을 발휘하기도 했다.

감은사지가 간직한 사연을 머릿속에 되새기고 돌계단을 올라서면 잘생긴 남자처럼 단정하고 위엄 있는 석탑 두 기가 시선을 잡는다.

여느 폐사지에서 만날 수 있는 석축들이지만 가지런하게 정리된 모습이 옛 영화를 반증하는 표석처럼 느껴진다. 발길을 돌리며 감은사의 흔적들을 마음속에 그려보는 수밖에 없지만 산자락이 끝나면서 시작되는 바다 쪽으로 시선을 돌린다. 역사는 산이 끝나면서 바다가 시작되듯, 한 시대가 저물고 다른 시대가 그 시대를 간직하는 것이 아닌가 하는 자문을 던져본다.

■

Travel Information

주소 경북 경주시 불국로 385
전화번호 054-746-9913
홈페이지 www.bulguksa.or.kr
템플스테이 1박 2일 8만 원

찾아가는 길 경부고속도로-경주 IC-4번 국도-불국사

맛집 늘시원 바다속의 집 | 바다 위에 세워진 배 모양의 횟집. 사방 벽면을 거대한 수조가 두르고 있어 물고기들이 자유롭게 헤엄치는 것을 보며 회를 먹을 수 있다. 삼포쌈밥 | 경주에 오면 가장 유명한 음식이 바로 쌈밥. 호박잎, 배추, 다시마 등 생야채와 삶은 야채가 한상 가득 풍성히 올라온다.

잠자리 보문단지 내 | 라한 셀렉트 경주(054-748-2233), 힐튼호텔경주(054-745-7788), 경주관광호텔(054-745-7123) 감포바닷가 | 늘시원비치(054-743-6500), 은성모텔(054-771-8040), 그랜드모텔(054-771-9020)

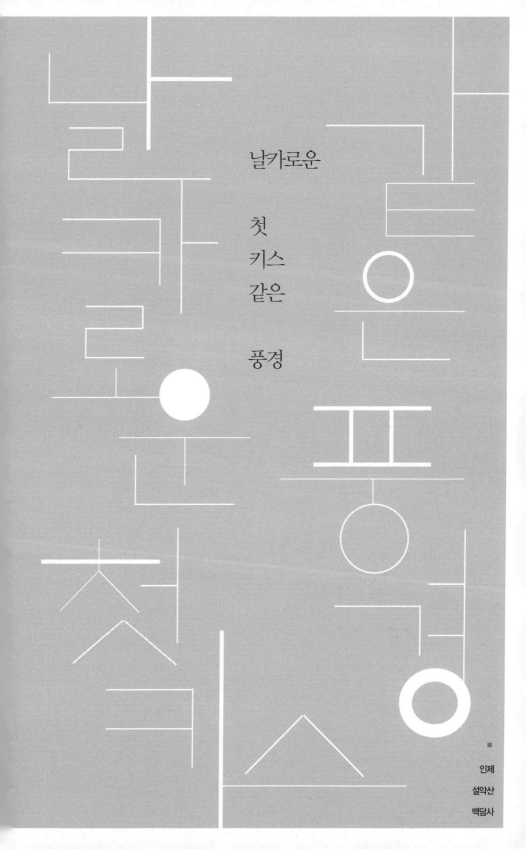

날카로운

첫
키스
같은

풍경

인제
설악산
백담사

세상이 조용하고 깨끗하다. 그리고 계곡이 넓고 맑다.
설악동의 번잡스러움을 살짝 피해 내설악 깊은 곳에 자리 잡은
백담사의 설경은 눈이 부실 정도다. 백담사를 지나면
수렴동계곡과 구곡담계곡이 꼬리에 꼬리를 물며 이어진다.

백담사와 수렴동은 훌쩍 떠나면 된다. 무거운 등산 준비도 필요없다. 미끄럽지 않은 등산화와 설악의 설경에 감탄할 수 있는 마음만 갖고 떠나면 된다. 백담계곡을 따라 오르는 1시간 정도의 계곡길이 험하거나 거칠지 않기 때문이다. 사람들이 꾹꾹 다져 놓은 오솔길은 사색을 즐기기에 그만이고 가끔씩 계곡의 바위를 곁눈질하는 것도 즐거운 경험이다.

꼬리에 꼬리를 무는 설악의 설경

세상이 조용하고 깨끗하다. 그리고 계곡이 넓고 맑다. 설악동의 번잡스러움을 살짝 피해 내설악 깊은 곳에 자리 잡은 백담지구는 온통 눈으로 뒤덮여 있다. 그래서 내설악의 설경은 눈이 부실 정도. 백담계곡을 다 오르면 백담사가 보이고, 백담사를 지나면 수렴동계곡과 구곡담계곡이 꼬리에 꼬리를 물며 이어진다.

백담지구 공영 주차장에서 도보로 10여 분을 오르기 시작하면서 만나는 백담계곡의 설경은 탄성을 자아낸다. 깊은 속내를 드러낸 백담계곡을 친구처럼 옆에 두고 오르니 수렴동과 백담사로 갈라지는 수심교가 나온다. 백담사에 시선만 살짝 던지고 백담계곡에서 이어지는 수렴동으로 발걸음을 내딛는다.

도란도란 오솔길 사이로 이야기를 나누며 설경을 눈에 넣으면서 오르는 수렴동계곡은 국내 제일의 계곡이다. 언젠가 백담사에서 '만해시인학교'가

1 백담사는 만해 한용운 스님이 거처하며 글을
  썼던 절이다. 그래서 백담사 경내에 만해기념관
  이 있다. 육필원고와 많은 책을 전시하고 있다.

2 꼬리에 꼬리를 물고 이어지는 수렴동계곡은
  경사가 완만하면서 아름답다. 계곡에 돌탑이
  쌓여 있어 성스러운 느낌이 든다.

3 백담사로 들어가려면 계곡을 가로지르는 다리
  를 건너야 한다.

펼쳐질 때 프랑스인 여교수와 이 길을 동행한 적이 있었다. 중년의 여교수
가 수렴동의 옥빛 물빛에 반해 연신 '뷰티풀'을 외치며 계곡에서 눈을 떼지
못하던 기억이 아른거린다. 고개를 들면 수렴동을 호위하듯 병풍처럼 둘러
선 설악의 봉우리들이 멋지다 못해 든든하기까지 하다.

만해의 그리움이 그윽한 백담사

이름 속에 눈 설(雪)자를 품은 설악은 말 그대로 눈 천지다. 백담사는 수
렴동을 오른 후 돌아오는 길에 둘러보면 더욱 좋다. 백담사는 내설악을 대
표하는 절로 신라시대에 자장율사가 세웠다. 처음에는 한계사라 불렸으나
대청봉에서 절까지 웅덩이가 백 개가 되는 지점에 절을 세우면 화재를 피
할 수 있다고 해서 현재의 위치에 절을 세우고 백담사로 개칭했다고 한다.

경내는 대웅전이 왜소해보일 정도로 신축 건물들이 많아 옛날의 운치는
찾기가 어렵다. 그럼에도 백담사가 '그리움'을 품고 있는 이유는 만해스님
의 정신이 보존되고 있기 때문이다. 만해스님은 그의 시집 『님의 침묵』에서
'기룬 것은 다 님'이라고 명명했다. 온갖 그리운 것들은 다 님이 되어 아픈
가슴에 찬란하게 맺힐 수 있다는 당시의 만해스님의 세계관은 여전히 '상
생'이라는 화두로 이어지는 것이다. 그렇다면 이제 우리에게 그리움의 대
상이 되는 것은 만해스님이 그리운 님이라면 지나친 역설일까. 백담사 경
내를 들어서 오른쪽으로 고개를 돌리면 만해의 흉상과 시비가 서 있고 그
맞은편에 만해기념관이 있다. 만해의 왕성했던 문학활동과 승려로서의 사
표가 되고 있는 만해의 정신을 엿볼 수 있다. 백담사는 유난히 춥다. 대청

봉에서부터 몰아오는 골바람이 횡횡 소리를 내며 몸을 덮치기 때문이다. 만해기념관을 관람하면서 느낀 그리움을 '산사의 찻간'으로 옮겨보자. 따뜻한 한방차로 몸을 녹이면 좋다.

백담사의 설경에 반해 하루를 묵고 싶다면 백담사 종무소(033-462-6969)를 찾아보자. 백담사를 찾는 여행객들을 위해 식사와 잠자리를 제공하기도 한다. 백담사의 설경을 제대로 감상했다면 제설장비를 확인하고 미시령터널을 지난다. 백담사까지 왔다면 속초의 겨울바다에서 낭만을 느껴보는 것도 좋다.

■
Travel Information

주소 강원도 인제군 북면 용대리 백담로 746
전화번호 033-462-5565
홈페이지 www.baekdamsa.org
템플스테이 2박 3일 14만 원

찾아가는 길 서울양양고속도로 동홍천 IC로 나가 인제 방면-한계리민예단지 삼거리에서 좌회전해 미시령 46번 국도를 탄다. 백담사 공용주차장에 차를 두고 입구에서 셔틀버스를 타고 소공원 주차장까지 간 후(소요시간 15분), 주차장에서 백담사까지 도보로 30~40분 정도 오르면 백담사 입구가 나온다. 백담사부터 수렴동계곡이 시작해 수렴동대피소에서 끝난다. 백담사에서 수렴동대피소까지 4.7km, 2시간 정도 소요.

맛집 백담사 앞에는 백담순두부(033-462-9395)가 유명하지만 이왕이면 미시령 쪽으로 핸들을 돌려 이곳의 별미인 황태구이를 먹어보자. 명태를 얼렸다 녹였다를 반복해야 만들어지는 황태. 진부령식당(033-462-1877)은 황태를 이용한 황태구이 하나로 일대 최고의 맛집으로 소문이 자자하다. 잘 말린 황태를 풍부한 양념으로 조리해 한번 맛보면 잊을 수 없는 깊은 맛이 배어나온다. 곁들여 나오는 반찬 또한 모두 깔끔해 누구나 입맛에 맞는다.

기억하지 않는 세계에
신비로운 후

기이한
산세에

신비한
풍경

멀찍이 떨어져서 바라보면 쫑긋 선 말 귀의 형상을 한 마이산
이곳은 신비한 풍경을 꼽으라면 첫손에 꼽힐 정도로
신비로운 분위기가 기억에 오래 남는 곳이다.
더불어 바람이 아무리 강하게 불어도 무너지지 않는 탑사도 명물이다.

마이산이 무진장 가까워졌다. 흔히 오지로 불리던 진안이 대전 통영 간 고속도로가 개통되면서 가까워진 것이다. 여기에 자연의 신비를 간직한 탑사와 풍혈냉천, 단풍감상까지 곁들여지는 진안은 편안한 여행지다. 뭔가 특별한 것들이 기다리고 있을 듯한 진안으로 출발!

단아한 경치처럼 순박한 진안의 인심

전라도의 오지 무진장으로 더 친숙한 진안. 그러나 지금은 운일암·반일암, 백운동계곡 등 사람의 손을 타지 않은 청정계곡이 입소문이 나면서 사람들이 많이 찾는 관광지로 각광받고 있다. 사실 이곳은 휘돌아 흐르는 맑은 물, 깨끗한 자갈밭, 주변의 산세가 조화를 이루어 그저 감추어 두기엔 너무 아까운 곳이다.

진안 곳곳을 돌아다니다 보면 주변에 끝없이 이어진 인삼밭 풍경 등이 어우러져 절경을 더한다. 또한 진안은 풍혈냉천이나 은수사의 역고드름, 마이산 탑사 등 현대과학으로도 풀리지 않는 자연의 신비를 간직하고 있다. 진안을 여행하면서 느낀 점은 창문 너머로 펼쳐지는 주위 경관들이 마치 한 폭의 동양화처럼 아늑하고 친근하다는 것. 아름다운 경관만큼이나 넉넉한 인심과 이색적인 자연의 정취에 취할 수 있는 진안 일대를 찾아보자.

아름다운 사찰여행

■
**이것
만은
꼭!** 은수사에는 동양 최대의 북이 있다. 찾는 사람마다 '마음이 맑아진다'는 북을 세 번씩 치기
때문에 은수사 일대에는 항상 북소리가 끊이지 않는다. 또한 겨울에는 정한수를 떠 놓으면
위로 고드름이 올라가는 역고드름 현상이 일어난다.

신비로운 돌탑이 마음을 끄는 곳, 탑사

멀찍이 떨어져서 바라보면 영락없이 쫑긋 선 말 귀의 형상, 마이산(馬耳山). 그러나 실제로 가까이서 보면 또 다르게 연상되는 무언가가 있다. 이땅에서 가장 인상 깊고 독특한 곳을 꼽으라면 첫손에 꼽힐 정도로 신비로운 분위기가 기억에 오래 남는 곳이다.

이갑용 처사(1860~1957년)는 30여 년간 이곳에 살면서 전국에 있는 명산의 돌을 모아 돌탑을 쌓았다. 탑사 바로 위 원추형의 주탑인 천지탑 아래로 갖가지 모양의 돌탑 80여 기가 자리하고 있다. 신기한 것은 바람이 아무리 강하게 불어도 탑은 흔들리기만 할 뿐 무너지지 않는다는 것이다.

이 중에서도 가장 눈길을 끄는 것은 천지탑. 높이 13m의 원뿔 형태로 하나의 몸체로 올라가다가 두 개의 탑을 이루는 특이한 형상이다. 전체적으로 안정감이 있으면서도 선이 날렵하다. 아무리 거센 폭풍에도 흔들릴망정 무너지지 않는다고 한다. 천지탑 역시 마치 한 쌍의 부부처럼 탑사 한가운데 자리잡아 암수 영봉의 마이산 산세와 잘 어울린다.

수마이봉 바로 아래에 있는 은수사는 탑사 입구에서 언덕길로 300m쯤 가면 있다. 이곳에 정한수를 떠 놓으면 위로 고드름이 올라가는 역고드름 현상이 일어나 풀리지 않는 신비를 간직하고 있다. 은수사에는 이성계가 금척을 받는 그림인 〈몽금척도〉와 금척 복제품, 동양최대의 북이 있다. 찾는 사람마다 '마음이 맑아진다'는 북을 세 번씩 치기 때문에 은수사 일대에는 항상 북소리가 끊이지 않는다. 수령 600년의 청실배나무는 천연기념물 제386호로 지정되었으며, 이성계가 심었다고 전해진다.

1 이갑용 처사가 전국의 명산을 다니며 가져온 돌로 쌓았다는 탑사. 바람이 불어도 무너지지 않는 신비한 돌탑이 80여 개나 된다.
2 마이산 북부지구에서 계단을 오르면 색깔이 예쁜 단풍을 만날 수 있다.
3 마이산 암마이봉은 풍화작용으로 생긴 타포니 지형으로 군데군데 대포 자국 같은 구멍이 나 있다.
4 마이산 앞의 사하촌은 별미집이 몰려 있다. 등갈비와 순두부 등이 인기가 많다.

은수사에서 돌계단을 따라 봉우리 사이에 난 길을 오르면 V자 계곡의 입구인 천황문에 이른다. 암·수마이봉이 만나는 협곡으로 마이산 등반의 출입문 역할을 한다. 천황문 왼쪽 백운대를 연상케 하는 쇠계단이 암마이봉 입구. 마이산의 바위는 담수성 역암으로 이루어졌다. 중생대 후기 거대한 호수가 융기해 솟아났기 때문에 정상 부근에서 7천만 년 전 서식했던 물고기와 조개의 화석이 발견되었다.

암마이봉 남쪽 급경사면에는 군데군데 대포 자국 같은 구멍이 나 있다. 천신이 이곳에 살고 있는 못된 마귀할멈을 혼내기 위해 벼락을 내려 생긴 자국이라는 전설이 있다. 그러나 풍화작용으로 생긴 타포니지형으로 지질학적 가치가 매우 높다.

마이산을 찾아갈 때는 남쪽 진입로에서 접근하는 것이 좋다. 탐사가 가깝고 등산로가 있는 암마이봉을 올라 수마이봉을 전망한 뒤 내려오는 코스가 차량 이동이 편리하다. 북쪽에서 접근하면 1시간 정도 등반을 해야 한다.

마이산 산책로는 1~2시간 정도면 어렵지 않게 걸을 수 있다. 가파른 산길을 타고 넘는 등산로도 있지만 대부분 관광객들은 중앙 산책로를 걸으며 마이산을 구경한다. 임실에서 진안군 백운면으로 넘어가는 언덕마루에 서면 마이산의 독특한 경관을 볼 수 있다. 동쪽은 수마이봉, 서쪽은 암마이봉. 마이산은 북부에서 접근하기가 훨씬 쉽지만 남부 쪽에서 탑영제를 끼고 탐사를 들러가는 코스가 운치 있다. 암마이봉 등정 후 다시 내려와 철계단 입구 못 미쳐 삼거리에서 왼쪽 길로 돌아서면 봉두봉으로 이어진다. 봉두봉 전방 1km 갈림길에서 왼쪽 능선길을 타고 가면 전망대가 있는 나봉암. 나봉암에서는 마치 청룡이 승천을 준비하고 있는 듯한 산세를 3시간 30분이면 충분히 볼 수 있다.

운장산은 금강과 만경강의 분수령이다. 진안 고원의 서북방에 자리하고 있는 산으로서 정천, 부귀, 주천 그리고 완주군의 동상면에 걸쳐 있는 1126m의 높이와 분지를 가지고 있는 호남 노령의 제1봉이다.

운장산 일대는 산 첩첩 물 겹겹을 이루고 있어 골짜기도 많다. 그중 한 폭의 산수화처럼 신묘한 기암절벽에 오염되지 않은 청정수가 어우러져 절경을 빚어내는 곳이 바로 운일암·반일암이다. 진안읍에서 북쪽으로 24km를 달리면 주천면에 이르고, 운장산쪽 주자천 상류를 2km쯤 더 올라가면 운일암·반일암의 장관이 시작된다. 운장산 동북쪽 명덕봉(845.5m)과 명도봉(863m) 사이의 약 5km에 이르는 주자천 계곡을 운일암·반일암이라 한다. 예전에는 깎아지른 절벽에 길이 없어 오로지 하늘과 돌과 나무와 오가는 구름뿐이어서 운일암이라 했고, 깊은 계곡이라 햇빛을 하루에 반나절밖에 볼 수 없어 반일암이라 불렀다.

운일암·반일암은 부여의 낙화암까지 뚫려 있다는 '용쏘'의 전설을 간직하고 있고, 쪽두리바위, 천렵바위, 대불바위 등 집채만 한 수많은 바위들이 꼭 있어야 할 제자리에 있어 계곡의 아름다움을 그림처럼 가꾸고 있다. 사계절 춘하추동의 색깔을 각기 뽐내는 초목들은 자연이 심혈을 기울여 꾸며

놓은 신묘한 작품들이다. 절경을 만들 수 있는 유일한 조물주는 오로지 '자연' 뿐이라는 명제가 새록새록 각인되는 곳이다.

진안군청은 운일암·반일암 일대를 정리해 무릉 소공원을 조성했다. 운일암·반일암 상류의 아늑한 산모퉁이에 3천 평의 소공원을 조성해 관광객과 주민들을 위한 휴식처를 마련한 것이다. 운일암·반일암을 지나 1km 정도 무릉천을 따라 올라가면 산모퉁이에 맑은 물이 흐르는 하천과 산을 배경으로 아늑한 공간이 펼쳐진다.

풀리지 않는 자연의 신비, 풍혈냉천

마이산의 남쪽에서 서쪽으로 약 10km를 달리면 성수면 양화마을이 나온다. 대두산 기슭 양화마을 뒤편에 풍혈냉천(風穴冷泉)이 있다. 예전에는 한여름에도 얼음이 얼었다는 풍혈은 지금은 바위틈 사이로 섭씨 4℃의 찬바람이 스며 나온다. 20여 평의 동굴 안이 섭씨 4℃ 정도로 계속 유지된다. 한여름에도 손발을 씻는 것조차 견디기 힘들 정도. 피부병, 위장병 등에 특효가 있다 하여 많은 사람들이 피서를 겸해 찾아온다.

■
Travel Information

주소 전북 진안군 마령면 마이산남로 367
전화번호 063-433-0012
홈페이지 www.maisantapsa.co.kr
템플스테이 없음

찾아가는 길 경부고속도로-대전-진주 간 고속도로-장수 IC-26번 국도-진안-마이산

맛집 진안 읍내의 별미음식은 애저찜. 어린 돼지를 통째로 푹 삶아 초고추장이나 새우젓에 찍어 먹는데 고소하고 부드럽다. 또 진안과 전주 사이에 있는 소양면 화심리는 전주 일원에서 별미로 손꼽히는 유명한 순두부마을. 화심 순두부집(063-243-8268)이 유명하다.

운장산 자연휴양림 기온이 서늘하고 공기가 맑아 인삼재배로 유명한 전북 진안에 새롭게 개장한 휴양림이다. 운장산은 해발 1,126m의 높이로 호남지방 노령산맥 중 제일 높은 산으로 예로부터 은거지로 유명했던 고산이다. 숲속의 집은 7평에서 16평까지 다양하며 내부는 식기류 일체가 준비되어 있는 콘도형이다. 그중 2층으로 이루어진 복합산막에는 2층의 다락방이 있어 아이들에게 인기가 좋다.

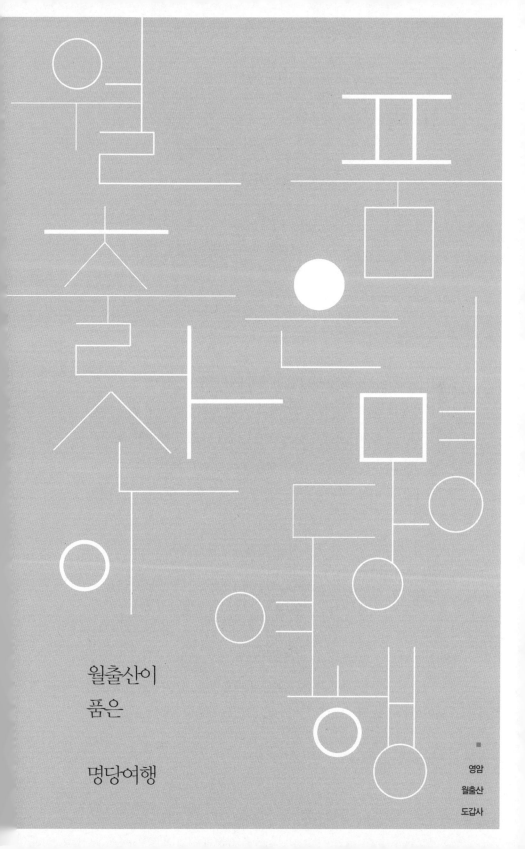

월출산이
품은

명당어행

영암
월출산
도갑사

월출산을 에워싼 벚꽃구경은 영암의 명물이다.
벚꽃구경은 덤이고 걸출한 인물이 많이 난다는 구림마을에서
기를 충전할 수 있다. 더불어 월출산의 도선국사의 영험한 기를
느낄 수 있는 도갑사를 만날 수 있다.

4월이면 영암은 색동옷을 입는다. 월출산을 병풍처럼 등진 너른 들판은 보리밭과 벚꽃, 차밭이 어우러져 화려한 봄빛을 내뿜는다. 여기에 분홍빛 벚꽃 봉오리가 터지기 시작하면 헐벗은 월출산 자락은 무지개 색깔을 입는다. 4월 초에 만개하는 영암 50리 벚꽃 길은 연분홍 화사한 빛깔을 맘껏 뿜낸다.

월출산은 사람이 다가갈수록 더 높이 날아올라 남도 땅 어디에서 보든 풍경의 주인이 된다. 또한 월출산은 장대하다. 사방 백 리에 큰 산이 없어 들판에 마치 금강산을 떼어다 놓은 듯한 장대한 돌산이 서 있는 것이다. 남도 풍경의 주인이라 불리는 월출산도 4월 초에는 50리 벚꽃에 자리를 내준다.

영암읍내부터 819번 국도를 따라 왕인박사 유적지를 지나 학산면 독천리까지 장장 20km를 지나는 동안 벚꽃이 이어진다. 흔히 '50리 벚꽃길'이라고 부른다. 벚꽃이 만개할 무렵 이 길을 달리면 하얀 꽃비가 우수수 떨어진다. 특히 영암읍에서 독천까지 이르는 6km 구간은 아름드리 벚나무들이 촘촘해 정말 꽃비가 내린다. 영암의 벚꽃이 더 아름답게 느껴지는 것은 월출산 덕분이다.

월출산을 에워싼 벚꽃구경은 덤이고 걸출한 인물이 많이 난다는 구림마을에서 기를 충전하는 것이 도갑사 여행의 매력이다. 구림마을은 도선국사가 태어난 마을로 더 유명하다. 헤아릴 수 있는 역사만 무려 2200년이나

1 도갑사는 도선국사가 비보풍수를 적용한 사찰이다. 기가 넘치면 탑이나 범종각을 세워 기를 눌러 사찰이 부흥할 수 있도록 했다고 한다.

2 도갑사 범종각의 목어.

3 도갑사는 화재와 전란으로 소실되는 경우가 많았다. 석탑만이 오랜 세월을 증명하고 있다.

1 도갑사는 아름드리 벚꽃나무가 많다. 들어
가는 진입로에도 벚꽃이 터널을 이루지만
도갑사 경내의 벚꽃도 아름답다.

2 영암은 갈낙탕이 별미다. 낙지와 갈비를 함
께 끓이는 갈낙탕은 두고두고 기억에 남는
맛이다.

3 도갑사 절 마당에 떨어져 있는 동백꽃.

된다는 곳. 늙은 느티나무와 이끼 낀 기왓장의 정자가 수없이 많다. 놓치지 말고 보아야 할 곳은 대동계 집회장인 회사정과 죽정서원, 400년 넘게 보존된 창녕 조씨 종택. 그중에서도 울창한 소나무 숲 사이에 있는 회사정 풍경이 그림 같다. 호은정, 죽림정, 간죽정, 쌍취정, 국암사, 조종수 가옥 같은 전통사회의 흔적이 고스란히 남아 있는 볼거리도 많다.

구림리 마을 자체도 황토빛이다. 마을 한가운데 자리한, 왕인박사와 도선국사가 태어났다는 국사암 가는 길은 정감 어린 토담이 양옆으로 도열하고 있다. 수백 년 묵은 버드나무 아래서 봄볕을 맞고 있는 황토 흙담이 보는 이의 마음을 환하게 한다. 또한 국사암 주변의 100여 곳이 넘는 민박집 중 20여 곳은 흙과 나무로 지은 전통 가옥이다. 구림은 호남의 오래된 양반 마을. 그동안 양반집 체면에 민박을 열지 않았지만 새로운 체험거리로 고택 스테이가 지금은 인기다. 소담한 흙담으로 둘러싸인 한옥, 손때 묻은 흙벽과 봄바람에 파들거리는 문풍지가 단잠을 재촉하는 이곳의 하룻밤은 편리만을 쫓는 모텔과는 분명 다른 느낌을 준다. 구림마을 건너편에 위치한 성기동 왕인박사 유적지는 약 1700년 전『천자문』과『논어』, 도공과 야공, 직조기술 등 선진 문물을 일본에 전해 일본 아스카 문화의 비조가 된 왕인 박사를 기리는 곳. 유적지에서 문필봉으로 가는 등산로는 왕인박사가 책을 들고 오가던 사색의 길. 연인과 함께 걷는 맛이 일품이다.

한국 풍수지리의 시조 도선국사가 세운 천년고찰 도갑사

미왕재를 넘어서면 도갑사까지 하행은 순조롭다. 천년고찰의 고즈넉함이 감싼 도갑사 경내에 들어서니 조용히 거닐고 싶은 한적함이 손을 건넨다.

도갑사 설화에 따르면, 도갑사 자리에는 먼저 문수사라는 절이 있었고 어린 시절을 문수사에서 보낸 도선국사가 나중에 그 터에 절을 다시 지은 후 도갑사라 했다고 한다. 고려 때 크게 번창하여 전성기를 누렸으며, 조선 세조 3년(1457년) 수미대사와 신미대사기 중건했다. 하지만 임진왜란과 한국전생 등으로 여러 차례 화재를 당했다. 지금은 해남 대둔사의 말사이며 경내에 해탈문을 비롯해 대웅전, 명부전, 미륵전과 요사채 등 건물이 있고 수미왕사비와 도선수미비, 석조여래좌상, 오층석탑과 석조 등이 있다. 도갑사는 맑은 기운이 가득한 곳으로 유명해 도선국사의 예지가 생각난다. 경내에는 그동안 신비에 싸여 있던 도선국사의 유적이나 유물, 설화집을 전시하는 '도선국사 성보전'이 문을 열어 둘러보면 좋다.

천하절경 바위능선의 기품

월출산 여행의 참맛은 하늘로 솟구쳐 오르는 기암괴석을 오르는 데 있다. 이름난 산 대부분의 울창한 수목이 손사래를 펼치고 있는 반면, 월출산은 그야말로 크고 작은 천태만상의 바위가 덥석 다가선다. 수없이 갈라진 능선과 골짜기에 빼곡하게 자리 잡고 있는 갖가지 형상의 바위들을 감상하

며 산을 오르면 그 신비스러운 광경에 흠뻑 매료되고 만다. 남한의 금강산이라는 별칭을 얻고 있으며, 1988년 국립공원 19호로 지정되었다.

월출산 등산로는 천황사에서 시작해 구름다리, 천황봉, 구정봉을 지나 도갑사로 내려오는 코스가 쉽다. 천황사, 도갑사, 금릉 경포대 가운데 천황사에서 도갑사에 이르는 8.5km, 총 6시간 정도의 종주 코스가 좋다. 천황사를 들머리로 잡으면 처음이 힘들고, 도갑사에서 들면 나중이 어렵다. 하지만 월출산은 그리 높지 않아서 하루 정도에 여유 있는 산행을 즐길 수 있다. 월출산 등반 시 반드시 물을 준비한다. 바람폭포를 넘어서면 물을 구하기가 매우 어렵다. 또한 바위산이라 등반이 어려우니 물을 여유 있게 준비해야만 한다.

■

Travel Information

주소 전남 영암군 군서면 도갑리 8
전화번호 061-473-5122
홈페이지 www.dogapsa.com
템플스테이 1박 2일 6만 원

찾아가는 길 호남고속도로-광주-광산 IC-나주-영암읍-819번 독천 방향 지방도로구림마을-도갑사 입구-월출산국립공원-도갑사

맛집 영암엔 해남과 강진 못지않게 유명 음식이 많다. 청하식당(061-473-6993) | 제일 유명한 것이 갈낙탕. '소가 쓰러지면 산낙지를 먹여라'라는 말에서 알 수 있듯, 갈비와 낙지가 만나 환상의 궁합을 자랑한다. 중원회관(061-473-6700) | 기름진 갯벌이 만들어낸 천혜의 산물 짱뚱어탕. 아쉽게도 영암은 이제 갯벌이 사라져 무안과 신안 등지에서 사들여온다. 짱뚱어를 뼈째 갈아 우거지된장국으로 끓여낸다. 개운한 맛이 일품이다.

잠자리 영암은 숙박시설이 많지 않은 곳이다. 도기문화센터가 자리한 구림마을 한옥체험이 좋다. 황토와 흙벽이 어우러진 건강한 민박을 체험할 수 있다(대동계사 010-5054-3680). 좀 더 편안한 여행을 하고 싶다면 월출산온천관광호텔(061-472-6311)이 좋다.
월출산온천관광호텔 | 월출산온천관광호텔은 시설이 깨끗하고 객실에서 월출산 일출을 볼 수 있다. 지하 1층, 지상 6층 건물로 각층 5~15호 객실이 월출산을 바라보고 있다. 온천 수질은 맥반석 온천에 약알칼리성 식염천으로 피로회복, 신경통, 피부질환 등에 좋다고 한다. 영암읍에서 도포 방향 5km / 9만 6천 원~19만 3천 원(주중 30% 할인) / 061-473-6311
월출산장 | 월출산 도갑사 입구에 자리한 여관으로, 식당과 커피숍을 함께 운영하고 있다. 객실이 30개로 전망이 좋다. 월출산 도갑사 입구 / 061-472-0405

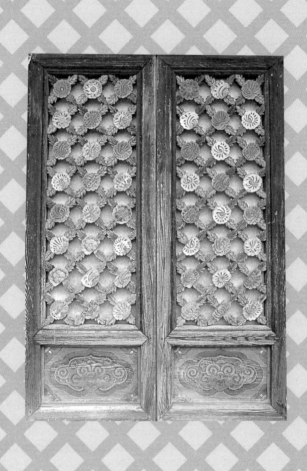

힐링

산사 체험은 복잡한 일상을 잊고 '나'와 세상을 돌아보는 완벽한 휴식 여행이다. 그런 점에서 산사 체험을 프로그램으로 묶은 템플스테이는 산사라는 장소를 찾아 떠나는 공간 여행이며 전통불교문화를 찾아 떠나는 시간 여행이다.

옛집과 옛길엔 그 시대를 살았던 사람들의 삶이 묻어난다. 오래된 공간일수록 더욱 그렇다. 오래된 공간으로 대표되는 절집은 건물 자체로도 소중한 문화유산으로 기록되지만 여행객들에게는 휴식과 사색의 공간을 내준다.

천불천탑의
불가사의

화순
천불산
운주사

천불산 다탑봉 운주사는 천불천탑으로 세간에 널리 알려져 있다.
우리 불교의 깊은 혼이 서린 운주사는 우리나라의 여느 사찰에서는
발견할 수 없는 특이한 형태의 불사를 한 불가사의한 신비를 간직하고 있다.

1481년에 편찬된『동국여지승람』에는 '운주사 재천불산 사지좌우산처
석물석탑 각일천 우유석실 이석불 상배이좌(雲住寺 在天佛山 寺之左右山脊 石
佛石塔 各一千 又有石室 二石佛 相背以坐)라는 유일한 기록이 있다. 이는 '운주
사는 천불산에 있으며 절 좌우 산에 석불 석탑이 각 일천 기씩 있고 두 석불
이 서로 등을 대고 앉아 있다'는 내용이다. 그래서 천불천탑이라 불렀다고
하나 이제 남은 것은 석불 91구, 탑 21기. 이 천불천탑을 누가, 언제 어떻게
만들었는지 명확하지 않기에 많은 전설과 사연들이 전해진다.

미지의 세계에 도착한 듯 낯선 풍경

운주사 일주문을 통과하면 미지의 세계에 온 것처럼 낯선 풍경들이 펼
쳐진다. 아니 소박하면서도 독특하다고 해야 될까? 운주사의 돌부처들을
보면세련된 불탑에서 보아 오던 근엄한 표정은 도무지 찾아볼 수조차 없
다. 이는 운주사 불상만이 갖는 특별한 매력이다. 운주사 불상들은 천불산
각 골짜기 바위너설 야지에 비로자나부처님(부처님의 빛, 광명)을 주불로 하
여 여러 기가 집단적으로 배치되어 있다. 크기도 각각 다르고 얼굴 모양도
각양각색이다. 홀쭉한 얼굴형에 선만으로 단순하게 처리된 눈과 입, 기다
란 코, 단순한 법의 자락이 인상적이다. 민간에서는 할아버지부처, 할머니
부처, 남편부처, 아내부처, 아들부처, 딸부처, 아기부처라고 불러오기도 했
는데 마치 우리 이웃들의 얼굴을 표현한 듯 소박하고 친근하다.

현재 운주사는 각양각색으로 생긴 부처와 탑의 모습은 신비함으로 가득하다. 운주사에서 처음 만나는 것은 구층석탑(보물 제796호)이다. 운주사에서 가장 높은 10.7m짜리 석탑인데, 넓은 자연석 위에 지대석과 기단 겸 탑신을 올려놓아 9층까지 이루었다. 운주사의 지형이 배의 모습과 같아 구층석탑은 돛대의 위치에 자리 잡고 있으며, 마침 생긴 모양도 돛대와 흡사하다. 전체적으로 세련된 조화를 이루면서 위풍당당하게 서 있다. 자세히 들여다보니 탑신석의 특이한 마름모꼴 교차문양과 꽃잎문양이 그려져 있다. 이것이 바로 운주사 중심탑, 즉 돛대에 해당되는 곳이라고. 뒤에 바로 칠층석탑이 따르는데, 구층석탑에서 사선으로 바라보는 그 조화가 운주사에서 가장 아름답다고 할 수 있다.

구층석탑을 지나면 돌로 만든 함처럼 생긴 석조불감(보물 제797호)과 만난다. 불감의 석실 앞면과 뒷면에는 각각 2.5m 높이의 석불좌상 2구가 안치되어 있다. 석조불감에서 북쪽으로 5m 정도 떨어진 곳에는 사용된 석재가 모두 원형으로 이루어져 보기에도 앙증스러운 원형다층석탑(보물 제798호)이 있다. 제기 위에 떡을 포개 놓은 것 같아 일명 '떡탑'이라 불리며, 한국 석탑에서는 보기 힘든 양식으로 고려시대에 만들어진 것이다.

대웅전으로 가는 천왕문에 이르기 전, 특이한 광경을 목격하게 된다. 보물 제797호인 석조불감. 이는 독 특한 양식의 불상으로 돌을 쌓아 만든 석실에 돌부처 2구가 서로 등을 대고 있다. 정확히 남과 북을 바라보고 있다고 하니 그저 신비로울 따름. 그 뒤로 보이는 원형다층석탑 역시 보물인데 현재는 보수 중이다. 여기서 포인트! 보통 운주사 광경을 사진으로 담을 때 이 석불군을 기준으로 많이 찍는데 석조불감이 못 미치는 지점에서 그 두 보물들을 함께 찍는 것이 좋다.

와불이 일어서면 새로운 세상이 온다

운주사에서 가장 유명한 것은 부부와불과 칠성바위이다. 대웅전 오른
쪽 다탑봉 위에 있는 부부와불은 부부가 나란히 누워 있는 모습이다. 길이
12m, 폭 10m의 이 와불이 일어서면 용화세상을 이룰 수 있다는 전설을 가
지고 있다. 도선국사가 하루 낮과 밤 사이에 천불천탑을 세워 새로운 세상
을 열어보고자 했으나 동자승이 장난삼아 닭소리를 내는 바람에 결국 완성
을 못보고 와 불로 남게 되었다고 한다. 좌불과 입상의 형태로 누워 있는 부
처는 세계에서 '와불' 하나뿐. 자세히 보면, 불상 아래쪽에 쐐기를 박아 떼
어 놓으려는 흔적도 보인다. 또한 두 와불 중에 아래 와불은 머리에 붙어 있
어야 할 육계가 떨어져 옆에 서 있다. 누군가가 훼손하려는 목적으로 잘라
낸 흔적인 듯 보였다.

와불을 감상하고 내려오다 보면 칠성바위 표지판이 눈에 보인다. 칠성
바위도 와불과 함께 세계에서 유일한 것. 각기 다른 7개의 타원형 돌인데
북두칠성을 상징한다 해서 칠성바위란 이름이 붙었다. 북두칠성 7개 별의
밝기와 거리에 비례하여 만들었다고 한다. 이 칠성바위의 위치각이 북두칠
성의 각도와 똑같아지는 날, 미륵세상이 온다고 한다. 이런 설화들이 있어
더욱 신비로운 곳이 바로 운주사다.

각양각색의 운주사 탑을 제대로 보려면 대웅전 뒤에 있는 공사바위에 올
라가야 한다. 이 공사바위는 옛날 천불천탑 불사를 할 때 도선 국사가 내려
다보며 지시했던 바위라 공사바위라는 이름을 얻었다고 한다. 실로 바위에
올라 내려다보면 절의 전체 모습이 눈에 들어온다. S자 모양의 굽이치는 계

千佛子塔道場

1 천불산 다탑봉 운주사는 미륵불이 새로운 세상을 열 것이라는 염원이 담겨 있다.
2 미륵불이 환생한다는 의미를 품고 있어 불상과 불탑 이 각양각색의 모양을 하고 있다.
3 다탑봉 골짜기를 따라 천불천탑이 줄줄이 이어진다.

곡에 수많은 탑이 우뚝 솟아 있는 모습은 신비 그 자체. 이곳에서 바로 도선 국사가 공사 감독을 하고 있었으리라. 그때도 지금처럼 불었을 스산한 바람과 넓은 땅에 세워진 불탑과 부처들. '몽환적'이란 표현이 딱 어울린다.

■
Travel Information

주소 전남 화순군 도암면 천태로 91-44
전화번호 061-374-0660
홈페이지 www.unjusa.kr
템플스테이 1박 2일 5만 원

찾아가는 길 호남고속도로 동광주 IC나 서광주 IC에서 빠져나와 광주 시내-광주우회도로-광주에서 너릿재터널-화순읍까지(국도22·29호선) 온 후 화순중앙병원 사거리에서 우회전하여 국도 제29호선을 따라 능주까지 간 다음 우회전하여 지방도 822호선을 따라 도곡 효산리를 거쳐 평리 사거리에서 좌회전한 후 도암 삼거리에서 곧장 가면 월전마을, 용강저수지를 지나 우회전하면 운주사 주차장.

맛집 양지식당(061-372-1602)은 지난 15년 동안 자연산 미꾸라지를 사용하여 숙회, 추어탕 등의 요리를 만드는 집이다. 숙회는 보쌈처럼 먹는데 양지식당이 내세우는 최고의 별미이다. 미꾸라지를 삶은 후 호박, 버섯, 미나리, 부추, 배추와 함께 보쌈으로 먹는 맛이 일품이어서 전국 미식가들에게 인정받고 있다. 특히 특유의 향과 토속적인 맛으로 남녀노소 누구나 즐길 수 있도록 했다. 능주역 앞에 위치해 있다.

잠자리 운주사 입구에는 숙박시설이 마땅치 않다. 도곡온천(061-375-9695)이나 근처 화순온천(061-373-1503)에서 숙박을 하는 편이 낫다. 온천욕도 하면서 여행을 즐긴다면 일석이조! 도곡온천에는 도곡 스파랜드(061-374-7600)를 비롯해 최신식의 모텔들이 많이 생겨났다. 도곡온천프라자(061-375-8080) 등이, 화순 온천 쪽에는 금호화순리조트(061-370-5000)가 있다.

화순 연둔리 숲정이 연둔리 숲정이를 산책하는데 필요한 시간은 길게 잡아도 30분을 넘기 않는다. 숲을 걷기만 한다면 10분이면 족하다. 나에게 주어진 시간이 얼마건 숲에서는 자연의 휴식을 맘껏 즐기면 된다. 거북이처럼 천천히 걸으며, 때론 걸음을 멈추고 서서 가만히 눈을 감고 주변에 귀를 기울이자. 나무에 부딪쳐 '쉬~익' 거리는 바람의 파공음 뒤로 목청껏 울어대는 풀벌레 소리가 경쾌하게 들린다. 간혹 터벅터벅 울리는 발자국 소리의 중저음이 섞이면 숲은 하늘과 땅, 그리고 인간의 소리가 한데 어우러진 아름다운 정원이 된다.
전남 화순군 동북면 연둔리 둔동마을 / 화순군청 문화관광과 061-374-0001

서울에서

나를 위한
힐링

서울
삼각산
화계사

마음이 열려 있을 때는 온 우주를 두루 포용할 수 있지만,
마음이 닫혀 있을 때는 바늘 끝 하나 꽂을 데가 없는 것이 또한 마음이다.
지금, 나의 마음은 어디에 가 있는지 도심 속의 사찰로 '마음'을 찾아 나선다.
가부좌를 틀고 내 안의 '나'와 마주 앉아
명상의 시간을 갖는 일은 의미 있는 일이다.

서울에서 도로를 벗어나 산에 자리한 전통 절만도 60여 개. 서울은 인파로 북적뇌는 삭막한 곳으로 생각되지만, 돌아보면 그늘이 있고 조용한 공간도 있다. 사찰이 그 대표 장소다. 가볍게 산책하며 쉬어갈 여유가 있고 옷맵시를 가다듬어야 할 경건함을 주는 곳이다. 도심에 자리 잡은 사찰은 대부분 특별히 출입 통제하는 곳은 없으므로 불자가 아니더라도 들러서 마음을 정리할 만하다.

서울 안, 큰길에서 약간 벗어난 곳에 화계사처럼 산사(山寺)라는 이름을 붙여도 좋을 아름다운 사찰이 있다. 도시의 중심에서 호젓한 산사 풍경을 감상할 수 있다. 전통과 현대를 넘나드는 도심 속 사찰은 외국 여행객들에게 색다른 체험공간이다.

산사 체험은 복잡한 일상을 잊고 '나'와 세상을 돌아보는 완벽한 휴식 여행이다. 그런 점에서 산사 체험을 프로그램으로 묶은 템플스테이는 산사라는 장소를 찾아 떠나는 공간 여행이며 전통불교문화를 찾아 떠나는 시간 여행이다. 옛집과 옛길엔 그 시대를 살았던 사람들의 삶이 묻어난다. 오래된 공간일수록 더욱 그렇다. 오래된 공간으로 대표되는 절집은 건물 자체로도 소중한 문화유산으로 기록되지만 여행객들에게는 휴식과 사색의 공간을 내준다.

템플스테이는 종교적인 체험의 범주에 국한되지 않는다. 외국인, 심지어 타 종교인들조차 심신을 위안 받고 활력을 충전하기 위해 산사를 찾는

1 화계사 대적광전은 경전 공부와 스님들의 설법이 주로 열리는 공간이다.

2 삼각산화계사. 일주문의 위엄이 절의 사세를 반영하듯 화려하다.

3 화계사 전각을 유심히 살펴보면 재미있는 불상과 문양들을 발견할 수 있다.

1 화계사 대웅전 현판은 흥선대원군이 쓴 친필이다.
2 화계사는 외국인들에게 불교를 알리는 국제선원이 있어 공부하는 공간이 많다.
3 화계사 템플스테이에 참가한 외국인이 불교 경전을 읽으며 명상에 젖어 있다.

다. 산사 체험의 가장 큰 목적은 바로 '마음 비우기'다. 명상과 묵언을 통해 평소 찌든 심신을 되돌아보고 새로운 자세로 세상을 사는 법을 익히는 것, 그게 요체다. 그렇다고 반드시 그렇게 해야 된다는 목적을 정하면 이미 그것은 명상이 아닌 집착이 된다. 그저, 마음이 가는 대로 내버려 두는 것이 중요하다.

나를 위한 힐링여행은 생각보다 가까이에 있다

나를 위한 힐링여행은 모두에게나 절실하다. 그러나 큰맘 먹고 도시와 일터를 떠나면 여행이 주는 또 다른 긴장과 스트레스에 부딪히기 마련. 여행지의 소란함에서 벗어나 그저 지칠 대로 지친 내 어깨를 다독여주는 그런 곳은 없을까. 그렇게 나를 위로해줄 수 있는 진정한 힐링여행이란 정말 불가능한 것일까. 결론부터 말하자면 그런 여행, 가능하다. 작은 절에서만 체험할 수 있는 휴식형 템플스테이를 만난다면 말이다.

사람들은 누구나 각자의 불안을 안고 살아가고 있다. 그건 스트레스로 인한 것일 수도, 일이나 사랑에 관한 것일 수도 혹은 미래에 대한 것일 수도 있다. 삶의 빠른 속도에 끊임없이 맞추어 살아가야 하는 일상을 내려놓고 조금만이라도 온전히 스스로에게만 집중할 수 있다면 이런 각자의 불안을 조금이라도 덜어낼 수 있지 않을까.

더불어 최근 몇 년 새 힐링여행, 위로여행이 대세다. 1박 2일 짧은 시간이라도 오롯이 나를 위한 시간을 보내고 싶은 사람들이 이러한 여행을 선호하기 때문. 진정한 힐링여행을 떠나고 싶은 사람들 사이에서 템플스테이가 훌륭한 치유여행으로 떠오른 것도 같은 맥락이다. 그렇기에 작은 절에서 혼자 수행자의 생활을 체험하고 오롯이 휴식을 갖는 것은 값진 일이 될 것이다.

이것만은 꼭!

북한산둘레길 흰구름길 구간은 이준열사묘역 입구부터 북한산생태숲 앞까지 4.1km에 이른다. 국립공원 경계를 따라 울창한 숲과 아담한 오솔길을 걷다보면 구름전망대가 나온다. 북한산둘레길 중 유일하게 12m 높이의 구름전망대가 설치되어 있어 정상에 올라가지 않아도 북한산(북한산, 도봉산)의 경관과 서울도심, 그리고 멀리 수락산 등을 구름 위에서 조망하는 기분을 느낄 수 있는 구간이다.

파란 눈의 스님들이 친숙한 사찰

화계사는 수유 사거리에서 가까운 사찰이지만 일주문부터 제대로 갖춘 운치 있는 절이다. 입구인 일주문을 지나면 떡갈나무, 느릅나무, 느티나무가 시원하고 넉넉한 그늘을 만들어준다. 병풍처럼 펼쳐진 삼각산 아래로 흐르는 시냇물을 바라보는 것만으로도 평화가 깃든다. 곳곳에 불당과 범종 등이 전통과 역사를 간직하고 있으며 은은한 풍경 소리와 청아한 목탁 소리가 풍겨온다.

명부전의 지장보살과 시왕은 특히 유명하다. 이 조각들은 고려 말엽의 나옹스님이 정교하게 깎은 작품들이다. 그 뒤로 화계사는 고려 왕실의 원

찰이 되었다. 화계사 대웅전 양쪽에는 유명한 큰 단지가 둘이 있다. 이 단지들은 헌종(1834~1849년 재위)의 왕비가 기증한 것이다. 화계사는 숭산스님에 의해 시작된 관음국제선원의 산실로서 외국인 승려들과 불자들이 이곳에서 수행하고 있다. 규모는 크지 않지만 소나무, 전나무, 느티나무에 둘러싸여 이곳을 찾는 이들의 마음을 평온하게 만들어 준다.

화계사는 조선왕조 때 국태민안을 빌던 왕가 사람들의 출입이 많아 궁궐이라고 불려질 정도였다. 또한, 이곳 골짜기에 있는 오탁천약수로 대원군이 피부병을 고치기 위하여 이 절에 머물렀기 때문에 대원군의 글씨를 비롯해서 그와의 인연이 많이 얽혀 있다.

화계사는 주로 외국인 수행자들이 머물고 있기 때문에 참선을 위주로 하는 당일 템플스테이에 참여할 수 있다. 예불, 울력, 참선, 경내 산책 등 수행자들의 하루 일과를 그대로 따라 하는 것이 특징이다. 특히 계곡을 따라 이어지는 오솔길을 걸으며 화두를 푸는 과정도 호응이 좋다. 수행에 방해가 되지 않는 선에서 짧은 영어로 몇 마디 대화를 나누어 템플스테이에 참가한 외국인의 마음을 열어봐도 좋다. 낯선 문화와 예절이 조금은 어색해보이지만 소중한 경험에 감흥을 일으키는 그들의 표정이 밝게 빛나는 것만 같다.

Travel Information

주소 서울시 강북구 화계사길 117
전화번호 02-902-2663
홈페이지 www.hwagyesa.org
템플스테이 1박 2일 5만 원

찾아가는 길 지하철 4호선 수유역 3번 출구로 나와 2번 마을버스 타고 화계사 앞 하차. 도보 5분.

수행자의 규율과 불교 예법 준수 산사는 수행 공간이자 사는 집이다. 일주문을 넘어서면 경내에 들어선 것이기 때문에 몸과 마음을 가지런히 하고 사찰 예절을 지켜야 한다. 경건하고 차분한 마음을 지닌 다음 시간 역시 잘 지켜야 한다. 예불, 공양, 108배, 좌선 등은 시간을 엄수해야 하는 중요한 일과들이다. 대웅전이나 요사채처럼 스님과 신도가 함께 지낼 수 있는 공간과 강원이나 선원 같은 스님만의 공간으로 나뉜다. 여기에 큰스님이 수행을 하며 사는 암까지 경내에 포함된다.

철쭉과

바다진미에
풍덩

장흥
구산선문
제암산
보림사

소설가 이청준, 한승원, 송기숙을
동시대에 한꺼번에 쏟아 놓은 장흥은 분명 살진 땅이다.
기름진 땅, 풍성한 갯벌, 비릿한 바닷바람이
그들의 장래를 살찌웠을 것이다.

봄이 되면 장흥은 또 다른 이름으로 사람들 입에 오르내린다. '철쭉의 고장'으로 말이다. 그리고 철쭉의 무대가 되는 곳이 바로 제암산이다. 금빛으로 출렁이는 바다가 있고 수만 포기 철쭉 군락이 있고 범종 소리가 좋은 절이 있는 곳. 그리고 우리 현대문학을 이끈 수많은 문인이 태어나 자란 곳. 볕 좋은 봄날, 전라도 장흥으로 봄 여행을 떠났다.

철쭉이 세상을 덮어도 여기저기 볼 것이 어디 꽃뿐일까!

매화, 산수유, 벚꽃이 한바탕 요란하게 피고 졌다. 지금쯤 목련이 굵은 꽃망울을 툭툭 터뜨리기 시작할 때다. 곧 목련 꽃잎이 나무 아래마다 낭자할 테고 철쭉과 진달래, 자운영이 들판과 산자락을 슬금슬금 붉게 물들일 것이다. 노루 꼬리처럼 짧기만 한 이 땅의 봄이 안타까운 이들, 지는 꽃에 안절부절못하는 이들, 전라도 장흥 땅으로 내려가 보는 것은 어떨지.

바다에 내려앉는 봄 햇살은 잠자리 날개처럼 투명하게 빛나고 차진 개펄에는 키조개와 바지락, 낙지가 쑥쑥 자라난다. 장흥으로 봄 구경을 간다고 하니, 여기저기서 볼 것이 어디 꽃과 바다뿐인가 타박이다. 그도 그럴 것이 장흥 땅 구석구석마다 내로라하는 문인이 나고 자란 곳이다. 하지만 5월에 여행객들이 장흥을 찾는 이유는 바로 철쭉이다. 그것도 유난히 붉은 빛이 화려한 산철쭉.

이제 장흥은 문향(文香)에 화향(花香)을 덧붙여야 할 것 같다. 해마다 4월

아름다운 사찰여행

1 보림사에는 어머니의 품처럼 사찰을 감싸고
   있는 차밭이 있다.
2 득량만 갯벌은 장흥이 품은 바다진미의 보물
   창고다.
3 제암산 철쭉은 산행과 바다를 동시에 볼 수
   있는 여행코스를 선물한다.

끝자락에서 5월 초순 사이에는 보성군 웅치면과 장흥군 안양면 경계에 위치한 일림산에 타는 듯한 진분홍빛의 철쭉꽃이 뒤덮여 등산객들의 발길을 유혹한다. 2000년 잡목과 고사목을 제거한 후 일림산의 철쭉 군락지는 그 이름을 널리 알리게 되었다.

일림산과 사자산으로 이어지는 제암산의 철쭉 군락지는 총 12.4km에 달하고 넓이는 40만 평 규모로 세계 최대라고도 일컬어질 만큼 그 위용을 자랑한다. 제암산의 산철쭉은 자생면적이 넓고 키가 크며, 색깔이 붉고 선명한 것이 특징이다. 따라서 철쭉이 만발하는 시기에 일림산을 걸으면 마치 산철쭉 터널을 걷는 듯할 정도로 진분홍빛 철쭉의 진수를 맛볼 수 있다. 제암산은 높은 산은 아니지만 철쭉 외에도 산행의 아기자기한 즐거움을 준다. 용추골 편백나무 숲에서 산림욕을 할 수 있고 용추폭포와 용추계곡에서는 등산에 지친 발걸음을 쉬며 물놀이를 즐길 수도 있다. 또한 정상에 오르면 철쭉꽃이 빚어내는 아름다운 풍경은 물론 저 멀리 제암산, 월출산, 무등산과 득량만의 푸른 바다, 고즈넉한 보성읍이 다 내려다보여 장관을 감상할 수 있다.

제암산 정상으로 가는 등산로는 3개의 길이 있다. 공설묘지의 우측 길을 따라 올라가면 제암산 정상으로 가는 가장 빠른 길이다. 두 번째 길인 사자산과 제암산 중간의 계곡을 따라 올라가면 철쭉꽃길을 가는 가장 가까운 코스가 될 것이다. 세 번째 길은 등산로 입구에서 제암산쪽으로 뻗어 가는 임도를 따라 사자산으로 올라가다가 능선을 따라 간재와 철쭉제단을 지나 제암산을 오르는 길인데 세 번째 코스 입구에는 넓게 펼쳐져 있는 매화꽃을 볼 수 있다. 제암산 철쭉은 5월초에 그 화려한 빛깔을 볼 수 있다. 제암산 철쭉제단을 중심으로 사방 3만여 평에 빼곡한 철쭉꽃은 등산로를 한 발짝도 벗어날 수 없을 정도로 울창하여 산행객의 혼을 빼놓는다.

철쭉제단에서 제암산 정상을 오르는 길을 보면 가난한 형제가 나물을 뜯으러 갔다가 떨어져 바위가 되었다는 전설을 간직한 형제바위와 그 아래에 의상암자와 원효암자가 있다.

철쭉꽃 내음을 뒤로하고 사자두봉을 거쳐 패러 착륙장으로 내려오면 안양면 기산리로 내려올 수 있다. 기산리에는 가사문학의 효시인 기봉 백광홍 선생의 유적지를 볼 수 있다. 그리고 유적지 주변마을은 아직까지도 다른 지역에서는 거의 사라져 버린 돌로 쌓은 담장과 꼬불꼬불한 골목길이 옛날 농촌모습을 그대로 간직하고 있어 좋은 구경거리가 될 수 있다. 제암산 철쭉산행을 마치고 하산길에 들러보면 좋은 코스다. 또한 제암산 철쭉 군락은 보성에서도 오를 수 있다. 보성군 웅치면에 있는 제암산자연휴양림에서 출발하면 약 1시간 30분 정도로 제암산에 오를 수 있고 능선을 따라 철쭉 군락지를 볼 수 있다.

철쭉의 향연보다 수려한 보림사

장흥 유치면에 위치한 보림사는 국보와 보물이 모셔져 있다. 신라 헌안왕(860년 경) 때 창건된 사찰답게 굵직한 문화재를 품고 있다. 보림사 대적광전 앞 삼층석탑과 석등(국보 제44호), 대적광전 안에 모신 철조비로자나불좌상(국보 117호), 보조선사탑비(보물 제158호) 등 국보와 보물이 10여 점이 넘는다. 절 마당에 자리한 약수는 한국 10대 명수로 선정되었고, 특이하게 맑은 물 속에 다슬기와 물고기가 사는 연못 같은 약수터다.

보림사를 어머니의 품처럼 감싼 뒷산에는 야생차밭이 넓게 펼쳐지고, 아름드리 비자나무가 차밭 곳곳에 있다. 차밭 사이 나무 아래로 차 향기를 맡으며 걷기 좋은 청태전 티로드가 조성되어 있다. 짧게 산책하기 좋은 구간으로 절 마당을 내려다보며 한 바퀴 도는 아름다운 길이다.

■
이것
만은
꼭!
'명품' 키조개의 맛, 정남진회타운 장흥 득량만에서 자라는 키조개는 단연 최고로 꼽힌다. 득량 만은 양분이 풍부한데다 풍랑이 심하지 않고 수심도 깊어 양질의 키조개를 길러낸다. 장흥과 보성 경계에 위치한 수문에는 30여 척의 배가 키조개를 채취하고 있다. 이중에서도 정남진회 타운(063-862-6700)이 깨끗하고 서비스가 좋다. "싱싱한 것이 제일 큰 장점이지라. 딴 곳에 비하면 씹히는 맛이 좋고 양도 푸짐하고라." 회는 특별한 조리법이 없다. 바다와 갯벌이 이미 양념을 다 해놓은 덕분에 깨끗하고 먹음직스럽게 썰어놓으면 끝이다. 소금을 살짝 푼 기름장 이나 새콤달콤한 초장에 찍어 먹는 맛은 가히 일품이다. 비린내도 거의 없다. 구워 먹어도 별미 다. 장흥 수문항 입구.

바다진미 가득한 최고의 갯벌을 간직한 수문항

보림사에서 정님 방향으로 내려오면 관산읍 바닷가가 나온다. 장흥은 물산이 풍부한 땅이기도 하다. 특히 득량만 일대는 키조개와 낙지 산지로 유명하다. 오죽했으면 일제 강점기에 금량만이라 불렸을까. 수문항은 장흥 동쪽 끄트머리에 있다. 장흥 사람은 거센 바람 한번 불지 않는 이곳에서 평 안하고 풍성한 삶을 살아간다. 5월초에는 수문항 일대에서 '청정해역 장흥 키조개 큰잔치'도 열린다.

포구를 서성이자니 배가 줄지어 들어오기 시작한다. 키조개를 캐서 실 어오는 배다. 키조개는 수문항에 기대 살아가는 어부의 주 수입원이다. 손 바닥 반만 한 크기의 종패를 수문항 근처 개펄에 심으면 2~3년 사이에 어

른 두 손바닥을 펼친 것보다 더 크게 자란다. 서해에서도 키조개가 나지만 그 크기는 수문항 키조개의 반밖에 되지 않는다.

장흥 사람이 뿌듯하게 자랑하는 천관산 문학공원에 들렀다. 문향의 고장 장흥에 왔으니 문학공원을 어찌 빼놓을 수가 있을까. 지난 2000년에 만들어진 천관산 문학공원은 이청준, 한승원, 차범석 등 국내 유명 문인 54명의 육필 원고가 새겨진 문학비가 전시된 곳이다. 문학공원으로 가는 길, 양편에 삐죽삐죽 솟은 돌탑이 장관이다. 대덕읍 주민이 쌓아 올린 600여 개의 돌탑이다. 돌탑을 지나 문학공원에 들어서면 자연석이 늘어서 있고 그 사이로 산책로가 나 있다. 문학공원은 천천히 걸으며 돌아보기에 알맞은 넓이다. 글이 새겨진 돌은 모두 장흥의 것이고, 이 돌을 기증한 사람도 모두 장흥 사람이란다. 장흥군민이 뜻을 모아 만든 것이다.

■
Travel Information

주소 전남 장흥군 유치면 보림사로 224
전화번호 061-864-2055
홈페이지 www.borimsa.org
템플스테이 1박 2일 5만 원

찾아가는 길 호남고속도로 동광주 IC에서 내려 광주 제2순환도로를 타고 가다 소태 IC에서 29번 국도를 타고 보성을 지난다. 보성읍에서 장흥 방향으로 2번 국도를 타고 가다가 원도삼거리에서 제암산 공설공원묘지 방향으로 4km 정도 가면 제암산 입구가 나온다. 키조개 축제가 열리는 수문항은 장흥읍에서 정남진 또는 수문 이정표를 따라가면 쉽다.

맛집 매콤새콤 바지락회가 별미인 '바다하우스(061-862-1021)'는 금방이라도 상다리가 부러질 것 같다. 빼곡하게 들어찬 반찬은 상을 좁아 보이게 만든다. 거하게 차려진 상을 받는 순간, 남도의 후한 인심이 절로 느껴진다. 봄철 입맛을 돌이키는 데 매콤 새콤한 것 이상이 있을까. 바다하우스의 바지락회가 그런 맛이다. 조갯살에 미나리와 양파를 더해서는 고추장과 식초에 무쳐낸다. 새콤함에 식상할까봐 중간 중간 입맛을 달래라고 개운한 바지락탕도 함께 준다.

잠자리 장흥읍내에는 비교적 깨끗한 여관이 많이 있어 이용에 편리하다.

지진
어깨를

다독여
주네

영동

지장산

반야사

절은 혼자 가야 한다. 오로지 나를 위한 여행의 로망을 품고 있다면 꼭 작은 절을 찾아가 마음을 내려놓자. 이렇게 나를 위한 맞춤 여행지를 찾고 있다면 영동의 첩첩산중에 자리한 반야사를 추천한다. 모든 것을 내려놓을 수 있는 작은 절에서 그저 천천히 나를 위로하다 보면 그 어디서도 느낄 수 없던 깊고 진한 여운을 맛보게 될 것이다.

사색에 젖게 하는 굽이굽이 반야사 가는 길

반야사의 아름다운 경치와 단풍이 동시에 내려앉았다. 곱게 붉은 옷을 걸친 풍경은 사람들을 사색에 젖게 한다. 구부러진 길처럼 우리네 인생도 이렇게 굽어서 가거나 그 길옆으로 흐르는 계곡처럼 고요하기도 한 것임을 깨닫게 한다. 백화산 풍경이 빚어낸 가을 속으로 빨간 점처럼 사라져 가는 게 인생사 아니던가. 때로는 벼랑을 끼고 걷듯 격랑이 길을 휘돌아 감기도 하며, 보이지 않는 역경이 있어도 길은 길대로 내딛는 것이 우리의 인생과 비슷하다는 상념에 잠긴다.

백화산 석천계곡 굽이 지점에서 잠시 발걸음을 멈추었다. 물 위로 내려 앉은 가을빛이 나그네를 붙들고 놓아주지 않아 사색에 빠져들게 만들고 느린 걸음걸음마다 가을빛이 안겨준 물 위의 반영처럼 생각도 거듭 깊어져만 간다.

일주문을 지나면 계곡을 가로지르는 아름다운 다리가 나온다. 이 다리

1 반야사 가는 길에 수북하게 내려앉은 낙엽이 마음을 비우게 만든다.

2 반야사의 명당 문수전은 절벽 계단을 오르면 그림처럼 암자가 나타난다.

3 아담하고 마음을 추스르게 해주는 반야사는 작아서 더욱 아름답다.

는 여름철 장마가 져서 계곡의 물이 불어나면 없어졌다가 장마가 지나가면 다시 아름다운 다리로 모습을 드러낸다 한다. 그런 모습이 마치 내 마음 속에 부처가 있다가 없고, 없다가 있는 것과 비슷하게 보여 문득 관음전의 부처를 만나고 싶어지게 만든다.

다리를 지나 반야사 입구 쪽으로 가다 일주문을 조금만 더 지나면 우측 언덕 위에 부도탑이 자리 잡고 있다. 부도탑이란 선대의 유명하고 도력이 높으신 스님들이 열반에 드신 후 나오는 사리를 모셔 놓은 탑이다. 부도탑을 지나면 드디어 반야사 주차장이 있는 마당에 도착한다. 반야사에 도착하면 자연스레 약수를 찾게 된다. 약수터 한편에 "용의 입에서 흘러나오는 석간수 한 모금 마시고 부디 성불하세요"라는 예쁜 글씨가 눈에 들어온다.

낙엽 쌓인 오솔길 따라 문수동자 만나러 가는 길

반야사를 찾았다면 문수전은 꼭 봐야 한다. 문수전은 수십 미터 높이의 아찔한 절벽 위에 지어진 가람인데 정묵당 뒤로 개천(석천)을 따라 5분쯤 걸어가면 문수전으로 가는 계단이 나온다. 대웅전 옆 등산로를 따라서도 문수전까지 갈 수 있지만 물길 따라 가는 이 길이 더 멋지고 볼 것도 많다. 방생 장소로 유명한 수월대를 지나고, 넓은 반석에서 잠깐 숨을 고른 뒤 돌계단이 이어지는 벼랑길을 올라야 한다.

산꼭대기에 마치 독수리가 둥지를 틀고 있는 것처럼 자리하고 있는 곳이 바로 문수전이다. 석천계곡은 문수보살이 상주하는 곳으로 알려져 있는데 월정사와 같이 세조가 대웅전에 참배를 하자 문수동자가 나타나 세조를 절 뒤쪽에 있는 망경대 영천으로 인도한 후 목욕을 하라고 권했다고 한다. 세조가 목욕을 하자 문수동자는 왕의 불심이 지극하기에 부처의 자비가 따를 것이라는 말만 남기고 사자를 타고 사라졌다는 전설이 전해진다.

전설 따라 삼천리처럼 전설을 알고 나니 문수보살이 세조를 이곳 석천

■
이것
만은
꼭!
난계국악박물관 고구려의 왕산악, 신라의 우륵과 더불어 우리나라 3대 악성으로 추앙받는 난계 박연 선생의 고향이 충북 영동이기에 이곳은 국악의 애향이기도 하다. 박연 선생의 위업을 기리고 국악의 맥을 잇기 위해 230평 규모의 난계국악박물관과 난계국악기제작촌이 자리하고 있다. 영상실에서는 박연 선생의 일대기를 상영하고 있으며, 난계실에서는 박연 선생의 생애와 업적을 비롯해 국악연표, 연주 모습, 국악기 제작과정 등 국악 관련 자료를 한눈에 알아볼 수 있도록 전시했고, 국악실에는 전통 관악기, 현악기, 타악기 등을 주제별로 모아 두었다. 2층에 있는 정보검색코너와 체험실에는 국악에 관한 자료를 검색하고 직접 국악기를 연주할 수 있는 장이 마련되어 있다.

계곡으로 모시고 와서 목욕을 하라고 권했던 계곡 물줄기가 한눈에 보인다. 반야사 극락전에서 오솔길을 따라 약 300m 정도 걸어가면 평평한 바위가 나오고 그 바위 옆 우측으로 돌계단을 따라 가파른 길을 올라가면 보이기 시작하는 곳이다. 문수전에서는 스님의 낭랑한 염불 소리와 목탁 소리가 유독 청아하게 들린다. 계곡이 둘러싼 곳에 둥지를 틀어 소리가 모아져 목탁 소리가 더욱 청명해지는 것이다. 문수전은 처지고 지친 어깨를 으쓱거리며 기를 모을 수 있을 것만 같은 곳이다. 절로 법당에 들어가 삼배를 하게 될 정도로 맑은 기운이 감싸고 있는 장소다.

있는 그대로의 모습을 간직한 템플스테이

산에 걸린 달과 반야 호수에 비친 달이 똑같아 보인다. 반야사가 빚어낸 두 개의 달처럼 우리 삶도 속과 겉이 같을 수 있으면 좋겠다는 생각이 들었다. 반야사 초입에는 반야라는 이름의 호수가 있다. 계곡 주변에 억새가 자라나며, 인근엔 천연기념물인 수달도 산다고 한다. 그만큼 깨끗하다는 의미다. 낮에 가을이 내려앉은 길을 걸을 때는 보이지 않았던 것들이 달리 보인다. 어두워진 길을 걸으면서 문득 외갓집에 갔을 때 마을길을 걸었던 생각이 떠올랐다. 저수지 옆을 지나는데 시원한 바람이 볼을 간질이던 아련한 기억 하나가 툭 튕겨 오른다. 아무것도 하지 않으면서 몸을 쉬게 해주니

스르르 닫혀 있던 감성이 살아나는 것이다.

해가 졌는데도 절 주변에만 가로등이 몇 개 있고 반야 호수 주변에는 가로등이 아예 없다. 도심에서 살면서 볼 수 없는 달과 별을 더 밝게 보게 하기 위해서란다. 별빛이 쏟아져 내리는 한적한 호숫가를 거닐면서 오랜만에 혼자만의 시간을 가졌다. 반야 호숫가를 걷는 시간은 자신과 대화를 하는 시간이다. 마음을 열고 내 자신에게 "괜찮아, 고마워, 사랑해"라고 위로해 주다 보면 한결 가벼워진 자신을 마주할 수 있다.

가족의 품처럼 따뜻한 사람들이 있는 반야사 템플스테이는 지치고 힘들 때면 저절로 떠오르는 마음의 안식처가 될 것만 같다. 반야 호숫가, 관음전 오솔길, 편백나무 숲, 문수전을 오르며 홀로 대화하는 시간들이 주마등처럼 스쳐간다. 그리고 무거웠던 마음에 들어찬 고통이 서서히 씻겨 내려간다. 누군가의 위안을 바라기보다는 나를 위로해주고, 내 마음에게 말을 걸게 하는 호젓한 시간이다. 반야사에서 마음을 내려놓고 나를 위로해본다.

■
Travel Information

주소 충북 영동군 황간면 백화산로 652
전화번호 043-742-7722
홈페이지 www.banyasa.com
템플스테이 1박 2일 5만 원

찾아가는 길 경부고속도로 황간 IC-마산 삼거리 좌회전-월유교-신촌리삼거리에서 우회전-반야사 이정표-반야사

반야사 템플스테이 반야사 템플스테이는 평일상시와 주말 체험프로그램으로 나눠진다. 365일 상시로 열리는 '난 나를 사랑해'는 편하게 사찰에서 머물다 가는 프로그램이다.

월유봉 첩첩산중인 영동은 그 첩첩마다 아름다운 경치를 꼭꼭 숨겨 두고 있다. 반야사에서 자동차로 10분 정도 거리에 있는 월유봉도 비경 중 하나. 금강으로 흘러드는 맑은 물줄기 근처에 깎아 세운 듯 세모난 봉우리가 우뚝 서 있다. 깎아지른 절벽산인 월류봉 아래로 물 맑은 초강천 상류가 휘감아 흘러 수려한 풍경을 이룬다. '달이 머물다 가는 봉우리'라는 뜻의 월류봉(月留峯)이란 이름처럼 달밤의 정경이 특히 아름답다고 알려져 있다. 예로부터 이 일대의 뛰어난 경치를 '한천팔경(寒泉八景)'이라 하였다. 우암 송시열(1607~1689년)은 한때 이곳에 머물며 작은 정사를 짓고 학문을 연구하였는데, 월류봉 아래쪽에 우암을 기리기 위해 건립한 한천정사(寒泉精舍, 충청북도문화재자료 제28호)와 영동 송우암 유허비(충청북도기념물 제46호)가 있다.

지리산
신선이

따로
없네

따로 없네

남원
실상사
구룡계곡

지리산의 계곡을 떠올리면 뱀사골계곡을 떠올리기 쉽지만
첩첩산중 산자락에 숨겨진 계곡을 품고 있다.
그래서 지리산은 갈수록 신비롭고 볼수록 오묘한 산이다.
거대한 지리산의 남원 지릭에 위치한 구룡계곡은
지리산의 또 다른 모습을 담고 있다.

걷기여행은 수많은 변화를 가져왔다. 제주올레길이나 지리산둘레길에
서 만난 사람들이 공통적으로 하는 이야기는 "힘들지만 행복했다"는 말이
다. 다양한 이동수단이 발달하고 다양한 여행의 형태에서 걷기여행은 여행
문화의 흐름을 바꾸어 놓았다. 지리산둘레길에서 만난 사람들은 대화와 소
통이 가능한 느리게 걷기의 매력에 푹 빠졌다고 고백한다.

2007년 제주올레와 지리산둘레길이 열릴 때만 해도 걷기여행이 지금처
럼 폭발적인 인기를 누리라고는 아무도 예상하지 못했다. '누가 걸으러 지
리산까지 찾아오겠어?'하는 걱정은 그야말로 기우였다. 사람들은 지리산
길을 걸으며 은밀한 지리산의 속살에 환호했고, 지리산 산마을에서 하룻밤
묵으며 희열을 느꼈다. 아름답고 평화로운 풍경, 정겨운 마을 사람들 그리
고 무엇보다 걷는 맛에 빠져든 것이다.

자연에 취해 실컷 걸은 다음에 산중의 계곡에서 탁족을 즐기는 것만큼
손쉽고 확실한 피서는 드물다. 쏟아지는 계곡물에 발을 담그고 탁족을 즐
긴다면 신선이 부럽지 않다. 그래서일까. 가족단위로 저렴하게 피서를 즐
길 수 있는 계곡이 경제적이고, 확실한 피서를 즐길 수 있는 여행지로 인기
를 끌고 있다. 그런 점에서 수많은 계곡을 품은 지리산이 안성맞춤이다. 지
리산처럼 주변에 맛있는 음식이 많고 물놀이를 즐길 수 있는 계곡이 있다
면 확실한 피서가 보장된다. 구룡계곡은 지리산 국립공원 북부지소가 있는
주천면 호경리에서부터 구룡폭포가 있는 주천면 덕치리까지 펼쳐지는 심

산유곡이다. 수려한 산세와 깎아지른 듯한 기암절벽으로 이어진다. 정상에 오르면 구곡경의 구룡폭포가 있다. 남원 8경 중 제1경인 구룡폭포 아래에는 용소라 불리는 소가 형성되어 있다.

구룡계곡을 찾아가는 길은 어렵지 않다. 남원시내에서 주천 쪽으로 가면 지리산 북부로 연결된다. 이곳은 지리산 관광도로가 개설되어 있어 지리산 자락을 굽이굽이 오르며 다양한 경치를 구경할 수 있다. 계곡을 따라 오르는 정령치간 도로는 뱀사골(반선)과 노고단으로 이어져 운무가 휘감은 지리산의 진수를 맛보게 해준다. 구룡계곡은 용호구곡 또는 구룡폭포라고도 한다. 이처럼 이름을 달리 하는 것은 옛날 음력 4월 8일이면 아홉 마리의 용이 하늘에서 내려와 아홉 군데 폭포에서 한 마리씩 자리 잡아 노닐다가 다시 승천했다는 전설 때문이다.

구룡계곡은 약 3.1km 정도 이어지는데 삼곡교에서 구룡폭포까지는 걸어서 1시간 10분 정도 거리다. 반대로 구룡폭포에서 육모정 쪽으로 내려오면 40분 정도 소요된다. 계곡 트레킹보다 탁족이나 물놀이를 즐기려면 육모정 아래에 있는 계곡이 안성맞춤이다. 가족단위나 아이들이 있는 경우에 더욱 추천한다. 거대한 암반이 있고, 계곡이 넓게 흐르기 때문에 물놀이를 즐기기에도 좋다. 또한 육모정은 나무다리로 이어진 생태탐방로가 있어 가볍게 산책하기도 좋다. 육모정에서 다리를 건너면 솔숲에 둘러싸인 용호정이 나온다. 용호정 옆으로 나무가 많아 그늘에서 휴식을 취하기도 좋다.

신선도 탁족을 즐기고 살 만한 구룡폭포

비경비폭동에서 600m쯤 올라가면 거대한 암석층이 계곡을 가로질러 물 가운데 우뚝 서 있고, 바위 가운데가 대문처럼 뚫려 물이 바위 문을 통과한다고 해서 석문추라 한다. 이곳이 8곡이며 경천벽이라고도 부른다. 경천벽에서 500m 상류지점에 양쪽으로 우뚝 솟은 두 봉우리가 있다. 멀리 지

■

이것 만은 꼭!

구룡계곡 트레킹 구룡계곡은 약 3.1km 정도 이어지는데 삼곡교에서 구룡폭포까지는 걸어서 1시간 10분 정도 거리다. 반대로 구룡폭포에서 육모정 쪽으로 내려오면 40분 정도 소요된다. 계곡 트레킹보다 탁족이나 물놀이를 즐기려면 육모정 아래에 있는 계곡이 안성맞춤이다. 육모정은 나무다리로 이어진 생태탐방로가 있어 가볍게 산책하기도 좋다.
코스 : 남원시내－춘향묘－육모정 위 삼곡교(출발)－유선대－지주대－비폭동－구룡폭포－실상사
문의 : 남원시청 063-620-6114, 홈페이지 남원시 www.namwon.go.kr

리산에서 발원한 물줄기가 두 갈래 폭포를 이루고, 폭포 밑에 각각 조그마한 못을 이루고 있다. 모습이 마치 용 두 마리가 어울려 양쪽 연못 하나씩을 차지하고 노닐다가 하늘로 승천하는 듯한 모습이라고 해서 교룡담이라 부른다. 이곳이 바로 9곡이며 구룡계곡의 백미인 구룡폭포다.

구룡계곡의 하이라이트인 구룡폭포를 손쉽게 만날 수도 있다. 고기리 삼거리에서 좌회전해서 2km 정도 달리면 구룡폭포 주차장이 나온다. 주차장 옆으로 '구룡폭포 300m'라는 이정표를 따라가면 삼림욕장을 걷는 것처럼 소나무가 우거진 오솔길이 이어진다. 180m 지점부터 나무 계단길이 나온다. 계단이 시작되는 지점부터 쏟아지는 계곡물소리가 우렁차게 들린다. 계단을 따라 내려갈수록 폭포소리에 마음까지 시원해지는 기분이 든다.

구름이 산을 넘는 풍경도, 지리산 자락을 에워싸는 운무도 손쉽게 만날 수 있다. 지리산에 묻혀 하룻밤 묵고 싶다면 달궁오토캠핑장이 좋다. 정령

1 지리산에 자락에 자리 잡은 실상사는 고
  즈넉하고 호젓한 사찰이다.
2 실상사 법당은 지리산의 정기를 품고 있
  어 기도가 잘 이루어진다고 한다.
3 실상사 앞 커다란 연못에 여름이면 연꽃
  이 만발한다.

치를 넘어 실상사로 가는 지리산둘레길 구간은 오솔길이 이어진다.

지리산둘레길의 가장 아름다운 오솔길 너머 실상사

먼저 실상사로 가는 길은 단단한 준비가 필요하나. 지리산의 험한 코스를 걷는 것은 아니지만 굽이굽이 이어지는 지리산 자락을 걷는 일이 쉬운 일은 아니기 때문이다. 모자나 트레킹화, 손수건 같은 준비물도 필수다. 신라 홍덕왕 3년(828년)에 증각대사가 창건했다는 지리산 실상사는 산내면 입석리에 위치한 평지가람이다. 백장암, 약수암, 서진암 등의 암자를 거느리고 있으며 국보 1점과 보물 11점을 보유하고 있다. 천왕문을 들어서서 마주 보는 전각은 실상사의 큰 법당인 보광전이다. 그 앞에는 두 기의 삼층석탑(보물 제37호)과 장중하면서도 아름다운 석등(보물 제35호) 하나가 서 있다. 보광전 동편에는 약사전, 서편에는 극락전이 자리를 잡고 있다. 보광전은 지리산 천왕봉 능선을 마주 대하고 있어 웅대한 기운을 느끼게 해준다. 전통적으로 실상사에 항상 붙어 다니는 관용구는 '구산선문 최초가람'이라

는 말이다. 선이란 불교 수행자들이 구도의 길로 나가는 데 있어서 가장 중요한 수행의 관문이다. 바로 이러한 선의 가르침이 이 땅에 처음으로 뿌리 내린 곳이 바로 지리산 실상사라고 한다. 또한 현재의 실상사를 표현하는 가장 보편적인 말은 역시 '생명, 평화, 생태, 환경'이다. 한여름 꽃대를 밀어 올린 실상사 연못을 벗 삼아 템플스테이를 체험해도 좋다.

실상사에서 지척에 있는 인월장터는 지리산 흑돼지로 유명하다. 시골장터를 기웃거리는 재미도 쏠쏠하고, 흑돼지구이나 토박이 순대국 등 장터음식을 맛보는 것도 좋다. 인월면과 남원시내 중간의 운봉읍 화수리 비전마을, 동편제의 탯자리로 가면 판소리의 가왕 송흥록과 국창 박초월이 살았던 생가를 답사하게 된다. 은은하게 울려 퍼지는 판소리를 들으면서 초가를 얹은 집 두 채와 송흥록이 소리를 하는 동상 등을 관람할 수 있다.

■

Travel Information

주소 전북 남원시 산내면 입석리 50
전화번호 063-636-3031
홈페이지 www.silsangsa.or.kr
템플스테이 1박 2일 5만 원

찾아가는 길 호남고속도로 전주 IC-17번 국도-남원-남원대교 건너 좌회전-19번 국도-범실마을-730번 지방도로로 7.5km-국립공원 관리사무소 앞 주차장 일명 육모정(구룡계곡 제2곡인 용소)-300m 지점의 삼곡교-3.1km 정도 걸으면 구룡폭포-300m 걸으면 구룡폭포 주차장. 정령치 넘으면 실상사 입구

맛집 남원의 전통음식인 추어탕과 민물고기 매운탕집 등이 주천면사무소 주변에 몰려 있다. 구룡계곡 트레킹을 하려면 주천면 인근에서 식사를 하는 것이 좋고, 구룡폭포 쪽에서 계곡을 따라 내려오려면 구기리 삼거리에 있는 에덴가든(063-635-1196)의 산채백반을 맛보자. 남원 토박이도 인정한 이 집의 산채요리는 지리산 인근에서 나는 산나물로만 요리하기 때문에 향이 진하고 신선한 나물을 맛볼 수 있다.

잠자리 주천면 인근에 위치한 그린피아모텔(063-636-7200)은 관광공사에서 인증한 굿스테이 숙박업소다. 하얀색 4층 건물의 모텔은 내부도 깨끗하고 구룡계곡 인근에 있어 계곡여행객들에게 안성맞춤이다. 1일 숙박료는 4만 원선. 또한 주천면 인근의 모텔이나 민박을 이용할 수도 있고 남원시내의 콘도를 이용하는 것도 좋다.

소원이
이루어지는

관음성지

관음성지

양양
오봉산
낙산사

관동8경 중 하나인 오봉산 자락에 들어앉아 있는데, 정상에 자리한
해수관음상이 동해를 굽어보고 있어 언제 보아도 편안하고 넉넉하다.
특히 해수관음의 넉넉한 품이 소원을 들어준다고 전해지면서 새해가 되면
이곳을 찾아 기도를 올리는 참배객들이 줄을 잇는다.

강원도 양양 낙산사는 기도 효험이 좋기로 잘 알려진 관음성지다. 강화
보문사, 남해 보리암과 함께 우리나라 3대 관음성지다. 671년에 의상대사
가 관세음보살의 진신사리를 모셔 세운 통일신라시대 사찰이다.

말할 수 없을 정도의 고통은 형상이 없는 것이거늘

지금 나에게 가장 간절한 것은 무얼까. 그리고 마음의 문을 여는 일이 왜
이리 서툴고 힘들기만 할까. 팍팍하고 무료하게 살다보니 정작 스스로가
주인이었던 '나'는 어디에도 없는 것만 같다. 저녁 여덟 시. 무례인 줄 알았
지만 그냥 스님에게 복잡한 속마음을 드러내고 싶었다. 그리고 말할 수 없
을 정도의 고통을 조금은 내려놓고 싶었다.

"스님, 인연이란 무엇인가요."

"그것 알면 공부 다 한 거네."

"그럼 이별은 무엇인가요."

잠시 침묵이 흐르다 스님이 말을 건넨다.

"자네 마음에 큰 돌이 들어 있구먼. 모든 이별은 만남이 있어서 생기는
일이지. 사람이든 물건이든 모두 인과에 따라 오고 가는 허상 아니겠는가."

스님의 말을 듣는 동안 나도 모르게 울컥 눈물이 나왔다.

"허상. 지금 이 세상에 있는 것도 아닌 것도 아닌 존재를 잡고 있지는 말
게나."

아름다운 사찰여행

1

2 3

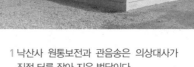

1 낙산사 원통보전과 관음송은 의상대사가
  직접 터를 잡아 지은 법당이다.

2 망망대해 동해바다를 바라보고 있는 관음
  송은 낙산사의 명물이다.

3 낙산사는 소원이 잘 이루어진다는 말이 있
  어 템플스테이 참가율이 매우 높다.

마치 점쟁이 앞에서 속마음을 들켜버린 것 같아 나도 모르게 말문을 닫았다. 아직은 마음을 모두 내려놓고 고해성사 하듯 나를 모두 내보일 수가 없었다. 아직은 준비가 되지 않았다. 그리고 다시 화두를 돌려 스님과 차를 마셨다.

출세도, 돈도, 명예도 남보다 더 가지려는 데서 고생이 생기는 것이렷다. 그것이 옳든 그르든, 당연한 감정이든 아니든 확실히 고통과 번민은 거기서 생기는 것 같다.

"자네 걸리버 여행기 봤나."

"네."

**이것
만은
꼭!**
홍련암 의상대에서 200m쯤 북쪽 바닷가로 가면 의상대사가 도를 통했다는 홍련암이 있다. 이
것은 낙산사에 딸린 암자로 법당마루 밑으로 출렁이는 바닷물을 볼 수 있게 절벽 위에 세워졌
다. 의상대사가 좌선한지 7일째 되는 날 바다 속에서 홍련이 솟아오르고 홍련속에서 관음보살
이 나타나 대사에게 법열을 주었다는 전설이 있다.

"거기 말의 나라 이야기에 야후라는 사람 비슷한 동물이 나오지. 반짝이
는 돌을 갖기 위해 서로 싸우고 숨기고, 잃어버리면 슬퍼하고 병드는…. 자
네가 가지려는 그 무엇이 그 반짝이는 돌과 무슨 차이가 있겠나. 그러니 그
것을 잃어버리면 낙심하고 세상 다 끝난 것 같고 죄진 것도 아닌데 피하고
숨어 지내는 것 아니겠나. 돈이든, 자리든, 사랑하는 사람이든."

"……."

스님과 차담을 하며 모든 마음속의 생각을 내려놓고 문지방을 넘었다.
바람이 차다. 가야산 찬 공기에 별빛이 더 밝게 빛나는 것처럼 또렷하다.
수십 년 면벽(面壁) 수행을 해도 얻기 힘든 경지를 어찌 쉽게 논할 수 있겠
는가. 스님과의 차담은 나를 더 객관적으로 보고, 나를 내려놓는 법을 조금
은 알 수 있는 시간이었다. 이제야 비로소 거울 속의 나와 이야기를 할 수
있을 것 같다.

"긴 호흡과 같은 우리의 행복과/아픔들을 내려놓을 뿐/내려놓을 뿐."

관음보살이 점지해준 원통보전

낙산사 창건 전, 당나라 유학을 중단하고 신라로 돌아온 의상대사는 걱
정이 많았다. 그는 당나라의 침입을 예감하고 있었고, 삼국통일에 반감을
품은 귀족의 반란 징후가 곳곳에 나타났으며, 문무왕은 불안해하고 있었
다. 무엇보다 내부적 단합이 중요하던 그때, 의상대사는 강원도 양양에 관
음보살이 머물고 있다는 소문을 듣게 된다. 관음보살은 중생의 괴로움을
구제하는 보살이기에 의상대사는 바로 양양으로 향했다. 홍련암 아래 관음

굴에서 21일 동안 기도한 그는 마침내 관음보살을 만날 수 있었다. 관음보살은 대나무가 쌍으로 돋아날 것이니, 그곳에 불전을 짓는 것이 마땅하리라고 전했다. 대나무가 돋아난 곳에 의상대사는 원통보전을 세웠다. 낙산사 전각 중 원통보전과 홍련암을 대표적 전각으로 꼽는 이유다.

원통보전 담장은 조선시대 세조가 낙산사를 중창할 때 쌓은 것으로 전해진다. 기와와 흙을 차례로 쌓고 곳곳에 원형 단면의 화강암을 넣었다. 조선시대 사찰의 대표적인 담장으로 평가받는다. 담장 주위엔 창건설화에 등장하는 대나무가 자란다. 홍예문에서 원통보전으로 이어지는 동선은 오랜 세월의 흔적이 고스란히 느껴지는 여느 고찰의 분위기와 사뭇 다르다. 마치 세조가 다녀간 뒤 중수 직후의 모습이 지금 같지 않았을까 싶을 정도로 선명함과 생생함이 곳곳에서 느껴진다. 원통보전에서 해수관음상으로 향하면 낙산사의 또 다른 매력이 기다린다. 해수관음상에서 의상대를 지나 홍련암에 이르는 구간이다. 도보로 약 20분 거리지만 고개만 돌리면 낙산사와 자연이 빚어내는 조화가 걸음을 멈추게 한다. 바다를 등지고 불상을 바라보면 관음보살이 백두대간에 서서 바다를 바라보는 듯하다. 그 시선을 따라 다음 목적지인 의상대와 홍련암으로 향한다.

동해안의 명승으로 지정된 의상대와 홍련암

의상대와 홍련암 일대는 따로 명승 제27호로 지정됐다. 주변 해안이 독특하고 경관이 아름답기도 하지만, 의상대사의 전설이 깃든 곳이기 때문이다. 홍련암은 의상대사가 붉은 연꽃 속 관음보살을 봤다고 해서 유래한 이름이다. 암자는 정면 3칸, 측면 3칸이며 지붕의 앞뒤가 각각 형식이 다른 것이 특징이다. 불전에 앉으면 관음굴에서 치는 파도소리가 바닥을 울리며 몸으로 전해진다.

의상대 또한 의상대사가 관음보살을 만난 해안 절벽 위에 지었다고 전해진다. 지금의 의상대는 1925년 만해 한용운이 낙산사에서 머물면서 해돋이를 보기 위해 복원한 것이라 한다. 이곳에서 조선시대 문신 정철은 해돋이를 보며 "새벽같이 일어나 보니 상운이 짙어 육룡이라도 일듯, 마침내 해가 뜨니 만국이 움직이고 천중에 치뜨니 호발을 헬 듯하다"고 묘사했다.

홍예문 안쪽, 낙산배 시조목도 눈여겨볼 만하다. 배나무 한 그루가 떡하니 버티고 있는 모양새가 특이하다. 기록에 따르면, 조선시대 진상품으로 재래종 황실배가 낙산사 주변에서 재배됐다고 한다. 이에 배 품종의 하나인 장십랑을 1915년 주지스님이 도내에 재배하기 시작하면서 낙산배의 명성을 이어오고 있다.

의상전시관에서 가까운 계단에 "길에서 길을 묻다"라는 글귀가 새겨져 있다. 선택을 두고 갈림길이라 말하지 않던가. 충전이 필요할 때, 심신이 지쳤을 때, 낙산사 템플스테이는 좋은 쉼표가 된다. 프로그램은 휴식형과 체험형으로 나뉘며, 외국인도 신청할 수 있다.

■
Travel Information

주소 강원도 양양군 강현면 낙산사로 100
전화번호 033-672-2417
홈페이지 www.naksansa.or.kr
템플스테이 1박2일 5만 원

맛집 송이버섯마을 | 버섯전골 / 양양군 양양읍 안산1길 74-52 / 033-672-3145 / korean. visitkorea.or.kr 양양한우마을 | 한우생구이 / 양양군 양양읍 일출로 500 / 033-671-9700 주전골산 채마을 | 산채정식 · 산채비빔밥 / 양양군 양양읍 양양로 33 / 033-672-1584

잠자리 굿모닝모텔 | 양양군 강현면 일출로 20 / 033-671-8817 스위트호텔낙산 | 양양군 양양읍 해 맞이길 84 / 033-670-1100 / korean.visitkorea.or.kr

아아!
푹 쉬다

가이소

성주
가야산
심원사

똑같은 시간과 되돌이표처럼 반복되는 일상에서
'나'를 찾는다는 건 쉬운 일이 아니다.
그래서 떠난다. 작은 절에 가서 내 마음의 근본을 찾아 모든 걸 내려놓고 싶다.
가야산 깊은 산으로, 나를 위한 고즈넉한 공간 심원사로 말이다.

십승지 중에서 이중환이 가장 많이 찾은 가야산

여행에는 두 가지 종류가 있는 것 같다. 펼쳐진 자연을 단순히 느끼고 즐기기만 하는 여행과 여행지에 대한 배경지식을 알고 봐야 제대로 느낄 수 있는 여행. '아는 만큼 보인다'는 말이 제대로 들어맞는 곳이 바로 가야산일 것이다. 스쳐 가며 보는 사람에게는 단순한 '절'이고 교과서 속에서나 보았던 선비의 고장일 뿐이지만 절과 마을의 내력을 알고 보는 사람에게는 역사책이나 소설보다 중요한 의미를 찾아낼 수 있는 곳이기 때문이다.

소백산맥 자락에 자리한 가야산은 경상남도 합천군을 중심으로 거창군, 경상북도의 성주·고령군과 접해 있는 산이다. 주봉인 상왕봉은 우뚝 솟은 자태가 아름다워 일명 '우두산'으로도 불리는데, 높이가 1439m에 이른다. 상왕봉을 중심으로 칠불봉·두리봉·깃대봉·단지봉·의상봉·남산제일봉 등 해발 1000m를 넘는 거봉들이 넓게 펼쳐져 있으며, 충청·경상·전라 3도를 경계 짓는 대덕산을 서쪽에 끼고 있다. 가야산은 1966년 사적 및 명승 제5호로 지정되었으며, 1972년엔 국립공원 제9호로 지정되었다.

산의 이름이 가야가 된 데에는 두 가지 유래가 있다. 하나는 합천과 고령 지방이 본래 대가야의 영토인 데서 비롯된 것이고, 나머지 하나는 불교와 관련된 것이다. 산의 생김새가 소의 머리처럼 생겼다고 해서 이전에는 우두산이라고 불렸는데, 범어(산스크리트어)로 가야라는 것이 '소'를 뜻하여 불교 성지인 이 산에 가야란 이름이 붙었다는 것이다.

아름다운 사찰여행

1 가야산이 품고 있는 심원사는 작은 절이어
  서 호젓하게 머물기 좋다.
2 심원사 템플스테이는 스님들과 함께 울고
  웃는 프로그램이 많다.
3 심원사 산신각은 절 맨 위에 위치해 있는
  데 기도를 하면 소원이 이루어진다고 한다.

1 가야산의 명물 만불상이 심원사를 내려다보고 있다.

2 작고 소중한 것이 더욱 아름답다는 말을 체험할 수 있는 심원사.

3 심원사는 템플스테이 프로그램 만족도가 높고 체험형 프로그램이 많다.

가야산은 옛 가야 지방을 대표할 수 있는 상징적인 산신 이야기를 가지고 있다. 가야산의 산신은 정견모주라는 여신인데, 『동국여지승람』의 기록에는 대가야왕을 낳은 어머니이다. 이후에 정견모주는 가야 지방의 여신으로 남아 있다가 지금은 산신으로서 존재하는 것으로 보인다. 『세종실록』지리지에는 "가야산의 지세나 풍경이 천하에 뛰어나며 그 덕은 해동에 견줄 것이 없으니 참으로 수도할 좋은 곳"이라고 하였다.

가야산은 역사적으로 호국불교의 전통을 간직하고 있다. 신라 말 해인사 승군 중 희랑이 군사를 일으켜 고려 건국을 도운 것을 비롯하여, 임진왜란 때는 의병을 지휘한 유정이 말년을 보낸 곳으로도 유명하다. 민족항일기에는 젊은 승려들이 중심이 된 항일운동의 근거지가 되기도 하였다.

가야산의 울창한 수림 속에는 아름다운 계곡이 즐비하고, 우비정(牛鼻井)과 천연 빙굴은 그 비경을 더한다. 그러나 가야산의 대표적 명소는 뭐니뭐니 해도 법보사찰 해인사. 고려시대 때 제작된 팔만대장경과 장경판전은 이미 세계문화유산으로 등재되어 그 우수성을 인정받았다. 사찰과 주변의 일곱 암자에서는 새소리, 물소리, 산 소리가 어우러져 깊은 산의 아늑한 정취를 느낄 수 있게 한다. 그 외 사찰로는 청량사와 길상사 적멸보궁 등이 있다.

수려한 자연환경으로는 홍류동 계곡이 유명하다. 조선시대의 문인 김종직의 시에서 "그림 같은 무지개다리……"라고 한 무릉교가 바로 홍류동의 시작을 알리는 지점이었다. 봄에는 진달래가, 가을에는 단풍이 붉게 물든 것이 특히 인상적이라 홍류동이라 불린다.

거북이도 푹 쉬어 간다는 심원사

성산가야의 옛 터전이던 성주군. 여행지로는 잘 알려지지 않은 고장이다. 그도 그럴 것이 다른 고장에 비해 이름난 관광지를 품고 있지 못하다.

성주를 말하면 으레 '상주'를 먼저 떠올리고, 대표적 특산물인 '참외'를 이야기해야 "아~ 성주참외!" 하는 정도다. 비록 사람들의 기억 속에 각인되어 있진 않지만 성주는 사람을 잡아끄는 매력이 있다. 가야산에 자리한 심원사도 옛 문화와 해인사의 가풍을 유지하며 기도처로 사랑을 받는다. 가야산을 중심으로 해인사가 있고 산 너머 동북쪽에 심원사가 있다.

심원사는 조용한 사찰이다. 등산객으로 발 디딜 틈 없는 가야산이라도 이곳만큼은 딴 세상인 양 사람을 찾아보기 힘들다. 그런 덕에 조용히 절을 둘러보며 시간을 보내기에 안성맞춤인 상소다.

본래 심원사는 신라시대에 창건된 고찰이라는 기록이 있지만, 18세기 말경에 폐사되어 빈터로 남아 있었다. 근래에 심원사에 대한 발굴조사를 통해 사지의 규모와 위치를 확인하고 대웅전, 극락전, 약사전 등을 차례로 중창해 옛 모습을 되찾았다.

성주는 커다란 역사의 소용돌이에 휩싸이지 않고 평안을 유지해 온 몇 안 되는 지역 가운데 하나다. 그래서 사람들은 성주를 두고 "역사에 큰 사건도 없었고 지금까지 별다른 변화도 없었다"는 말을 곧잘 한다. 사방이 산으로 가로막혀 외부와의 교류가 원활하지 못했던 자연환경은 훼손되지 않은 전통마을과 가야산을 보존하게 만들었다.

'애써왔다' 소리 없이 나를 토닥이는 위로

템플스테이에 참가해 아무것도 하지 않으리라 생각했다. 새벽예불, 공양, 명상 딱 이것만 하고 싶었다. 마음이 복잡해 선택한 심원사 템플스테이다. 그래서 모든 걸 내려놓고 나를 보고 싶었다. 오후 3시에 하얀 조끼에 계량한복처럼 생긴 옷으로 갈아입었다. 템플스테이 진행자가 기본적인 일과를 설명해준다. 휴식형은 '휴식, 만물상 트레킹, 아침 명상, 스님과의 대화'가 프로그램의 전부다. 애써 간섭하지 않겠다는 심원사 템플스테이의

아름다운 사찰여행

배려다. 차분하게 듣고 나서 '휴식형'을 하겠다고 말을 건넸다.

천천히 전각을 돌아보았다. 템플스테이 수련관 아래로 내려갔다. 주차
장에서 심원사를 올려다봤다. 중앙에 돌계단이 층층이 4단으로 대웅전까
지 이어지는 가람배치다. 절집이 산비탈에 위치해 축대를 쌓고 가람을 배
치해서다. 주차장에서 첫 번째 돌계단을 오르면 템플스테이 수련관이 오른
쪽에 길게 있다. 마당 왼쪽에는 공양간과 차를 마실 수 있는 넓은 돌과 의자
가 있다. 다시 돌계단을 오르려다 계단 옆에 있는 약수터를 바라봤다. 약수
를 마시면 왠지 몸이 개운해질 것 같다는 생각을 한참 동안 하고서 물을 한
모금 마셨다. 천천히 물맛을 음미했다. 그리고 뒤돌아 저 멀리 보이는 산을
바라봤다. 숨을 가다듬고 다시 돌계단을 올랐다. 오른쪽에는 강당으로 쓰
이는 문수전과 요사채과 있고 정면에는 삼층석탑과 대웅전이 있다. 대웅전
왼쪽으로 종무소가 있다. 가람이 거대하지도, 작지도 않게 올망졸망 자리
잡고 있다. 대웅전에서 삼배를 올리고 다시 나와 살짝 오솔길을 따라 산신
각에 올랐다. 산신각에 들어가 간절하게 마음을 내려놓는 기도를 올렸다.
40분 정도 절을 하고 기도를 하고 나오니 종무소 직원이 기다린 듯이 마중
한다. 산신각 마당에서 산세를 내려다보니 장관이다. 중앙에 봉긋하게 솟
아 있는 산이 대구 달서의 비슬산이다. 그리고 비슬산을 어머니의 품처럼
감싸 안고 넓게 팔을 펼치고 있는 것처럼 보이는 산이 갓바위가 있는 팔공

산이다. 해인사는 가야산을 남쪽으로 바라보지만 심원사는 가야산을 등지고 대구 쪽으로 자리 잡고 있다는 말을 남긴다. 잠깐 말을 나누다 내일 7시에 다시 이곳으로 오라는 말을 남기고 총총 오솔길을 내려갔다.

다시 수련관으로 내려와 숙소에 들어갔다. 공양을 알리는 종소리가 통통통 울린다. 선반 위에 있는 동화책 한 권을 읽었다. 선반 아래에는 다기 세트가 있다. 전기 포트에 물을 끓이고 공복에 녹차를 한 잔 마셨다. 생각을 너무 깊게 했더니 입이 텁텁해지는 느낌이 들어 은은한 차가 마시고 싶어졌다. 두 잔을 천천히 음미하고선 공양간으로 갔다.

생각보다 크고 깔끔한 공양간에는 뷔페식으로 음식이 차려져 있다. 공양주 보살이 센스 있게 김과 치즈도 놓아 아이들 입맛도 챙겨두었다. 십여 명이 천천히 소리 없이 공양을 했다. 공양을 마친 후 스님께 이따 차 한 잔 마시러 방에 찾아뵈어도 괜찮겠냐고 여쭈었다. 스님은 맑게 웃으며 언제든지 오라고 말을 건넨다. 공양간 마루에 앉아 한참 동안 어둠이 내리는 소리를 들었다. 그리고 다시 숙소로 들어가 뜨끈한 방바닥에 누워 찜질하는

것처럼 등을 붙이고 쉬었다. 따뜻한 온기에 나도 모르게 스르르 선잠이 들었다.

1시간 정도 자다 잠에서 깨어나 다시 책 한 권을 뒤적였다. 방에서 뒹굴기보다 스님을 만나고 싶다는 생각이 들었다. 툇마루에 나와 잠시 밤하늘을 올려다보았다. 가야산 산줄기를 따라 쏟아질 것만 같은 심원사의 별빛에 화들짝 놀랐다. 도대체 얼마 만에 보는 별빛인가. 마루에 앉아 한참 동안 상념에 잠겼다.

Travel Information

주소 경북 성주군 수륜면 가야산식물원길 17-56 (백운리)
전화번호 054-931-6887
홈페이지 www.simwonsa.com
템플스테이 1박 2일 5만 원

찾아가는 길 중부내륙고속도로 성주 IC - 수륜면 - 수륜초등학교 - 언덕길 - 가야산국립공원 주차장 - 심원사

심원사 템플스테이의 프로그램 개개인이 연등을 직접 만들고 불을 밝힌 후 앞마당에 나가 탑돌이를 하는 정기 운영 프로그램이 있다. 바쁘고, 지치고, 마음 아팠던 나에게 '애썼다', '고맙다' 위로하는 시간을 갖는다(90분). 주말에는 발우공양을 한다. 계절별 특별 프로그램으로는 여름방학과 겨울방학 때 진행되는 어린이 동심 프로그램 '검정고무신'이 있다. 초등학생만 참여 가능하며 가격은 15만 원이다. 12월 31일에는 새해맞이 윷놀이 및 타종 행사에 참가할 수 있다. 가격은 3만 원.

가야산에 안긴 '해인사'와 '팔만대장경' 해인사 팔만대장경이 세계유산에 포함된 것으로 알고 있지만 엄밀한 의미에서는 장경각이 지정된 것이지 장경각 안에 보관되어 있는 팔만대장경이 지정된 것은 아니다. 물론 팔만대장경이 지정되지 않은 것은 장경각보다 가치가 떨어져서가 아니라 유네스코의 세계유산으로 지정되는 대상은 유적에 한정되어 있기 때문이다. 자녀들과 동행했다면 장경각의 소박함 속에 숨어 있는 우리 민족의 뛰어난 과학성을 하나하나 찾아보고 이야기해보자. 물론 여행을 출발하기 전, 장경각에 대한 충분한 사전 지식을 챙겨봐야 할 것이다.

가야산야생화식물원 성주군에서 조성한 국내 유일의 군립식물원으로 야생화를 주제로 꾸민 야생화 전문 식물원이다. 1천여 평 규모의 2층 야생화 학습원에는 멸종위기 2급 식물인 대청부채, 울릉도에서만 자생하는 섬시호 등 희귀 야생화를 비롯해 가야산에 자생하는 야생화 600여 종이 식재되어 있다. 겨울철에 이곳을 방문한다면 야외에서 자라나는 야생화를 볼 수 없어 아쉬움이 크지만, 종합전시관과 유리온실에서 녹색의 싱그러움을 만끽할 수 있다.

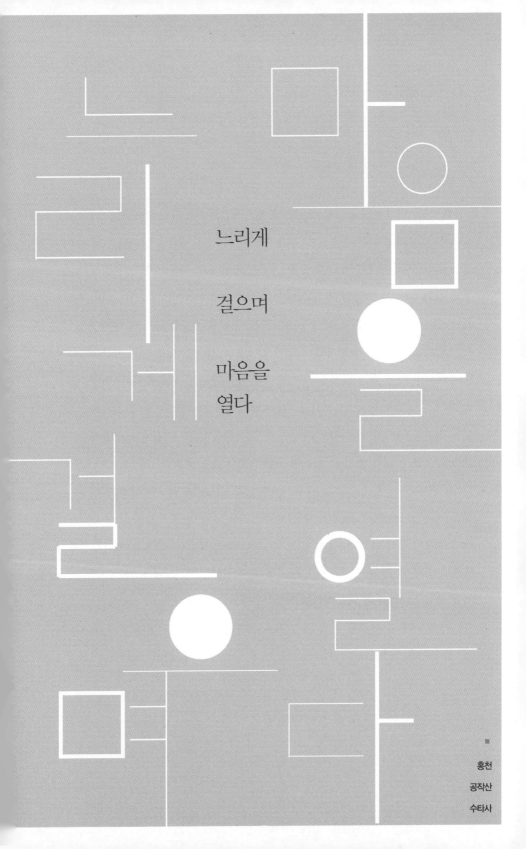

느리게

걸으며

마음을
열다

홍천
공작산
수타사

사람과 자연은 서로를 위해 공존해야 한다.
자연은 풍요로운 자원과 아름다운 풍경을 사람에게 제공하고,
사람은 그것을 감사히 받아 깨끗하게 지켜나가야 하는 것이 순리다.
그 완벽한 조화를 이루는 곳, 바로 웰빙 도시 홍천이다.

미완성을 위한 변주곡처럼 조금은 휘청거리면서 나뭇잎의 말에 귀를 기울어본다. 그리고 붉은 손바닥을 펼친 채 조용히 가을 햇살을 받아내는 낙엽을 바라본다. 지나다가 슬쩍 손을 건네는 바람에게 자신의 몸을 흔들어주는 낙엽. 낙엽은 그동안 잊고 지냈던 감성을 슬며시 꺼내보게 하는 힘이 있다. 앞만 보고 정신없이 살아가다가도 문득 놓쳤던 것들을 다시 살려내는 매력. 조금은 느리게 걸으면서 슬며시 마음을 열어본다. 절집은 시간을 들여 계획성 있게 하는 것도 좋지만 준비 없이 떠나보는 것도 즐겁다. 여행을 나서기 위해 준비를 한다면 그것부터가 마음을 비우는 것이 아니라 욕심을 더하는 일이기 때문이다. 아무런 준비를 하지 않고 훌쩍 떠나도 맘껏 산책을 즐길 수 있는 곳이 바로 홍천 수타사 일대다.

선홍빛으로 수줍게 물들은 낙엽이 양옆으로 하늘거리던 아담한 홍천의 길을 달리면서 이렇게 완벽한 비율로 모든 것이 갖추어진 곳에서 살고 싶다는 생각이 문득 들었다. 홍천은 동쪽의 창고라는 뜻의 '동창(東倉)'이라고 불렸던 곳인 만큼, 동쪽의 항구도시에서 난 해물과 서쪽의 너른 들판에서 자란 곡식으로 풍성한 먹을거리를 자랑하는 곳이기도 하다.

자연도 사람도 서로를 위해 공존하는 듯 따뜻함을 머금은 웰빙 도시 홍천. 생각보다 가까운 곳에 말 그대로 살기 좋은 고장이 자리하고 있었다.

아름다운 사찰여행

1

2 **3**

1 강원도 심산유곡 공작산에 자리 잡은 수타사
는 그윽한 느낌이 든다.

2 수타사 인근에 팔봉산과 노일강이 있어 휴식
을 취하기 좋다.

3 수타사 인근 수타계곡 칡소폭포는 오염되지
않은 청정지역이다.

태백산맥의 한줄기인 공작산 안에 조용히 들어앉은 수타사. 복잡한 도시를 벗어났음을 새삼 느낄 수 있어 홍천 여행에서 첫 번째로 꼽히는 장소다. 수타사는 신라 성덕왕 때 창건되어 조선 선조 때 현 위치로 옮겨졌다. 악귀를 밟고 있는 모습의 소조사천왕이 있는 봉황문을 지나 수타사 안으로 들어가면 세월의 흔적이 묻어나지만 화려함을 자랑하는 기와문양과 그 뒤로 병풍처럼 둘러진 공작산의 산세가 어우러져 감탄을 자아내게 한다. 조용한 산속으로 조용히 울려 퍼지는 불경 소리와 풀벌레, 새 울음소리의 어우러짐은 그 어떤 음악보다 매력 있게 다가온다. 경내에는 보물 11-3호인 홍천수타사종과 강원도 유형문화재로 지정된 비로자나불을 볼 수 있으며 산속 깊숙이에서 내려오는 약수를 마실 수 있는 조그마한 약수터도 있다.

수타사로 향하는 길은 길지 않은 데다 험하지 않아 천천히 산책하기 좋다. 수타사 계곡을 가로지르는 구름다리와 울창한 소나무 숲과 계곡이 어우러진 모습은 고즈넉한 데이트 코스로도 인기가 높다.

수타사 바로 앞에는 너른 연못과 초록 갖가지 식물들이 빛을 발하는 커다란 공원이 자리하고 있다. 정식 명칭은 '공작산 생태숲'으로 수타사 주변의 경작지를 활용해 수타사 일대를 생태환경보존 벨트로 보전하기 위해 마련한 공간이다. 연못 위를 가로지르는 긴 나무 데크 위를 천천히 걷다보면 자연의 아름다움과 신비함을 새삼스레 느낄 수 있다. 고즈넉한 사찰과 맑고 시원한 계곡, 푸르른 생태공원이 어우러진 수타사만큼 홍천의 매력을 대표하는 곳은 찾기 힘들 것이다.

강원도에서 조성한 자연환경연구공원이 수타사와 연결된다. 자연공원이라기보다 자연에 가까운 이곳은 무려 19.27㎡의 넓은 부지에 세워진 곳으로 크게 4개의 구역으로 나뉘어져 있다. 공원 내에는 조류관찰지, 정화식물재배장, 수생식물원, 곤충생태 관찰지 등 동식물의 생태에 관한 모든 것

**이것
만은
꼭!**

팔봉산 유원지 이름 그대로 여덟 개의 바위 봉우리가 사이좋게 모여 있는 팔봉산. 산을 휘감아 도는 홍천강과 어우러진 경관이 아름다워 피서지로도 유명하다. 얕잡아 봐도 될 만큼의(?) 야트막한 높이지만 암릉이 줄지어 있어 의외로 까다로운 등산코스를 품고 있다. 원시적인 중국이나 타이완의 산과 더 닮은 듯한 느낌이 들 정도. 1봉에서부터 8봉까지 이어지는 등산코스를 따라가다 보면 가다보면 아슬아슬한 급경사에서부터 암벽을 타야하는 코스까지 각종 등산로를 만날 수 있다. 팔봉산에서 내려다보는 맑은 홍천강과 강을 따라 이어진 하얀 모래사장의 모습은 가슴이 탁 트일만큼 시원하다. 팔봉산 유원지에는 솜씨 좋은 식당들이 모여 있는데다 야외음악당, 팔각정, 잔디구장 등 각종 부대시설도 갖추고 있어 가족 나들이를 떠나기에 좋다.

을 체험할 수 있도록 마련해 놓았다. 자연환경연구관은 체험형 전시관으로 직접 야외생태관찰지로 니기기 진에 사연과의 만남을 준비할 수 있는 곳. 사람이 지나가기만 해도 자동으로 해설이 나오거나 모형들이 움직이는 것이 재미있다. 산림 및 토양생태계, 하천 및 습지생태계, 인류 생활 및 자연환경에 대해 각종 시청각 자료와 모형을 통해 배울 수 있어 어린이들도 흥미를 쉽게 가질 수 있다. 매주 주말에는 하루 두 번씩 전시관 해설 프로그램을 운영하니 체크해 볼 것. 박물관으로 가는 길목 한편에 펼쳐진 대룡저수

지의 시원한 풍경도 잊지 말고 감상하길 권한다.

해발 652m인 금학산은 하늘에 닿을 만큼 높이 솟은 강원도의 다른 산에 비하면 그리 높지 않다. 하지만 그 정상에서 바라보는 경치만큼은 일품이다. 눈앞으로 아기자기한 노일마을의 전경이 마치 태극문양처럼 펼쳐진다. 또 백두대간에서 오대산, 영서내륙의 한강변까지 깊숙이 뻗은 한강의 물줄기가 한 눈에 들어오는 절경이 무척이나 아름답다.

산으로 오르는 길목에는 다양한 등산코스가 마련되어 있으며 시원하게 뻗은 홍천강(홍천 사람들에게는 노일강이라고 불린다)변의 절경을 조망할 수 있는 전망대도 마련되어 있다. 북적대는 유명 관광지는 아니지만 자연과 어우러진 평화로운 마을을 감상하며 한적한 여유를 맛보기에 좋은 장소다.

■

Travel Information

주소 강원도 홍천군 수타사로 473길
전화번호 033-436-6611
홈페이지 www.sutasa.org
템플스테이 없음

찾아가는 길 자가운전 | 서울─양평 방향 44번 국도 이용 또는 서울─신갈, 호법 IC─영동고속도로─만종 IC─중앙고소속도로─홍천 IC─수타사
대중교통 | 고속버스 상봉, 구의터미널에서 홍천 직행 버스 이용. 약 2시간 소요.

맛집 외갓댁(033-434-0333)은 순수 국내산 콩으로 만든 두부와 비지를 내어놓는 곳. 인터넷 및 각종 미디어가 아닌 입소문에 의해 알려진 진짜 맛집이다. 이곳에 들어서면 두 번 놀라게 된다. 첫 번째, 홍천 시내를 구석구석 알고 있는 사람이 아니라면 찾아가기 힘들 법한 조그마한 간판과 지하에 마련된 식당이라는 점. 두 번째, 요즘과 같은 고물가 시대에 대부분의 메뉴가 매우 저렴하다는 점이다. 홍천에서 난 콩을 사용해 매일 아침 콩을 갈아 두부를 만들어 내어놓아 고소한 맛이 일품이다. 매콤하면서 부드러운 맛의 비지장은 최고 인기메뉴. 하루치 콩이 떨어지면 바로 식당 문을 닫는다. 홍천군 홍천읍 희망리 163-11에 위치.

잠자리 토마토펜션(033-435-1888)은 노일강의 시원한 풍경을 마주보고 있다. 화려하게 치장한 펜션의 겉모습이 아닌 노일강과 금학산의 푸르른 자연과 어우러짐을 우선으로 하는 친환경적 펜션이다. 아침에 하얗게 피어오르는 강 안개와 매일 밤 은은하게 불을 밝히는 반딧불이는 도시생활을 하는 사람에게는 정말 특별한 추억이 될 수밖에 없다. 이곳이 더욱 특별한 이유는 펜션지기가 직접 정성스레 기른 야생화차를 맛볼 수 있다는 것. 은은한 향의 국화차와 감국차, 달맞이 꽃차를 내어주며 손님들 맞는다. 펜션에 마련된 자전거를 무료로 빌려주기 때문에 노일강변을 따라 하이킹을 즐기거나, 펜션 앞 잔디밭에서 파크골프를 치는 것도 재미있다(홍천군 남면 노일리 249 / 커플형 7만 원~, 4인 가족형 10만 원~(평일요금) / www.tomatopension.co.kr).

비밀의
숲에서

노닐다

비밀의
숲에
서
다

남양주
운악산
교총본찰
봉선사

숲이 울창한 깊은 산속에 마련된
나만을 위한 고즈넉한 공간.
나를 위한 맞춤 여행지른 찾이 떠나고 싶을 때가 있다.
남양주의 첩첩산중에 자리한 봉선사로

오로지 나를 위한 여행을 품고 있다면 꼭 작은 절을 찾아가 마음을 내려놓자. 모는 것을 잊을 수 있는 작은 절에서 그저 천천히 나를 위로하다 보면 그 어디서도 느낄 수 없던 깊고 진한 여운을 맛보게 될 것이다.

똑같은 시간과 되돌이표처럼 반복되는 일상에서 '나'를 찾는다는 건 쉬운 일이 아니다. 그래서 떠난다. 작은 절에 가서 내 마음의 근본을 찾아 모든 걸 내려놓으려는 숲이 울창한 깊은 산으로, 나를 위한 고즈넉한 공간 봉선사로 말이다. 이렇게 나를 위한 맞춤 여행지를 찾고 있다면 남영주의 첩첩산중에 자리한 봉선사라 할 수 있겠다.

봉선사는 크낙새와 수목원으로 널리 알려진 광릉에서 아주 가깝다. 광릉 매표소에서 광릉의 자랑거리 중 하나인 전나무 숲길 따라 남동쪽으로 1.5km쯤 내려가면 수십 채의 식당이 영업 중인 동네가 나타난다. 여기서 오른쪽 길로 300m 가량 들어간 곳에 봉선사가 있다. 봉선사의 역사는 고려시대부터 시작된다. 원래 봉선사 자리에는 고려 광종 20년(969년) 법인국사가 창건한 운악사라는 절이 있었는데 여러 차례 난리를 겪으며 폐허가 된 것을 조선왕조 8대 임금 예종 원년(1469년) 정희왕후 윤씨(7대 세조의 왕비)가 세조의 영혼을 봉안코자 다시 일으켜 세운 뒤 봉선사라 개칭했다.

봉선사에 가면 가장 먼저 찾아볼 것이 대웅전 처마 밑에 걸린 현판이다. 대웅전이라 하지 않고 큰법당이라고 한글로 쓴 것이 이채롭다. 1970년 운허선사(춘원 이광수 팔촌 동생)가 대웅전을 세우면서 써서 달았다. 또한, 경내에 봉선사 대종(보물 제397호)이 있는데 임진왜란 이전에 만든 동종 중에서 몇 개 남지 않은 것으로 예종 원년(1469년)에 왕실의 명령에 따라 만들었다고 한다.

나를 위로하는 공간

마음이 복잡한 날, 봉선사로 떠났다. 모든 걸 내려놓고 나를 위로하고 싶었다. 봉선사의 템플스테이 휴식형은 '휴식, 광릉 비밀의 숲 걷기 명상, 다도 체험과 스님과의 대화, 연잎밥 만들기가 프로그램의 전부다. 굳이 간섭하지 않으려는 배려가 느껴졌다.

공양을 마치고 한옥 마루에 앉아 한참 동안 어둠이 내리는 소리를 들었다. 그리고 다시 숙소의 따뜻한 방바닥에 누워 쉬다가, 나도 모르게 잠에 빠졌다. 문득 잠에서 깨어나니 한밤 중이었고, 밖으로 나가 밤하늘을 올려다보았다. 운악산 산줄기를 따라 봉선사의 별빛이 쏟아질 듯 밝았다. 도대체 얼마 만에 보는 별빛인가. 저녁 내내 달빛이 머무는 마루에 앉아 한참 동안 상념에 잠겼다.

1

2

1 광릉 비밀의 숲을 다녀온 뒤 휴식을 취하면서 인생 고민을 상담해주는 다도 체험이 이어진다.

2 남양주 운악산 봉선사는 교종본찰을 상징하는 법당으로 '큰법당'이 현판이 한글로 쓰여 있다.

3 봉선사 템플스테이 교육관은 최신식 한옥으로 지어져 생활공간과 교육공간이 갖추어져 있다.

3

공양을 마치고 한옥 마루에 앉아 한참 동안 어둠이 내리는 소리를 들었다. 그리고 다시 숙소로 들어가 뜨끈한 방바닥에 누워 찜질하는 것처럼 등을 붙이고 쉬었다. 따뜻한 온기에 나도 모르게 스르르 선잠이 들었다. 1시간 정도 자다 잠에서 깨어나 다시 책 한 권을 뒤적였다. 툇마루에 나와 잠시 밤하늘을 올려다보았다. 운악산 산줄기를 따라 쏟아질 것만 같은 봉선사의 별빛에 화들짝 놀랐다. 도대체 얼마 만에 보는 별빛인가. 저녁 내내 달빛이 머무는 마루에 앉아 한참 동안 상념에 잠겼다.

비밀의 숲을 거닐며 길에서 나를 찾아 가다

새벽에 도량석을 도는 스님의 목탁소리에 귀가 열리면서 일어난다. 이른 새벽, 조용한 연못 주변을 거닐면서 그토록 원하던 혼자만의 시간을 누렸다. 찬바람을 맞으며 사찰 경내를 걸으며 내 마음과 대화를 나눌 수 있었다.

봉선사 큰법당에 들어가 스님의 청명한 목소리를 들으며 새벽예불을 마쳤고, 소원을 빌며 108배를 했다. 천천히 무릎이 뻐근해진다. 몸이 무거워지는 사이 마음과 머리는 차갑게 맑아진다. 큰법당을 나서 템플스테이 숙소로 돌아온다. 찬 공기 탓인지 숙소 방이 엄마의 품처럼 포근하게 느껴진다. 그리고 뜨끈한 구들방에 누워 많은 생각을 하나둘씩 내려놓은 채 또 하루를 시작한다. 잠시 몸을 녹이고 5시 30분에 아침 공양을 한다. 저녁 공양보다 간편하게 시래기된장국과 채소반찬이 차려진다. 그냥 먹고 싶은 만큼 덜어 먹으면 된다.

아침 7시 50분에는 템플스테이 생활관 앞에 모여 인솔자 혜아 스님의 낭랑한 목소리를 듣는다. 바로 봉선사 템플스테이의 묘미인 '광릉 비밀숲 걷기 명상'을 위해서다. 광릉 숲은 일반인들의 출입이 제한된다. 하지만 봉선사 템플스테이에 참여하면 스님 인솔 하에 일요일에 광릉 숲을 왕복 1시간 30분 가량 걸을 수 있다.

스님을 따라 광릉 숲길로 들어섰을 때는 최대한 눈을 감고 자연을 음미하는 것이 좋다. 그러면 풍경 소리며, 바람 소리, 산새 우짖는 소리가 들려온다. 꽃잎이 날리고 하늘 그림자가 내려앉는 곳. 비밀의 숲은 걷다 보면 아예 주저앉아 몇 시간을 보내고 싶어질 정도로 울창하고 공기가 맑다. 스님과 참가자들 외에는 인적이 아예 없다. 그래서 광릉 숲길 산책은 봉선사 여행의 백미라 할 수 있다. 산속 오솔길을 걸으며 그 고요함과 경건함에 자연스레 머리가 숙여지고, 자신을 되돌아볼 시간을 갖게 되는데 그런 점을 찾아간다는 것 자체가 어쩌면 '구도의 여정'인 셈이다.

혜아 스님은 걷는 중간에 화두를 던진다. "나를 어떻게 내려놓을 건지 구체적으로 생각해보자"고 질문한다. 그리고 하나씩 껍질을 벗기면서 내면을 들여다보라고 조언한다. 절에 가서 스님에게 말 붙이기가 쉬운 건 아니지만, 템플스테이에서는 자연스럽게 다가가기가 가능하다.

있는 그대로의 모습을 간직한 템플스테이

가족의 품처럼 따뜻한 사람들이 있는 봉선사 템플스테이는 지치고 힘들 때면 저절로 떠오르는 마음의 안식처가 될 것만 같다. 광릉 비밀의 숲 걷기,

템플스테이 생활관 앞의 연못, 오후에 경내를 산책하며 홀로 대화하는 시간들이 주마등처럼 스쳐간다. 그리고 무거웠던 마음에 들어찬 고통이 서서히 씻겨 내려간다. 누군가의 위안을 바라기보다는 나를 위로해주는 호젓한 시간이다. 봉선사에서 마음을 내려놓고 나를 위로해본다.

이렇게 봉선사 템플스테이를 주말에 참여하면 광릉 숲을 걸을 수 있지만 혹여 광릉 숲에 들어가지 못했다고 해도 낙심하지 말자. 봉선사에서 차로 3분 거리에 있는 광릉이 또다른 별천지다. 광릉은 세조와 정희왕후 윤씨의 왕릉이다. 인적이 드물어 숲이 울창하고 조선 최고의 명당을 세조가 직접 찾아 자신의 묘로 삼았을 정도로 풍수가 좋다고 한다. 또한 광릉 국립수목원도 자동차로 10분 거리에 있다. 광릉은 가장 완벽한 우리나라의 수목원으로 평가받을 정도로 울창하다. 또 도시락을 준비해 걷고 싶은 길을 따라 천천히 산책하면 반나절이 훌쩍 지나갈 정도로 볼거리가 많다. 나무에 대한 설명과 휴식 공간이 잘 되어 있어 아이들과 함께 가면 금상첨화다.

Travel Information

주소 경기도 남양주시 진접읍 봉선사길 32
전화번호 031-527-9969
홈페이지 www.bongsunsatemplestay.com
템플스테이 1박 2일 6만 원

찾아가는 길 서울외곽순환고속도로 퇴계원 IC로 나와서 퇴계원·구리 방면으로 간다. 국도47호선 임송 IC에서 의정부·별내 방면으로 가다가 광릉·봉선사 방면으로 나온다. 국립수목원 지나 2km 정도 가면 봉선사 입구.

봉선사 템플스테이 상시 운영하며 1박 2일 휴식형 5만 원, 1박2일 체험형 6만 원. 템플스테이는 홈페이지를 통해 신청한 후 참가비를 입금 해야한다. 봉선사에서는 참가자에게 수련복을 지급한다. 세면도구, 수건, 여벌 옷(무릎 위 반바지, 미니스커트, 민소매 옷은 삼가), 운동화, 개인물병, 우산 등을 준비하자.

템플스테이 코스 템플스테이 생활관-새벽예불-광릉 비밀의 숲 걷기 명상-경내산책-다도체험-연잎밥 만들기

포토존 광릉 숲길, 봉선사 큰법당, 봉선사 대종, 템플스테이 생활관

호젓한 단풍 산사

맑고 투명한 하늘빛이 아니더라도 단풍비를 맞으며 어디론가
떠나고 싶은 계절이다. 이럴 땐 호젓한 산으로 발걸음을 옮겨보자.
여기에 산행을 하며 일상의 중심을 다시 찾고 싶어지는
마음이 일 때는 작은 암자가 있는 곳이라면 더욱 좋을 터.
두리번거리지 않더라도 크고 작은 산 중에서도
단풍이 손짓하기 시작하는 산사로 떠나보자.

동두천 소요산 자재암

동두천 소요산으로 들어서자마자 별천지가 펼쳐진다. 주차장에서 일주
문까지 약 1km 구간은 길가의 활엽수와 커다란 단풍나무들이 새빨갛게 물
들고 예쁜 폭포와 계곡이 졸졸 귀를 씻긴다. 일주문 지나 등산객들이 목을
축이는 자재암은 원효폭포와 절벽 사이로 붉게 물든 단풍을 감상할 수 있
는 휴식처로 인기가 좋다. 일주문과 자재암 주변은 커다란 단풍나무가 많
아 단풍비를 맞을 수 있을 정도. 소요산은 부채꼴 모양으로 펼쳐진 봉우리
와 능선을 따라 한 바퀴 도는 것이 좋다. 시간이 여의치 않으면 일주문을 지
나 공주봉부터 오르는 코스로 소요산의 호젓한 단풍감상을 즐길 수 있다.
공주봉 오르는 길에 널찍한 바위가 하나 나온다. 이 바위에 서면 소요산 전
체에 내려앉은 붉은 단풍을 한눈에 볼 수 있다(문의 031-860-2065).

찾아가는 길 동부간선도로를 타고 가다 의정부 방면 3번 국도를 탄다. 동두천시를 지나 소요산 방면
으로 5.7km 정도 달리다 보면 우측에 소요산 입구 주차장.

동해 무릉계곡 삼화사 관음암

삼화사가 위치한 무릉계곡은 계곡 중 으뜸으로 손꼽힐 만큼 경관이 수
려하다. 무릉계곡의 초입에 작은 절이 바로 삼화사다. 무릉계곡을 따라 펼
쳐지는 단풍은 기온차가 커서 붉은 빛깔이 선명하고 삼화사, 학소대, 옥류

동을 거쳐 용추폭포까지 단풍이 층층이 물들어 간다. 하지만 호젓한 단풍 산행을 즐기고 싶다면 삼화사에서 뒤편 오솔길을 따라 관음암까지 가는 길이 좋다. 삼화사에서 관음암을 거쳐 하늘문 코스는 무릉계곡의 단풍을 한눈에 내려다보면서 트레킹을 할 수 있다. 관음암 주변은 바위와 능선이 펼쳐져 신선이 된 것보다 더 안락한 단풍감상을 즐길 수 있다. 또한 햇살이 좋은 오후엔 삼화사 아래에 펼쳐진 무릉반석에 누워 가을 햇살을 벗 삼아 휴식을 취하는 것도 일품이다(문의 033-530-2471).

찾아가는 길 동해고속도로 종점으로 나와 7번 국도를 타고 동해시를 우회한 다음 42번 국도를 타고 2km쯤 가면 무릉계곡 삼거리. 좌회전해 5km쯤 들어가면 무릉계곡 주차장.

봉화 각화산 각화사

연인을 위한 단풍 산책길을 꼽으라면 단연 각화사 단풍숲길을 추천하고 싶다. 사실 단풍철에 부석사의 운치를 따를 만한 절은 많지 않다. 하지만 부석사 뒤편 봉화에 찬란한 단풍으로 휘감긴 절이 있다. 바로 각화사다. 보물급 문화재가 많거나 화려한 절은 아니지만 짙은 단풍 숲에 휩싸여 가을 정취가 특히 아름다운 절이다. 특히 절로 가는 2km 남짓한 진입로는 연인에게 추억을 남길 수 있는 가을을 선물하는 산책 코스. 아늑한 분위기와 노란 색조의 단풍 그늘이 일품이다. 각화사의 또 다른 명물은 절의 동쪽 숲에 숨은 듯 자리한 동암이다. 각화사에서 30여분 산길을 따라 오르면 나타나는 동암은 고승이 소행을 하며 수행하는 곳으로 호젓한 분위기가 인상 깊은 암자다(문의 054-672-6120).

찾아가는 길 중앙고속도로 풍기 IC에서 나와 소수서원과 선비촌을 지나 부석면에서 39번 국도를 타고 가다 춘양삼거리에서 각화사 이정표 보고 9km 가면 각화사.

무주 적상산 안국사

가을이면 여인네가 붉은 치마를 두른 듯 단풍이 아름답다 해서 이름 붙

아름다운 사찰여행

여진 무주 적상산. 적상산에서 가장 전망이 좋은 곳이 안국사다. 안국사가 있는 9부 능선까지 차를 이용해 오를 수 있어 가족 단위 단풍 여행으로 안성 맞춤. 산 정상에 오르면 덕유산 향적봉이 아늑하게 보이고 불이 붙은 듯 활활 타오르는 산맥물결이 한눈에 내려다보인다. 가을의 정취를 다양한 볼거리로 채운 안국사는 아기단풍이 고운 곳. 절 앞마당에 서면 덕유산 향적봉, 칠연봉과 거치봉으로 이어지는 능선이 절을 감싼 모습이 보인다. 사찰 앞에서 등산로 왼편으로 뻗은 오솔길을 따라 20여 분 정도 걸으면 향로봉에 닿는다. 각종 활엽수와 단풍이 어우러져 만든 오솔길은 마음을 내려놓고 사색에 잠기기 좋은 곳이다(문의 063-320-2546).

찾아가는 길 대전–통영간 고속도로 무주 IC로 나와 19번 국도를 타고 무주읍을 지나 727번 지방도로로 빠져 북창리를 지나면 적상산 매표소. 매표소에서 안국사까지는 자동차 진입 가능.

부안 변산 개암사

서해안의 명승지로 손꼽히는 변산반도 동쪽 끝에 자리한 사찰 개암사. 바로 옆이 내소사의 아름다움에 밀려 잘 알려지지 않은 곳이다. 하지만 천년고찰로 일주문에서 개암사를 잇는 길목 양편에 시원하게 늘어선 단풍나무 숲이 매우 아름다운 곳이다. 500m 정도의 거리지만 짧고 선명한 단풍색이 인상적인 곳이다. 자가용을 타고 가지 않는다면 개암제부터 걷는 것도 좋은 단풍 관람법이다. 푸른 개암제에 방점처럼 찍힌 붉은 단풍나무와 전나무의 행렬이 곱다. 또한 개암사 대웅전 처마 위로 보이는 울금바위의 웅장한 자태가 붉고 노란 단풍과 어울려 절경을 이룬다. 개암사에 간 이상 변산반도 여행은 덤이다. 개암사에서 곰소염전을 돌아 채석강가지 변산반도의 갯벌과 아름다운 바다를 마음에 담을 수 있다(문의 063-583-3871).

찾아가는 길 서해안고속도로 줄포 IC로 나와 좌회전 하면 줄포읍. 보안 삼거리에서 30번 국도로 우회전. 30번 국도를 타고가다 석포 삼거리에서 변산 방향으로 우회전 하면 개암사 이정표.

아름다운
사찰여행

초판 1쇄 | 2020년 8월 18일
초판 4쇄 | 2023년 5월 8일

지은이 | 유철상

발행인 | 유철상
편집 | 홍은선, 정유진, 김정민
디자인 | 주인지, 노세희, 디자인이브
마케팅 | 조종삼, 김소희
콘텐츠 | 강한나

펴낸 곳 | 상상출판
주소 | 서울특별시 성동구 뚝섬로17가길 48, 성수에이원센터 1205호(성수동2가)
구입·내용 문의 | 전화 02-963-9891(편집), 070-7727-6853(마케팅)
팩스 02-963-9892 이메일 sangsang9892@gmail.com
등록 | 2009년 9월 22일(제305-2010-02호.)
찍은 곳 | 다라니
종이 | ㈜월드페이퍼

※ 가격은 뒤표지에 있습니다.

ISBN 979-11-90938-39-6 (13980)
ⓒ 2020 유철상

www.esangsang.co.kr